高职高专园林专业教材

# 园林工程造价与招投标

祝遵凌　罗　镏　主编

中国林业出版社

## 内容简介

园林工程造价的计算与园林工程的招标和投标，是园林工程项目实施中的重要内容与环节。本书以园林工程造价和招投标实践中，真实的造价编制文件和招投标文件为主线，以案例分析的方法，讲解园林工程造价方法和园林工程招投标文件的编制方法，依据有关最新规范和规定，突出实用。内容包括：绪论、园林工程工程量清单计价规范简介、园林工程定额与单位估价表、园林工程工程量计算、园林工程工程量清单编制与计价、园林工程施工招标、园林工程施工投标、国际工程招投标、园林工程施工合同。

本书可作为高职高专园林技术专业和相近专业的教学用书、园林工程技术人员的培训用书，也可作为园林工程相关教师和工程技术人员的案头参考书。

**图书在版编目（CIP）数据**

园林工程造价与招投标/祝遵凌，罗镪主编. —北京：中国林业出版社，2010.6
(2020.9重印)
高职高专园林专业教材
ISBN 978-7-5038-5823-9

Ⅰ.①园… Ⅱ.①祝… ②罗… Ⅲ.①园林－工程造价－高等学校：技术学校－教材 ②园林－工程施工－招标－高等学校：技术学校－教材 ③园林－工程施工－投标－高等学校：技术学校－教材 Ⅳ.①TU986.3

中国版本图书馆 CIP 数据核字（2010）第 062656 号

**国家林业局生态文明教材及林业高校教材建设项目**

**中国林业出版社·教材建设与出版管理中心**

**策划编辑：**牛玉莲　康红梅　　**责任编辑：**田　苗　康红梅
**电话：**83143557　　**传真：**83143516

出版发行　中国林业出版社（100009　北京市西城区德内大街刘海胡同 7 号）
E-mail：jiaocaipublic@163.com　电话：（010）83143500
经　　销　新华书店
印　　刷　三河市祥达印刷包装有限公司
版　　次　2010 年 7 月第 1 版
印　　次　2020 年 9 月第 4 次印刷
开　　本　787mm×960mm　1/16
印　　张　21.5
字　　数　398 千字
定　　价　54.00 元

# 教育部高职高专教育林业类专业
# 教学指导委员会

# 生态环境类专业教学指导分委员会

# 高等职业教育园林专业教材
# 审定专家委员会

# 《园林工程造价与招投标》
## 编写人员


**主　　编**　祝遵凌　罗　镪

**副 主 编**　孟国忠　张武兆

**编写人员**　（按姓氏笔画排序）

张武兆（南京林业大学）
吴立威（宁波城市职业技术学院）
唐　敏（河南科技大学）
徐云和（辽宁林业职业技术学院）
钟建民（云南林业职业技术学院）
赵权牢（河南科技大学）
孟国忠（南京林业大学）
罗　镪（甘肃林业职业技术学院）
祝遵凌（南京林业大学）
常媛媛（南京林业大学）
罗文莉（甘肃省林业科学研究院）

# 出版说明

为了进一步推动高职高专教育持续健康的发展，2004 年 12 月 30 日教育部高等教育司颁发“教高司函［2004］283 号《关于委托有关单位开展高职高专教育专题研究的通知》”，在全国启动了开展高职高专教育专题研究的工作。《高职高专教育林业类专业教学内容与实践教学体系研究》是其中的一个项目。该项目在国家林业局人教司的直接领导和支持下，由教育部高职高专教育林业类专业教学指导委员会（以下简称林业高指委）牵头组织，林业高指委副主任、南京森林公安高等专科学校校长苏惠民担任项目负责人，由有关林业高职院校、生产单位和国家林业局职业教育研究中心共同参与该项目的研究和开发工作。

该项目分 4 个子课题，分别由辽宁林业职业技术学院关继东教授、南京林业大学应用技术学院倪筱琴研究员、黑龙江林业职业技术学院肖世雄副教授和国家林业局职业教育研究中心贺建伟副研究员牵头，承担了《森林资源类专业教学内容与实践教学体系研究》《生态环境类专业教学内容与实践教学体系研究》《林业工程类专业教学内容与实践教学体系研究》和《高职高专教育林业类专业人才培养质量标准和“双师型”教师标准与培养的研究》，主要从森林资源类专业、生态环境类专业、林业工程类专业方面对教学内容与实践教学体系以及人才培养质量标准和“双师型”教师标准与培养进行研究和开发。

在广泛调研的基础上，形成了森林资源类专业、生态环境类专业、林业工程类专业人才培养指导方案和教学大纲。经专家鉴定符合高职教育培养高技能人才的总体培养目标，贯彻了“以就业为导向，以服务为宗旨”的职业教育方针，突出了实践技能和职业能力的培养，专业培养目标定位准确，所覆盖的就业岗位群与我国目前林业生态建设主战场对高职人才需求相适应，知识能力素质结构合理，课程设置和内容与国家职业资格相接轨，综合化程度高。新方案对教学措施、教学过程、时间分配把握适度，指导性强，给各院校在实施校企合作、工学结合的培养模式，实施弹性学制，办出特色提供了广阔空间。在教学大纲编写体例上，创造性地实行理论实训一体化，有利于防止学科化倾向，有利于学生技能培养，有利于理论实践的有机结合。

教材是体现教学内容和教学方法的知识载体，是进行教学的基本工具，也是深化改革，保证和提高教学质量的重要基础和支柱。这套教材是该项目的重要研究成果之一，它是根据新的教学大纲要求而编写的，其内容反映了新理念、新技术、新品种、新机具、新规程、新法规以及新的管理模式。这套教材的出版将对新时期林业高职高专教育起到很好的推动和促进作用。

教育部高职高专教育林业类专业
教学指导委员会
2006.06

# 前　言

园林工程造价的计算与园林工程的招标和投标，是园林工程项目实施中的重要内容与环节。近年来，应园林专业人才知识结构发展的需要，许多高职高专院校相继开设了“园林工程预决算”，“园林工程招投标”，“园林工程清单计价与招投标”等相关课程，成为园林技术专业的主要专业课程之一。本教材遵照国家住房与城乡建设部最新的《园林工程清单计价规范》等相关法规，适应园林教学和工程实践的需要。

本教材在编写过程中，根据培养目标的要求，将重点放在园林工程造价方法和园林工程招投标文件的编制方法上，以培养学生的职业能力为主线，始终坚持3个特点：①注重学生学习的特点，强调科学性；②注重实际训练，强调实用性；③注重吸收新知识、新成果，强调时代性。

本教材以园林工程造价和招投标实践中，真实的造价编制文件和招投标文件为主线，采用案例分析的方法，让学生直接参与案例的剖析，加深理解，缩短职业适应期，有利于毕业生尽早适应岗位需求。

本教材由南京林业大学风景园林学院副教授祝遵凌博士、甘肃林业职业技术学院罗镪教授担任主编，南京林业大学风景园林学院孟国忠老师、南京林业大学园林公司总经理张武兆高级工程师担任副主编。其编写分工如下：第1章，祝遵凌、罗镪；第2章，孟国忠、祝遵凌；第3章，祝遵凌、孟国忠、唐敏；第4章，祝遵凌、张武兆、钟建民、常媛媛；第5章，祝遵凌、孟国忠、张武兆；第6章，赵权牢；第7章，吴立威；第8章，罗镪，其中罗文莉负责资料翻译；第9章，徐云和。祝遵凌负责园林工程造价部分的统稿，罗镪负责园林工程招投标部分的统稿。全书总统稿由祝遵凌负责。

本书在编写过程中得到了中国林业出版社有关编辑的热情帮助。编写中参考了国内外有关著作、论文和园林工程实践案例，在此谨向以上有关专家、学者和工程技术人员表示衷心的感谢。

由于编者学识所限，书中不妥之处在所难免，恳请读者提出宝贵意见。

编　者

2010年2月

# 目　　录

# 第1章　绪　论

【学习目标】了解园林工程量清单计价的来源、概念、特点、意义；熟悉工程量清单计价与传统定额预算计价法的区别和联系；了解园林工程招投标的概念、特点及其相关内容。

## 1.1　园林工程造价概述

### 1.1.1　园林工程造价

园林工程造价是指园林建设项目经过分析决策、设计施工到竣工验收、交付使用的各个阶段，完成全部建设内容所投入的所有费用总和，园林工程计价则是园林建设项目工程费用的技术经济文件。

目前建设工程领域采用两种计价模式，一种是“定额计价”，另一种是“清单计价”，并逐步以“清单计价”模式为主。随着国家标准《建设工程工程量清单计价规范》(GB50500—2008)的实施，工程造价编制已经由过去主要按照各地工程定额进行编制的旧格局，演变为参照地方定额执行全国《建设工程工程量清单计价规范》进行编制的新模式，工程造价编制已经走上了技术法规管理的道路。

### 1.1.2　定额计价

定额计价是指在园林工程建设过程中，根据工程项目的具体内容和国家、省(自治区、直辖市)、地区或企业等的有关定额、指标及收费标准，计算和确定园林建设项目的工程费用。在2003年建设工程工程量清单计价规范实施以前，我国建设工程预决算主要采用定额计价的方法，在我国工程建设中起到了积极作用。

### 1.1.3　工程量清单计价

#### 1.1.3.1　工程量清单计价的概念

工程量清单计价是建设工程招标投标中，按照国家统一的工程量清单计价规范，由招标人提供数量，投标人自主报价，经评审的低价中标的工程造价、计价模式。工程造价是指投标人提供的工程量清单所列的全部费用，包括分部分项工程费、措施项目费、其他项目费、规费和税金。

工程量清单计价方法相对于传统的定额计价方法是一种市场定价模式，是由建设产品的买卖双方在建设市场上根据供求状况、信息状况进行自由竞价，从而最终确定工程合同价格的方法。

#### 1.1.3.2　工程量清单计价的来源

自从2000年开始实施《招标投标法》以来，招标工程在建筑市场中占了主导地位。特别是国有投资和国有资金占主体的建设工程，通过招标竞争成为市场形成工程造价的主要形式，这就要求必须实行与之相适应的工程造价管理体制和运行机制。为了使工程招标中的标底计价、投标报价的编制、评标、合同价签订、调整等一系列工程计价活动能够适应新的形势，必须对原有工程计价方法和计价定额进行相应的改革。

随着我国建设市场的快速发展，招标投标制、合同制的逐步推行，以及与国际接轨等要求，工程造价计价依据改革不断深化。工程量清单计价法已得到各级工程造价管理部门和各有关单位的赞同，也得到了建设行政主管部门的认可。建设部*按照市场形成价格、企业自主报价的市场经济管理模式，编制了《建设工程工程量清单计价规范》(GB 50500—2003)，从2003年7月1日起实施。它是按照我国工程造价管理改革的要求，本着国家宏观调控、市场竞争形成价格的原则制定的，是我国深化工程造价管理改革的重要举措。

《建设工程工程量清单计价规范》(GB50500—2008)已于2008年12月1日起实行，新规范的编制是对2003规范的补充和完善，不仅较好地解决了清单计价从2003年执行以来存在的主要问题，而且对清单计价的指导思想进行了进一步的深化，在“政府宏观调控、企业自主报价、市场形成价格”的基础上提出了“加强市场监管”的思路，以进一步强化清单计价的执行。

#### 1.1.3.3　实行工程量清单计价的目的、意义

(1)推行工程量清单计价是深化国内工程造价管理改革，推行建设市场市场化的重要途径

长期以来，工程预算定额是我国承发包计价、定价的主要依据。现预算

* 现为住房与城乡建设部，简称住建部。

定额中规定的消耗量和有关施工措施性费用是按社会平均水平编制的，以此为依据形成的工程造价基本上也属于社会平均价格。这种平均价格可作为市场竞争的参考价格，但不能反映参与竞争企业的实际消耗和技术管理水平，在一定程度上限制了企业的公平竞争。因此，改变以往的工程预算定额的计价模式，适应招标投标的需要，推行工程量清单计价办法是十分必要的。采用工程量清单计价能反映工程个别成本，有利于企业自主报价和公平竞争。

(2)在建设工程招标投标中实行工程量清单计价是规范建筑市场秩序的治本措施之一，也是适应社会主义市场经济的需要

工程造价是工程建设的核心内容，也是建设市场运行的核心内容。过去的工程预算定额在工程发包与承包工程计价中调节双方利益、反映市场价格等方面显得滞后，特别是在公开、公平、公正竞争方面，缺乏合理完善的机制，甚至出现了一些漏洞。工程量清单计价是市场形成工程造价的主要形式，有利于发挥企业自主报价的能力，实现政府定价到市场定价的转变，有利于规范业主在招标中的行为，有效改变招标单位在招标中盲目压价的行为，从而真正体现公开、公平、公正的原则，反映市场经济规律。

(3)推行工程量清单计价是适应我国与国际接轨的需要

工程量清单计价是目前国际上通行的做法。入世以后，外国建筑商要进入我国建筑市场，在建筑领域里开展竞争，他们必然要带进国际惯例、规范和做法来计算工程造价；国内建筑公司也同样要到国外市场竞争，也需要按国际惯例、规范和做法来计算工程造价；我国的国内工程方面，为了与外国建筑商在国内市场竞争，也要改变过去的做法，参照国际惯例、规范和做法来计算工程承发包价格。

(4)实行工程量清单计价是促进建设市场有序竞争和企业健康发展的需要

工程量清单是招标文件的重要组成部分，由招标单位编制或委托有资质的工程造价咨询单位编制。由于工程量清单是公开的，有利于防止招标工程中弄虚作假、暗箱操作等不规范行为。投标单位通过对单位工程成本、利润进行分析，统筹考虑，精心选择施工方案，根据企业的定额对人工、材料、机械等要素的投入量进行合理配置、优化组合，合理控制现场经费和施工技术措施费，在满足招标文件需要的前提下，合理确定自己的报价。有利于提高劳动生产率，促进企业技术进步，节约投资和规范建设市场。

(5)实行工程量清单计价有利于我国工程造价政府职能的转变

按照政府部门真正履行“经济调节、市场监管、社会管理和公共服务”的职能要求，政府对工程造价管理的模式要进行相应的改变，将推行政府宏

观调控、企业自主报价、市场形成价格、社会全面监督的工程造价管理思路。实行工程量清单计价，将会有利于我国工程造价政府职能的转变，由过去的政府控制的指令性定额转变为制定适应市场经济规律需要的工程量清单计价方法，由过去的行政干预转变为对工程造价进行依法监管，有效地强化政府对工程造价的宏观调控。

### 1.1.4　采用工程量清单计价与传统定额计价法的差别与联系

在2003年《建设工程工程量清单计价规范》实施以前，我国建设工程预决算主要采用定额计价的方法，这在我国工程建设中起到了积极作用。但随着社会的发展，传统定额计价方法不能形成竞争机制的弊端逐渐突显出来，已不能适应当前社会的需要而被逐渐停用。

(1) 工程量清单计价法与传统定额计价法的主要差别

①编制工程量的单位不同　传统定额预算计价法是：建设工程的工程量分别由招标单位和投标单位按图就算。工程量清单计价法是：工程量由招标单位统一计算或委托有工程造价咨询资质的单位统一计算，“工程量清单”是招标文件的重要组成部分，各投标单位根据招标人提供的“工程量清单”，根据自身的技术装备、施工经验、企业成本、企业定额、管理水平自主填报单价。

②编制工程量清单时间不同　传统定额预算计价法是在发出招标文件后编制，工程量清单报价法必须在发出招标文件前编制。

③表现形式不同　采用传统定额预算计价法一般是总价形式。工程量清单报价法采用综合单价形式，综合单价包括人工费、材料费、机械使用费、管理费、利润，并考虑风险因素。工程量清单报价具有直观、单价相对固定的特点，工程量发生变化时，单价一般不作调整。

④编制的依据不同　传统的定额预算计价法依据图纸；人工、材料、机械台班消耗量依据建设行政主管部门颁发的预算定额；人工、材料、机械台班单价依据工程造价管理部门发布的价格信息进行计算。工程量清单报价法，根据建设部第107号令规定，标底的编制根据招标文件中的工程量清单和有关要求、施工现场情况、合理的施工方法以及按建设行政主管部门制定的有关工程造价计价办法编制；企业的投标报价则根据企业定额和市场价格信息，或参照建设行政主管部门发布的社会平均消耗量定额编制。

⑤费用组成不同　传统预算定额计价法的工程造价由直接工程费、现场经费、间接费、利润、税金组成。工程量清单计价法工程造价包括分部分项工程费、措施项目费、其他项目费、规费、税金，完成每项工程包含的全部

工程内容的费用，包括完成每项工程内容所需的费用(规费、税金除外)，包括工程量清单中没有体现、施工中又必须发生的工程内容所需费用(包括风险因素而增加的费用)。

⑥评标采用的办法不同　传统预算定额计价投标一般采用百分制评分法。采用工程量清单计价法投标，一般采用合理低报价中标法，既要对总价进行评分，还要对综合单价进行分析评分。

⑦项目编码不同　传统的预算定额计价采用项目编码，全国各省(自治区、直辖市)采用不同的定额子目。工程量清单计价采用全国实行统一编码，项目编码采用十二位阿拉伯数字表示：一到九位为统一编码，其中，一、二位为附录顺序码，三、四位为专业工程顺序码，五、六位为分部工程顺序码，七、八、九位为分项工程项目名称顺序码，十到十二位为清单项目名称顺序码。前九位码不能变动，后三位码，由清单编制人根据项目设置的清单项目编制。

⑧合同价调整方式不同　传统的预算定额计价合同价调整方式有变更签证、定额解释、政策性调整，经常有用一个定额解释另一个定额规定的情况，结算中还有政策性文件调整。工程量清单计价法合同价调整方式主要是索赔。工程量清单的综合单价一般通过招标中报价的形式体现，一旦中标，报价作为签订施工合同的依据相对固定下来，工程结算按承包商实际完成工程量乘以清单中相应的单价计算，减少了调整活口，不能随意调整。

⑨计算工程量时间前置　工程量清单，在招标前由招标人编制。也可能业主为了缩短建设周期，在初步设计完成后就开始施工招标，在不影响施工进度的前提下陆续发放施工图纸，因此承包商据以报价的工程量清单中各项工作内容的工程量一般为概算工程量。

⑩达到了投标计算口径统一　因为各投标单位都根据统一的工程量清单报价，达到了投标计算口径统一。而传统预算定额招标，各投标单位各自计算工程量，各投标单位计算的工程量均不一致。

⑪索赔事件增加　因承包商对工程量清单单价包含的工作内容一目了然，故凡建设方不按清单内容施工，任意要求修改清单，都会增加施工索赔的因素。

(2)工程量清单计价法与传统定额计价法的联系

工程量清单计价的依据是《建设工程工程量清单计价规范》，定额计价的依据主要是各地区颁发的《建设工程预算定额》。

①《建设工程工程量清单计价规范》从章节的划分到清单项目的设置，均参考了原定额的结构形式、项目划分，使清单项目与定额有机地联系起

来。做到既与国际接轨，又结合我国实际现状，以便于推广清单计价方式能易于操作，平稳过渡。

②《建设工程工程量清单计价规范》附录中的“项目特征”的内容，基本上取自原定额的项目(或子目)设置的内容，如规格、材质、重量等。

③《建设工程工程量清单计价规范》附录中的“工程内容”均为定额的相关子目，它是综合清单的组价内容。

④采用清单计价方式，企业需要根据自己的企业实际消耗量计算，在目前多数企业没有企业定额的情况下，现行全国统一定额仍然可作为消耗量定额的重要参考。

## 1.2 园林工程招投标概述

### 1.2.1 园林工程招标投标的概念

招标投标是在市场经济条件下进行工程建设、货物买卖、财产出租、中介服务等经济活动的一种竞争方式和交易方式。其特征是引入竞争机制以求达成交易协议或订立合同。

园林工程招标投标是指建设单位或个人(即业主或项目法人)通过招标的方式，将园林工程建设项目的规划设计、施工、材料设备供应、监理等业务，一次或分步发包，由具有相应资质的承包单位通过投标竞争的方式承接。其最突出的优点是将竞争机制引入园林工程建设领域，将工程项目的发包方、承包方和中介方统一纳入市场，实行交易公开，给市场主体的交易行为赋予极大的透明度，鼓励竞争，防止和反对垄断，通过平等竞争，优胜劣汰，最大限度地实现投资效益的最优化；通过严格、规范、科学合理的运作程序和监管机制，有力地保证竞争过程的公正和交易安全。

招标投标在性质上是一种经济活动，整个招标投标过程，包括招标、投标、定标(决标)3个主要阶段，其中定标是核心环节。

### 1.2.2 园林工程招投标的发展简史

工程招标投标是在承包业的发展中产生的。早在19世纪初期，各主要资本主义国家开始出现招标投标交易。19世纪中叶后，随着外国资本的侵入，招标承包制就逐渐成为我国建筑业经营的主要方式，并且一直沿用到新中国成立，前后有100年的历史。

建国后我国一直实行计划经济制度，在工程建设中实行按计划分配任务的办法。20世纪80年代初期，随着改革开放的深入，招标投标办法开始在一些适宜承包的生产建设项目和经营项目中实行。此后的20多年间，我国从中央到地方相继出台了若干个有关工程招标投标的法规及管理办法，我国建设工程招标投标也逐步进入到规范化发展的轨道中来。

园林工程建设招投标是建设工程招投标的一个行业分支。过去在进行招投标方式，特别是在编制招投标文件时完全照搬建筑工程的办法，全国没有一个统一的，既符合国家建设工程招投标法，又能充分体现园林工程本身特点的招投标管理办法。近年来，全国许多园林企业和教学单位，都希望能有一套规范的园林工程招投标管理办法和适用的教科书，以解决招投标文件编写不规范的问题，本书编写的目的之一就是在这方面有所帮助。

## 1.2.3 园林工程施工招投标的特点

①在招标条件上，强调投资方建设资金的充分到位和施工方的经济实力。

②在招标方式上，强调公开招标，严格限制邀请招标，坚决禁止议标方式。

③在评标、定标标准中，采用综合评分法，在综合考虑价格、工期、技术、质量、环保、信誉等因素同时，突出价格因素，强调企业信誉度。

④在招标程序中要求必须有编制和审定标底这一环节，在编制方法上强调工程量清单计价办法。

⑤在施工组织设计中，由于绿化工程的对象是有生命的树木花草，受气候、季节、土质、水质等因素影响较大，所以对设计要求更精更高。

## 1.2.4 建设工程招标投标主体

园林工程招投标的主体主要是指参与工程招投标的工程招标人、投标人、招投标代理机构、招投标监管机关。

### 1.2.4.1 建设工程招标人

建设工程招标人是指依法提出招标项目，进行招标的法人或者依法成立的其他组织和个人，通常为该建设工程的投资人，即项目的建设单位和个人（业主）。招标人在建设工程招标投标活动中起主导作用。

在我国，随着投资管理体制的改革，投资主体已由过去单一的政府投资，发展为国家、集体、个人多元化投资。与投资主体多元化相适应，建设工程招标人也多种多样，包括各类企业单位、机关、事业单位、团体、股份企业、个人独资企业和外国企业以及企业的分支机构等。

(1)建设工程招标人的招标资质

建设工程招标人的招标资质(又称招标资格)，是指建设工程招标人能够自己组织招标活动所必须具备的条件和素质。由于招标人自己组织招标是通过其设立的招标组织进行的，因此招标人的招标资质，实质上就是招标人设立的招标组织的资质。建设工程招标人自行办理招标必须具备以下条件：

——具有法人资格或依法成立的其他组织；

——具有与招标工程相适应的资金；

——具有编制招标文件的能力；

——具有组织开标、评标、定标的能力。

对于不符合上述条件的，必须委托招标代理机构代理组织招标。

对建设工程招标人招标资质的管理，目前我国主要是通过向招标投标管理机构备案进行监督和管理，国家没有具体的等级划分和资质认定标准，各地的规定也都是原则性的，且不统一，随着建设工程项目招标投标制度的进一步完善，我国应该建立一套完整的对招标人进行资质认定和管理的办法。

(2)建设工程招标人的权利

——自行组织招标或者委托招标的权利；

——进行投标资格审查的权利；

——择优选定中标人的权利；

——依法约定的其他权利。

### 1.2.4.2　建设工程投标人

建设工程投标人是建设工程招标投标活动的另一主体，它是指响应招标并购买招标文件参加投标的法人或其他组织。建设工程投标人主要是指勘察设计单位、施工企业、建筑装饰装修企业、工程材料设备供应(采购)单位、工程总承包单位以及咨询监理单位等。

(1)投标人通常应具备的基本条件

——必须有与招标文件要求相适应的人力、物力和财力；

——必须有符合招标文件要求的资质证书和相应的工作经验与业绩证明；

——必须有承担招标项目的能力；

——必须有符合法律、法规规定的其他条件。

(2)建设工程投标人的权利

——有权平等地获得和利用招标信息；

——有权按照招标文件的要求自主投标或组成联合体投标；

——有权委托代理人进行投标；

——有权要求招标人或招标代理机构对招标文件中的有关问题进行答疑；

——有权确定自己投标报价；

——有权参与投标竞争或放弃参与竞争；

——有权要求优质优价。

#### 1.2.4.3 招标投标代理机构

建设工程招标投标代理机构，是指受招标投标当事人的委托，在委托授权的范围内，以委托的招标投标当事人的名义和费用，代为从事招标投标组织活动的社会中介组织。它是依法成立，从事招标投标代理业务并提供相关服务，实行独立核算、自负盈亏，具有法人资格的组织，如工程招标公司、工程招标(代理)中心、工程咨询公司等。

(1)建设工程招标投标代理的概念

建设工程招标投标代理，是指建设工程招标投标当事人，将建设工程招标投标事务委托给相应中介服务机构，由该中介服务机构以委托的当事人的名义，同他人独立进行建设工程招标投标活动。代替他人进行建设工程招标投标活动的中介服务机构，称为代理机构；委托他人代替自己进行建设工程招标投标的当事人，称为被代理人(本人)；与代理机构进行建设工程招标投标活动的人，称为第三人(相对人)。

(2)建设工程招标投标代理的特征

①建设工程招标投标代理机构必须以代理人的名义办理招标投标事务。被代理人既可以是建设工程招标人，也可以是建设工程投标人，但同一个代理机构不能同时在一个招标项目中，既作招标人的代理机构，又作投标人的代理机构，也不能在一个招标项目中同时作两个或两个以上投标人的代理机构。

②建设工程招标投标代理机构，具有独立进行意思表示的职能，通过代理机构的意思表达，建设工程招标投标活动才得以顺利进行。

③建设工程招标投标代理行为，应在委托授权的范围内实施。

④建设工程招标投标代理行为的法律效果归属于被代理人。

(3)建设工程招标投标代理机构的资质

建设工程招标投标代理机构的资质，是指从事招标投标代理活动应当具备的条件和素质，包括技术力量、专业技能、人员素质、技术装备、服务业绩、社会信誉、组织机构和注册资金等几个方面的要求。招标投标代理机构从事招标代理业务，必须依法取得相应的招标投标资质等级证书，并在其资质等级证书许可的范围内，开展相应的招标投标代理业务。从目前我国的实际情况来看，招标代理发展较快，代理机构的名称大多为招标公司、招标中心，这反映出投标代理还不普遍。

我国对招标代理机构的条件和资质已有专门规定。招标代理机构应当具备以下条件：

——有从事招标代理业务的营业场所和相应资金；

——有能够编制招标文件和组织评标的相应专业力量；

——具有可以作为评标组织成员人选的技术、经济等方面的专家库；

——有健全的组织机构和内部管理的规章制度。

由于建设工程招标必须在固定的建设工程交易场所进行，因此该固定场所（即建设工程交易中心）所设立的专家库，可以作为各类招标人直接利用的专家库，招标代理机构一般不需另建专家库。从事工程建设项目招标代理业务的招标代理机构，其资质由国务院或省（自治区、直辖市）建设行政主管部门认定。工程招标代理机构的代理资质分为甲、乙、丙三级。

招标代理机构从事招标投标代理业务，必须在其资质等级证书许可的范围内进行。甲级招标投标资质证书的业务范围是，代理任何建设工程的全部（全过程）或部分招标投标工作。乙级招标投标代理资质证书的业务范围是，代理总投资在3000万元以下的建筑工程的全部（全过程）或部分招标投标工作。丙级招标投标代理资质证书的业务范围是，代理总投资在300万元以下的建设工程的全部（全过程）或部分招标投标工作。这里，代理全部（全过程）招标投标工作是指招标投标代理机构代理参与招标投标的全过程活动，主要包括招标投标咨询、提供招标投标方案、组织现场勘察、解答或询问工程现场条件、代编招标文件或投标文件、代编标底、负责答疑、组织开标、进行招标投标总结等。代理部分招标投标工作是指招标投标代理机构代理参与上述招标投标活动中的一项或数项事务，如只负责招标或投标有关事宜的咨询，或只代编招标文件或投标书等。

(4)建设工程招标代理机构的权利

①组织和参与招标或投标活动　招标人或投标人委托代理机构的目的，是让其代替自己办理有关招标或投标事务。组织和参与招标或投标活动，既是代理机构的权利，也是代理机构的义务。

②依据招标文件要求，审查投标人资质　代理机构受委托后即有权按照招标文件的规定，审查投标人资质。

③按规定标准收取代理费用　建设工程招标投标代理机构从事代理活动，是一种有偿的经济行为，代理机构要收取代理费用。代理费用由被代理人与代理机构按照有关规定在委托代理合同中协商确定。代理费用的收取标准，通常按工程造价或中标价的一定比例约定。如代理全过程招标投标服务工作的，造价在100万元以上的可收取中标价的0.2%～0.3%，造价在100万元以下的可收取中标价的0.3%～0.35%；代编招标文件，含计算工程量的，可收取中标价的0.07%～0.1%等。无论招标投标当事人对其代理机构提供的建议采纳与否，代理机构都有权收取代理费用。

④招标人投标人授予的其他权利

#### 1.2.4.4　建设工程招标投标行政监管机关

建设工程招标投标涉及国家利益、社会公共利益和公众安全，因而必须对其实行强有力的政府监督。

建设工程招标投标监管机关，是指经政府或政府主管部门批准设立的隶属于同级建设行政主管部门的省(自治区、直辖市)、市、县(市)建设工程招标投标办公室。国家住房和城乡建设部是全国最高招标投标管理机构，在住建部的统一监管下，实行省(自治区、直辖市)、市、县三级建设行政主管部门对所辖行政区内的建设工程招标投标分级管理，即分级属地管理。

建设工程招标投标行政监管机关的职权包括：

①办理建设工程项目报建登记；

②审查发放招标组织资质证书、招标代理人及标底编制单位的资质证书；

③接受招标人申报的招标申请书，对招标工程应当具备的招标条件、招标人的招标资质或招标代理人的招标代理资质、采用的招标方式进行审查认定；

④接受招标人申报的招标文件，对招标文件进行审查认定，对招标人要求变更发出的招标文件进行审批；

⑤对投标人的招标资质进行复查；

⑥对标底进行审定，可以直接审定，也可以将标底委托建设银行以及其他有能力的单位审核后再审定；

⑦对评标定标办法进行审查认定，对招标投标活动进行全过程监督，对开标、评标、定标活动进行现场监督；

⑧核发或者与招标人联合发出中标通知书；

⑨审查合同草案，监督承发包合同的签订和履行；

⑩调解招标人和投标人在招标投标活动中和履行合同过程中发生的纠纷；

⑪查处建设工程招标投标方面的违法行为，依法受委托实施相应的行政处罚。

## ➢ 思考题

1. 什么是工程量清单计价？
2. 工程量清单计价与定额计价的差别有哪些？
3. 园林工程施工投标人所具备的条件和权利有哪些？

# 第2章 园林工程工程量清单计价规范简介

【学习目标】了解园林工程量清单计价规范编制的指导思想和原则；熟悉工程量清单计价规范的主要内容及特点。

## 2.1 工程量清单计价规范编制的指导思想和原则

### 2.1.1 工程量清单计价规范编制的指导思想

根据建设部第107号令《建筑工程施工发包与承包计价管理办法》(2001年)，结合我国工程造价管理现状，总结有关省(自治区、直辖市)工程量清单试点的经验，参照国际上有关工程量清单计价的通行做法，《建设工程工程量清单计价规范》(下简称"计价规范")编制的指导思想是按照政府宏观调控，市场竞争形成价格，创造公平、公正、公开竞争的环境，以建立全国统一的、有序的建筑市场。既要与国际惯例接轨，又考虑我国的实际现状。

### 2.1.2 工程量清单计价规范编制的主要原则

(1)政府宏观调控、企业自主报价、市场竞争形成价格的原则

按照政府宏观调控、企业自主报价、市场竞争形成价格的指导思想，为规范发包方与承包方计价行为，确定工程量清单计价原则、方法和必须遵循的规则，包括统一项目编码、项目名称、计量单位、工程量计算规则等。留给企业自主报价、参与市场竞争的空间，属于企业性质的施工方法、施工措施和人工、材料、机械的消耗量水平、取费等由企业来确定，给企业充分的权利，促进生产力的发展。

(2)与现行定额既有机的结合又有区别的原则

由于现行预算定额是我国经过几十年长期实践总结出来的，有一定的科学性和实用性，从事工程造价管理工作的人员已经形成了运用预算定额的习惯，"计价规范"以现行的"全国统一工程预算定额"为基础，特别是项目划分、计量单位、工程量计算规则等方面，尽可能与定额衔接。与工程预算定

额有所区别的原因：预算定额是按照计划经济的要求制定、发布贯彻执行的，其中有许多不适应“计价规范”编制指导思想的，主要表现在：①定额项目按国家规定以工序为划分项目；②施工工艺、施工方法是根据大多数企业的施工方法综合取定的；③人工、材料、机械消耗量根据“社会平均水平”综合测定；④取费标准根据不同地区平均测算。因此，企业报价时就会表现为平均主义，企业不能结合项目具体情况、自身技术管理自主报价，不能充分调动企业加强管理的积极性。

(3)既考虑我国工程造价管理的现状，又尽可能与国际惯例接轨的原则

“计价规范”要根据我国当前工程建设市场发展的形势，逐步解决定额计价中与当前工程建设市场不相适应的因素，适应我国社会主义市场经济发展的需要，适应与国际接轨的需要，积极稳妥地推行工程量清单计价。因此，在编制中，既借鉴了世界银行、菲迪克、英联邦国家以及我国香港地区等的一些做法和思路，同时，也结合了我国现阶段的具体情况。

## 2.2 “计价规范”内容简介

为统一建设工程量清单的编制和计价方法，规范工程造价计价行为，根据《中华人民共和国建筑法》《中华人民共和国合同法》《中华人民共和国招标投标法》《中华人民共和国标准化法》，制定本规范。

《建设工程工程量清单计价规范》的颁布实施，是建设市场发展的要求，为了建设工程招标投标计价活动健康、有序的发展提供了依据，在“计价规范”中贯穿了由政府宏观调控、企业自主报价、市场竞争形成价格的原则。主要体现在：

①政府宏观调控　一是规定了全部使用国有资金或国有资金投资控股为主(以下二者简称“国有资产投资”)的大中型建设工程要严格执行“计价规范”，统一了分部分项工程项目名称、统一计量单位、统一工程量计算规则、统一项目编码，为建立全国统一建设市场和规范计价行为提供了依据。二是“计价规范”没有人工、材料、机械的消耗量，必然促进企业提高管理水平，引导企业学会编制自己的消耗量定额，适应市场的需要。

②企业自主报价、市场竞争形成价格　由于“计价规范”不规定人工、材料、机械消耗量，为企业报价提供了自主的空间，投标企业可以结合自身的生产效率、消耗水平和管理能力与已储备的本企业报价资料，按照“计价规范”规定的原则方法投标报价。工程造价最终由承发包双方在市场竞争中按照价值规律，通过合同确定。

### 2.2.1 “计价规范”的主要内容

《建设工程工程量清单计价规范》(GB50500—2008)主要由两部分构成：第一部分由总则、术语、工程量清单编制、工程量清单计价和工程量清单及其计价的表格组成；第二部分为附录，包括建筑工程、装饰装修工程、安装工程、市政工程、园林绿化工程、矿山工程，共6个附录组成。附录以表格形式列出每个清单项目的项目编码、项目名称、项目特征、工作内容、计量单位和工程量计算规则。

#### 2.2.1.1 一般概念

工程量清单计价方法，是建设工程在招标投标中，招标人委托具有资质的中介机构编制反映工程实体消耗和措施消耗的工程量清单，并作为招标文件的一部分提供给投标人，由投标人依据工程量清单自主报价的计价方式。

(1)工程量清单

工程量清单是表现拟建工程的分部分项工程项目、措施项目、项目名称和相应数量的明细清单，是由招标人按照“计价规范”附录中统一的项目编码、项目名称、计量单位和工程量计算规则进行编制的。包括分部分项工程量清单、措施项目清单、其他项目清单等，它们占据了工程量清单最主要的部分。现将这三大项目清单的内容介绍如下：

①分部分项工程　是分部工程和分项工程的统称。其中分部工程是指按照工程部位、设备种类和型号、使用材料的不同划分的。如基础工程、砖石工程、混凝土及钢筋混凝土工程、装修工程、屋面工程、绿化工程、园路园桥工程等。

分项工程是指按照不同的施工方法、不同的材料、不同的规格而命名的基本产品名称，如楼地面的工程中的灰土垫层、水泥砂浆找平层、大理石面层、花岗石台阶面层等。多个分项工程可组成一个分部工程，如园路工程是由整路床、筑垫层、栽路牙、铺路面等多个分项工程组成。分项工程是计算工、料及资金消耗的最基本的构造要素。

在编制工程量清单过程中，还应注意以下几点：

——分部分项工程量清单应包括项目编码、项目名称、项目特征、计量单位和工程量。

——分部分项工程量清单应根据附录规定的项目编码、项目名称、项目特征、计量单位和工程量计算规则编制(表2-1)。

表 2-1　分部分项工程量清单

| 序号 | 项目编码 | 项目名称 | 计量单位 | 工程数量 |
| --- | --- | --- | --- | --- |
| | | 大乔木 | | |
| 1 | 050102001001 | 栽植乔木；乔木种类：红果冬青；地径：12～14cm，高度：300～400cm；冠幅：300cm；要求：全冠，形态优美；养护期：1 年；支撑形式：杉木支撑，草绳绕树干 | 株 | 9 |
| 2 | 050102001002 | 栽植乔木；乔木种类：红果冬青；地径：10～12cm；高度：200～300cm；冠幅：200cm；要求：全冠，形态优美；养护期：1 年；支撑形式：杉木支撑，草绳绕树干 | 株 | 4 |

——分部分项工程量清单的项目编码，应采用 12 位阿拉伯数字标志。1～9 位应按附录的规定设置，10～12 位应根据拟建工程的工程量清单项目名称设置，不得有重码(图 2-1)。

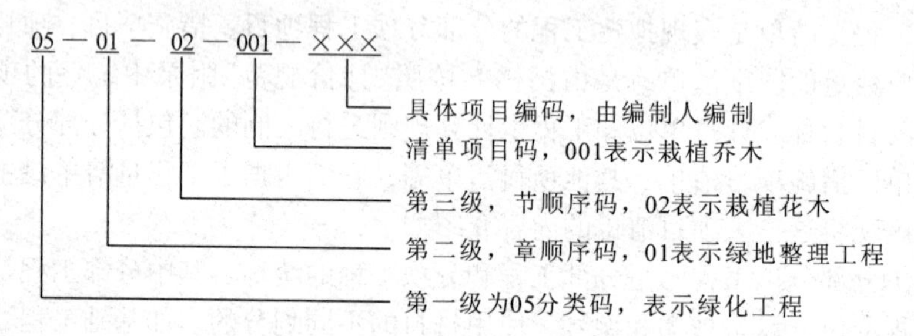


图 2-1　分部分项工程量清单项目编码设置

——分部分项工程量清单的项目名称应按附录的项目名称结合拟建工程的实际确定。

——分部分项工程量清单中所列的工程量应按附录中规定的工程量计算规则计算。

——分部分项工程量清单的计量单位应按附录中规定的计量单位确定。

——分部分项工程量清单项目特征应按附录中规定的项目特征结合拟建工程项目的实际予以描述。

②措施项目　指为了完成工程施工，发生于该工程施工前和施工过程中的主要技术、生活、安全等方面的非工程实体项目。

在“计价规范”中规定：“措施项目清单应根据拟建工程的具体情况，通用措施项目可按表参照表 2-2 列项”，专业工程的措施项目可按附录中规定的项目选择列项。若出现本规范未列的项目，可根据工程实际情况补充。

表 2-2 通用措施项目及园林工程专业措施项目一览表

| 序号 | 项目名称 | 序号 | 项目名称 |
|---|---|---|---|
| | 1 通用项目 | | |
| 1.1 | 安全文明施工（含环境保护、文明施工、安全施工、临时设施） | 1.6 | 施工排水 |
| 1.2 | 夜间施工 | 1.7 | 施工降水 |
| 1.3 | 二次搬运 | 1.8 | 地上、地下设施，建筑物的临时保护设施 |
| 1.4 | 冬雨季施工 | 1.9 | 已完工程及设备保护 |
| 1.5 | 大型机械设备进出场及安拆 | | |
| | 2 园林工程专用项目 | | |
| 2.1 | 脚手架 | | |
| 2.2 | 模板 | | |
| 2.3 | 支撑与绕杆 | | |

措施项目中可以计算工程量的项目清单宜采用分部分项工程量清单的方式编制，列出项目编码、项目名称、项目特征、计量单位和工程量计算规则；不能计算工程量的项目清单，以“项”为计量单位。

③其他项目指除上述项目外，因工程需要而发生的有关内容。

其他项目清单宜按照下列内容列项：暂列金额；暂估价，包括材料暂估价、专业工程暂估价；计日工；总承包服务费。

出现上述未列的项目，可根据工程实际情况补充。

(2) 工程量清单计价

工程量清单计价是指投标人完成由招标人提供的工程量清单所需的全部费用，包括分部分项工程费、措施项目费、其他项目费和规费、税金。

### 2.2.1.2 “计价规范”的各章内容

“计价规范”包括正文和附录两大部分，两者具有同等效力。正文共5章，包括总则、术语、工程量清单编制、工程量清单计价、工程量清单计价格式。分别就“计价规范”的适应范围、遵循的原则、编制工程量清单应遵循的原则、工程量清单计价活动的原则、工程量清单及其计价格式作了明确规定。

附录包括附录A，建筑工程工程量清单项目及计算规则；附录B，装饰装修工程工程量清单项目及计算规则；附录C，安装工程工程量清单项目及计算规则；附录D，市政工程工程量清单项目及计算规则；附录E，园林绿化工程工程量清单项目及计算规则（表2-3），附录F，矿山工程工程量清单项目及计算规则。附录中包括项目编码、项目名称、项目特征、计量单位、工程量计算规则和工程内容，其中项目编码、项目名称、计量单位、工程量计算规则作为统一的内容，要求招标人在编制工程量清单时必须执行。

表2-3　绿地整理（编码：050101）

| 项目编码 | 项目名称 | 项目特征 | 计量单位 | 工程量计算规则 | 工程内容 |
| --- | --- | --- | --- | --- | --- |
| 050101001 | 伐树、挖树根 | 树干胸径 | 株 | 按数量计算 | 1. 伐树、挖树根<br>2. 废弃物运输<br>3. 场地清理 |
| 050101002 | 砍挖灌木丛 | 丛高 | 株（株丛） | | 1. 灌木砍挖<br>2. 废弃物运输<br>3. 场地清理 |
| 050101003 | 挖竹根 | 根盘直径 | 株（株丛） | | 1. 砍挖竹根<br>2. 废弃物运输<br>3. 场地清理 |

## 2.2.2　“计价规范”的特点

①强制性　主要表现在，一是由建设行政主管部门按照强制性标准的要求批准颁发，规定全部使用国有资金或国有资金投资为主的大、中型建设工程按计价规范规定执行；二是明确工程量清单是招标文件的部分，并规定了招标人在编制工程量清单时必须遵守的规则，做到了四统一，即统一项目编码、统一项目名称、统一计量单位、统一工程量计算规则。

②实用性　附录中工程量清单项目及计算规则的项目名称表现的是工程实体项目，项目明确清晰，工程量计算规则简洁明了；特别还有项目特征和工程内容，易于编制工程量清单。

③竞争性　一是“计价规范”中的措施项目，在工程量清单中只列“措施项目”一栏，具体采用什么措施，如模板、脚手架、临时设施、施工排水等详细内容由投标人根据企业的施工组织设计，视具体情况报价，因为这些项目在企业间各有不同，是企业竞争项目，是留给企业竞争的空间；二是“计价规范”中人工、材料和施工机械没有具体的消耗量，投标企业可以根据企业的定额和市场价格信息，也可以参照建设行政主管部门发布的社会平均消耗量定额报价，“计价规范”将报价权交给企业。

④通行性　采用工程量清单计价将与国际惯例接轨，符合工程量清单计

算方法标准化、工程量计算规则统一化、工程造价确定市场化的规定。

### 2.2.3 “计价规范”的适用范围

①本规范适用于建设工程工程量清单计价活动。

②国有资金投资的工程建设项目，必须采用工程量清单计价。

③非国有资金投资的工程建设项目，可采用工程量清单计价。

## 2.3 工程量清单计价方法

### 2.3.1 分部分项工程费

分部分项工程费是指施工过程中耗费的构成工程实体性项目的各项费用，包括人工费、材料费、机械使用费、管理费、利润，并考虑风险因素。

#### 2.3.1.1 费用组成

(1)人工费

人工费指直接从事建筑安装工程施工的生产工人开支的各项费用，包括以下内容：

①基本工资　指发放给生产工人的基本工资，包括基础工资、岗位(职级)工资、绩效工资等。

②工资性津补贴　指企业发放的各种性质的津贴、补贴。包括物价补贴、交通补贴、住房补贴、施工补贴、误餐补贴、节假日(夜间)加班费等。

③生产工人辅助工资　指生产工人年有效施工天数以外非作业天数的工资，包括职工学习、培训期间的工资，探亲、休假期间的工资，因气候影响的停工工资，女工哺乳期的工资，病假在6个月以内的工资及产、婚、丧假期的工资。

④职工福利费　指按规定标准计提的职工福利费。

⑤劳动保护费　指按规定标准发放的劳动保护用品、工作服装补贴、防暑降温费、高危险工种施工作业防护补贴费等。

(2)材料费

材料费指施工过程中耗费的构成工程实体的原材料、辅助材料、构配件、零件、半成品的费用和周转使用材料的摊销费用。包括以下内容：

①材料原价

②材料运杂费　材料自来源地运至工地仓库或指定堆放地点所发生的全

部费用。

③运输损耗费　材料在运输装卸过程中不可避免的损耗。

④采购及保管费　组织采购、供应和保管材料过程所需要的各项费用，包括采购费、工地保管费、仓储费和仓储损耗。

(3)施工机械使用费

施工机械使用费指施工机械作业所发生的机械使用费、机械安拆费和场外运费。施工机械台班单价应由下列费用组成：

①折旧费　施工机械在规定的使用年限内，陆续收回其原值及购置资金的时间价值。

②大修理费　指施工机械按规定的大修理间隔台班进行必要的大修理，以恢复其正常功能所需的费用。

③经常修理费　指施工机械除大修理以外的各级保养和临时故障排除所需的费用。包括为保障机械正常运转所需替换设备与随机配备工具用具的摊销和维护费用，机械运转及日常保养所需润滑与擦拭的材料费用，机械停滞期间的维护和保养费用等。

④安拆费及场外运费　安拆费指施工机械在现场进行安装与拆卸所需的人工、材料、机械和试运转费用以及机械辅助设施的折旧、搭设、拆除等费用；场外运费指施工机械整体或分体自停放地点运至施工现场或由一施工地点运至另一施工地点的运输、装卸、辅助材料及架线等费用。

⑤人工费　指机上司机(司炉)和其他操作人员的工作日人工费及上述人员在施工机械规定的年工作台班以外的人工费。

⑥燃料动力费　指施工机械在运转作业中所消耗的固体燃料(煤、木柴)、液体燃料(汽油、柴油)及水电费用等。

⑦车辆使用费　指施工机械按照国家和有关部门规定应缴纳的车船使用费、保险费及年检费等。

(4)企业管理费

企业管理费指施工企业组织施工生产和经营管理所需的费用。包括以下内容：

①管理人员的基本工资、工资性津贴、职工福利费、劳动保护费等。

②差旅交通费　指企业职工因公出差、住勤补助费、市内交通费和误餐补助费，职工探亲路费、劳动力招募费、工地转移费以及交通工具油料、燃料、牌照等。

③办公费　指企业办公用文具、纸张、账表、印刷、邮电、书报、会议、水、电、燃煤、燃气等费用。

④固定资产使用费　指企业属于固定资产的房屋、设备、仪器等的折旧、大修、维修或租赁费。

⑤生产工具用具使用费　指企业管理使用不属于固定资产的工具、用具、家具、交通工具、检验设备、试验设备、消防设备等的购置、维修和摊销费，以及支付给工人自备工具的补贴费。

⑥工会经费及职工教育经费　工会经费是指企业按职工工资总额计提的工会经费；职工教育经费是指企业为职工学习培训按职工工资总额计提的费用。

⑦财产保险费　指企业管理用财产、车辆保险。

⑧劳动保险补助费　包括由企业支付的6个月以上的病假人员工资、职工死亡丧葬补助费、按规定支付给离退休干部的各项经费。

⑨财务费　指企业为筹集资金而发生的各种费用。

⑩税金　指企业按规定交纳的房产税、车船使用税、土地使用税、印花税等。

⑪意外伤害保险费　企业为从事危险作业的建筑安装施工人员支付的意外伤害保险费。

⑫工程定位、复测、点交、场地清理费。

⑬非甲方所为4h以内的临时停水停电费用。

⑭企业技术研发费　建筑企业为转型升级、提高管理水平所进行的技术转让、科技研发、信息化建设等费用。

⑮其他　业务招待费、远地施工增加费、劳务培训费、绿化费、广告费、公证费、法律顾问费、审计费、咨询费、联防费等。

(5)利润

利润指施工企业完成所承包工程获得的盈利，计算方法如下：

①人工费、材料费、机械使用费的计算

$$人工费=\sum(分项工程量\times定额人工费)$$

$$材料费=\sum(分项工程量\times定额材料费)$$

$$机械费=\sum(分项工程量\times定额机械使用费)$$

②管理费、利润的计算　应按照当地主管部门制定的“计价管理办法”执行。以江苏的计费方法为例：仿古建筑工程以人工费和机械费之和为计算基础；园林工程以人工费为计算基础(表2-4)。

表2-4 江苏省园林仿古建筑与园林工程管理费、利润费率表

| 工程名称 | 计算基础 | 管理费费率% | | | 利润费率% |
|---|---|---|---|---|---|
| | | 一类工程 | 二类工程 | 三类工程 | |
| 仿古建筑工程 | 人工费+机械费 | 57 | 50 | 43 | 12 |
| 园林工程 | 人工费 | 30 | 24 | 18 | 14 |

## 2.3.1.2 综合单价

分部分项工程量清单应采用综合单价计价。

(1)概念

综合单价是指完成规定计量项目所需的人工费、材料费、机械使用费、管理费、利润，并考虑风险因素(表2-5)。

表2-5 分部分项工程量清单综合单价分析表

工程名称：××公园工程(绿化部分)

| 序号 | 项目编码 | 定额编号 | 项目(子目)名称 | 单位 | 数量 | 综合单价分析(元) | | | | | 综合单价(元) |
|---|---|---|---|---|---|---|---|---|---|---|---|
| | | | | | | 人工费 | 材料费 | 机械费 | 管理费 | 利润 | |
| | | | 大乔木 | | | | | | | | |
| 1 | 050102001001 | | 栽植乔木；乔木种类：红果冬青；地径：12~14cm；高度：300~400cm；冠幅：300cm；要求：全冠，形态优美；养护期：1年；支撑形式：杉木支撑，草绳绕树干 | 株 | 9 | 75.69 | 468.25 | 18.28 | 13.94 | 10.60 | 586.76 |
| | | 3-108换 | 苗木栽植：栽植乔木(带土球)，土球直径在120cm内 | 10株 | 0.9 | 629.20 | 4533.70 | 137.30 | 113.26 | 88.09 | 5501.55 |
| | | 3-246 | 栽植技术措施：树棍桩，三脚桩 | 10株 | 0.9 | 26.40 | 101.25 | 0.00 | 7.92 | 3.70 | 139.27 |

（续）

| 序号 | 项目编码 | 定额编号 | 项目（子目）名称 | 单位 | 数量 | 综合单价分析 | | | | | 综合单价（元） |
|---|---|---|---|---|---|---|---|---|---|---|---|
| | | | | | | 人工费 | 材料费 | 机械费 | 管理费 | 利润 | |
| | | 3-256 | 栽植技术措施：草绳绕树干，胸径在15cm以内 | 10m | 1.8 | 22.00 | 11.40 | 0.00 | 3.96 | 3.08 | 40.44 |
| | | 3-409×1.2 | Ⅲ级养护，常绿乔木，胸径20cm以内 | 10株 | 0.9 | 57.34 | 24.72 | 45.52 | 10.32 | 8.03 | 145.93 |

(2)实行综合单价的意义

——综合单价是工程量清单计价的核心内容；

——综合单价是投标人能否中标的航向标；

——综合单价是投标人中标后盈亏的分水岭；

——综合单价是投标企业整体实力的真实反映。

(3)综合单价组价的依据

——工程量清单提供相应清单项目所包含的施工过程，它是组价的内容；

——投标文件是否有业主供应材料，如有应在综合单价中扣减；

——企业定额；

——施工组织设计及施工方案；

——已往的报价资料；

——现行材料，机械台班价格信息。

(4)综合单价编制时应注意的问题

——必须非常熟悉企业定额的编制原理，为准确计算人工、材料、机械消耗量奠定基础；

——必须熟悉施工工艺，准确确定工程量清单表中的工程内容，以便准确报价；

——经常进行市场询价和商情调查，以便合理确定人工、材料、机械的市场单价；

——广泛积累各类基础性资料及其以往的报价经验，为准确而迅速地做好报价提供依据；

——经常与企业及项目决策领导者进行沟通，明确投标策略，以便合理报出管理费率及利润率；

——增强风险意识，熟悉风险管理有关内容，将风险因素合理地考虑在报价中；

——必须结合施工组织设计和施工方案，将工程量增减的因素及施工过程中的各类合理损耗都考虑在综合单价中。

## 2.3.2　措施项目费

措施项目是指为完成工程项目施工，发生于该工程施工准备和施工过程中的技术、生活、安全、环境保护等方面的非工程实体项目。

措施项目费 = 工程量清单中措施项目工程量 × 措施项目综合单价

投标报价时，措施项目费由投标人根据自己企业的情况自行计算，投标人没有计算或少计算的费用，视为此费用已包括在其他费项目内，额外的费用除招标文件和合同约定外，一般不予支付。

措施项目费由通用施工项目费和专业措施项目费两部分组成。

### 2.3.2.1　通用施工项目费

(1)现场安全文明施工措施费

现场安全文明施工措施费为满足施工现场安全、文明施工以及环境保护、职工健康生活所需要的各项费用，为不可竞争费用。

①安全施工措施费用　指安全资料的编制、安全警示标志的购置及宣传栏的设置费用，包括“三宝”、“四口”、“五临边”防护的费用；施工安全用电的费用，包括电箱的标准化、电气保护装置、外电防护标志；起重机、塔吊等起重设备(含井梁、门架)及外用电梯的安全防护措施(含警示标志)费用，卸料平台的临边防护、层间安全门防护棚等设施费用；建筑工地起重机械的检验检测费用；施工机具防护棚及其围栏的安全保护设施费用；施工现场安全防护通道的费用；工人的防护用品、用具购置费用；消防设施与消防器材的配置费用；电气保护、安全文明设施费；其他安全防护措施费用。

②文明施工措施费用　包括大门、五牌一图、工人胸卡、企业标志的费用；围墙的墙面美化(包括内外粉刷、刷白、标语等)、压顶装饰费用；现场厕所便槽刷白、贴面砖，水泥砂浆地面或地砖费用，建筑物内临时便溺设施费用；其他施工现场临时设施的装饰装修、美化措施费用；现场生活卫生设施费用；符合卫生要求的饮水设备、淋浴、消毒等设施费用；生活用洁净燃料费用；防煤气中毒、防蚊虫叮咬等措施费用；施工现场操作场地的硬化费用；现场污染源的控制、建筑垃圾及生活垃圾清理、场地排水排污的费

用；防扬尘洒水费用；现场绿化费用、治安综合治理费用、现场电子监控设备费用；现场配备医药保健器材、物品费用和急救人员培训费用；用于现场工人的防暑降温费，电风扇、空调等设备及用电费用；用于现场工人的防扰民措施费用；其他文明施工措施费用。

③安全文明施工费用　由基本费、现场考评费和奖励费三部分构成。

基本费　是施工企业在施工过程中必须发生的安全文明措施的基本保障费；

现场考评费　是施工企业执行有关安全文明施工规定，经考评组织现场核查打分和动态评价获取的安全文明措施增加费；

奖励费　是施工企业加大投入，加强管理，创建省、市级文明工地的奖励费用。

(2)环境保护费用

环境保护费用指施工现场为达到环境保护部门要求所需要的各项费用。

(3)夜间施工增加费

夜间施工增加费指规范、规程要求正常作业而发生的夜班补助、夜间施工降效、照明设施摊销及照明用电等费用。

(4)二次搬运费

指因施工场地狭小等特殊情况而发生的二次搬运费用。

(5)冬雨季施工增加费

在冬雨季施工期间所增加的费用。包括冬季作业、临时取暖、建筑物门窗洞口封闭及防雨措施、排水、工效降低等费用。

(6)大型机械设备进出场及安拆费

机械整体或分体自停放场地运至施工现场，或由一个施工地点运至另一个施工地点所发生的机械进出场、运输转移、机械安装、拆卸等费用。

(7)施工排水费

指确保工程在正常条件下施工，采取各种排水措施所发生的费用。

(8)施工降水费

指确保工程在正常条件下施工，采取各种降水措施所发生的费用。

(9)地上、地下设施，建筑物的临时保护设施费

工程施工过程中，对已经建成的地上地下设施的建筑物的保护费用。

(10)已完工程及设备保护费

对已施工完成的工程和设备采取保护措施所发生的费用。

(11)临时设施费

施工企业为进行工程施工所必须搭设的生活和生产用的临时建筑物、构

筑物和其他临时设施等费用。

临时设施包括临时宿舍、文化福利及公用事业房屋与构筑物、仓库、办公室、加工场等；建筑、装饰、安装、修缮、古建园林工程规定范围内（建筑物沿边起 50m 内，多幢建筑两幢间隔 50m 内）围墙、临时道路、水电、管线和塔吊基座（轨道）垫层（不包括混凝土固定式基础）等；市政工程施工现场在等额基本运距范围内的临时给水、排水、供电线路（不包括变压器、锅炉等设备）、临时道路以及总长度不超过 200m 的围墙（篱笆）。

建设单位同意在施工就近地点临时修建混凝土构件预制场所发生的费用，应向建设单位结算。

(12) 企业检验试验费

施工企业按规定进行建筑材料、构配件等试样的制作、封样和其他为保证工程质量进行的材料检验、试验工作所发生的费用。

根据有关国家标准或施工验收规范要求，对材料、构配件和建筑物工程质量检测、检验发生的费用，由建设单位直接支付给所委托的检测机构。

(13) 赶工措施费

施工合同约定工期比定额工期提前，施工企业为缩短工期所发生的费用。

(14) 工程按质论价

施工合同约定质量标准超过国家规定，施工企业完成工程质量经有权部门鉴定或评定为优质工程所必须增加的施工成本费。

(15) 特殊条件下施工增加费

地下不明障碍物、铁路、航空、航运等交通干扰而发生的施工降效费用。

### 2.3.2.2 专业措施项目费

(1) 建筑工程费

混凝土、钢筋混凝土模板及支架、脚手架、垂直运输机械费，住宅工程分户验收费等。

(2) 单独装饰工程费

脚手架、垂直运输机械费，室内空气污染测试费，住宅工程分户验收费等。

(3) 安装工程费

组装平台费用；设备、管道施工的安全、防冻和焊接保护措施费用；压力容器和高压管道的检验费用；焦炉施工大棚费用；焦炉供炉、热态工程费用；管道安装后的充气保护措施费用；隧道内施工的通风、供水、供气、供电、照明及通讯设施费用；现场施工围栏费用；长输管道施工措施费用；格架式抱杆费用、脚手架费用、住宅工程分户验收费等。

(4)市政工程费用

围堰、筑岛、便道、便桥、洞内施工的通风、供水、供气、供电、照明及通讯设施、驳岸块石清理、地下管线交叉处理、行车、行人干扰增加、轨道交通工程路桥、模板及支架、市政基础设施施工监测、监控、保护等的费用。

(5)园林绿化工程费用

脚手架、模板、支撑、绕杆、假植等的费用。

(6)房屋修缮工程费用

模板、支架、脚手架，垂直运输机械等的费用。

### 2.3.3 其他项目费

其他项目费包括暂列金额、暂估价(包括材料暂估价、专业工程暂估价)、计日工、总承包服务费等。对于规范中未列的项目，可根据工程实际情况补充。

(1)暂列金额

招标人在工程量清单中暂定并包括在合同价款中的一笔款项。用于施工合同签订时尚未确定或者不可预见的所需材料、设备、服务的采购，施工中可能发生的工程变更，合同约定调整因素出现时的工程价款调整以及发生的索赔、现场签证确认等的费用。

(2)暂估价

招标人在工程量清单中提供的用于支付必然发生但暂时不能确定的材料的单价以及专业工程的金额。

(3)计日工

在施工过程中，完成发包人提出的施工图纸以外的零星项目或工作，按合同中约定的综合单价计价。

(4)总承包服务费

总承包人为配合协调发包人对工程分包自行采购的设备、材料等进行管理、服务以及施工现场管理、竣工资料汇总整理等服务所需的费用。

### 2.3.4 规费

规费主要包括工程排污费、工程定额测量费、养老保险统筹基金、失业保险费、医疗保险费等。这些费用都由各个省市政府主管部门制定具体费率，由投标人按其规定计算。

以江苏为例：工程排污费包括废气、污水，扬尘及危险物和噪声排污费等内容；建筑安全监督管理费指有关部门批准收取的建筑安全监督费；社会保障费指企业为职工缴纳的养老保险、医疗保险、失业保险、工伤保险和生育保险等社会保障费用(包括个人缴纳部分)，为确保施工企业各类从业人员社会保障权益落实到处，省、市、有关部门可根据实际情况制定管理办法；住房公积金包括企业为职工缴纳的住房公积金。

### 2.3.5　税金

税金是指国家税法规定的应计入建筑安装工程造价内的营业税、城市维护建设税及教育费附加。

(1)营业税

营业税是以产品销售或劳务取得的营业额为对象的税种。

(2)城市建设维护税

为加强城市公共事业和公共设施的维护建设而开征的税，它以附加形式依附于营业税。

(3)教育费附加

为发展地方教育事业，扩大教育经费来源而征收的税种，它以营业税的税额为计征基数。

全国各省市基本统一按照国家规定的税率计算，即纳税人所在地，在城市市区的按 3.41% 计算；在县城、镇的按 3.35% 计算；不在市区、县城、镇的按 3.22% 计算。计算式如下：

税金 =(分部分项工程费 + 措施项目费 + 其他项目费 + 规费) × 税率

## 2.4　工程量清单计价格式

(1)工程量清单计价应采用统一格式。

(2)工程量清单计价格式应随招标文件发至投标人。工程量清单计价表格应由下列内容组成：

①封面

——工程量清单：封—1

——招标控制价：封—2

——投标总价：封—3

——竣工结算总价：封—4

②总说明 表—01

③汇总表

——工程项目招标控制价/投标报价汇总表：表—02

——单项工程招标控制价/投标报价汇总表：表—03

——单位工程招标控制价/投标报价汇总表：表—04

——工程项目竣工结算汇总表：表—05

——单项工程竣工结算汇总表：表—06

——单位工程竣工结算汇总表：表—07

④分部分项工程量清单表

——分部分项工程量清单与计价表：表—08

——工程量清单综合单价分析表：表—09

⑤措施项目清单表

——措施项目清单与计价表(一)：表—10

——措施项目清单与计价表(二)：表—11

⑥其他项目清单表

——其他项目清单与计价汇总表：表—12

——暂列金额明细表：表—12—1

——材料暂估单价表：表—12—2

——专业工程暂估价表：表—12—3

——计日工表：表—12—4

——总承包服务费计价表：表—12—5

——索赔与现场签证计价汇总表：表—12—6

——费用索赔申请(核准)表：表—12—7

——现场签证表：表—12—8

⑦规费、税金项目清单与计价表 表—13

⑧工程款支付申请(核准)表 表—14

封—1

________________工 程

# 工 程 量 清 单

工程造价

招　标　人：________________　　　　咨　询　人：________________

（单位盖章）　　　　　　　　　　　　（单位资质专用章）

法定代表人　　　　　　　　　　　　　法定代表人

或其授权人：________________　　　　或其授权人：________________

（签字或盖章）　　　　　　　　　　　（签字或盖章）

编　制　人：________________　　　　复　核　人：________________

（造价人员签字盖专用章）　　　　　　（造价工程师签字盖专用章）

编制时间：　　年　　月　　日　　　　复核时间：　　年　　月　　日

封—2

________________工 程

# 招标控制价

招标控制价(小写)：____________________

(大写)：____________________

招标人：____________
(单位盖章)

工程造价
咨 询 人：____________
(单位资质专用章)

法定代表人
或其授权人：____________
(签字或盖章)

法定代表人
或其授权人：____________
(签字或盖章)

编 制 人：____________
(造价人员签字盖专用章)

复 核 人：____________
(造价工程师签字盖专用章)

编制时间： 年 月 日 复核时间： 年 月 日

封—3

# 投 标 总 价

招　标　人：____________________

工 程 名 称：____________________

投标总价(小写)：____________________

　　　　(大写)：____________________

投　标　人：____________________

(单位盖章)

法定代表人

或其授权人：____________________

(签字或盖章)

编　制　人：____________________

(造价人员签字盖专用章)

编制时间：　　年　　月　　日

封—4

____________工 程

**竣 工 结 算 总 价**

中标价(小写)：__________(大写)：____________________

结算价(小写)：__________(大写)：____________________

发包人：______ 　　承包人：______ 　　工程造价咨询人：__________

(单位盖章) 　　(单位盖章) 　　(单位资质专用章)

法定代表人或其授权人：__________ 　　法定代表人或其授权人：__________ 　　法定代表人或其授权人：__________

(签字或盖章) 　　(签字或盖章) 　　(签字或盖章)

编 制 人：______________ 　　核 对 人：______________

(造价人员签字盖专用章) 　　(造价工程师签字盖专用章)

编制时间：　　年　　月　　日 　　核对时间：　　年　　月　　日

表—01

## 总 说 明

工程名称： 第 页共 页

| |
|---|
| |

表—02

## 工程项目招标控制价/投标报价汇总表

工程名称： 第 页共 页

| 序号 | 单项工程名称 | 金额(元) | 其中 | | |
|---|---|---|---|---|---|
| | | | 暂估价(元) | 安全文明施工费(元) | 规费(元) |
| | | | | | |
| 合计 | | | | | |

注：本表适用于工程项目招标控制价或投标报价的汇总。

表—03

## 单项工程招标控制价/投标报价汇总表

工程名称： 第 页共 页

| 序号 | 单项工程名称 | 金额(元) | 其中 | | |
|---|---|---|---|---|---|
| | | | 暂估价(元) | 安全文明施工费(元) | 规费(元) |
| | | | | | |
| 合计 | | | | | |

注：本表适用于单项工程招标控制价或投标报价的汇总。暂估价包括分部分项工程中的暂估价和专业工程暂估价。

表—04

## 单位工程招标控制价/投标报价汇总表

工程名称： 标段： 第 页共 页

| 序号 | 汇 总 内 容 | 金额(元) | 其中：暂估价(元) |
|---|---|---|---|
| 1 | 分部分项工程 | | |
| 1.1 | | | |
| 2 | 措施项目 | | |
| 2.1 | 安全文明施工费 | | |
| 3 | 其他项目 | | |
| 3.1 | 暂列金额 | | |
| 3.2 | 专业工程暂估价 | | |
| 3.3 | 计日工 | | |
| 3.4 | 总承包服务费 | | |
| 4 | 规费 | | |
| 5 | 税金 | | |
| 招标控制价合计 =1+2+3+4+5 | | | |

注：本表适用于单位工程招标控制价或投标报价的汇总，如无单位工程划分，单项工程也使用本表汇总。

表—05

## 工程项目竣工结算汇总表

工程名称： 第 页共 页

| 序号 | 单项工程名称 | 金额(元) | 其 中 | |
|---|---|---|---|---|
| | | | 安全文明施工费(元) | 规费(元) |
| | | | | |
| | | | | |
| 合 计 | | | | |

表—06

## 单项工程竣工结算汇总表

工程名称： 第 页共 页

| 序号 | 单项工程名称 | 金额(元) | 其 中 | |
|---|---|---|---|---|
| | | | 安全文明施工费(元) | 规费(元) |
| | | | | |
| | | | | |
| 合 计 | | | | |

表—07

## 单位工程竣工结算汇总表

工程名称：　　　　　　　　标段：　　　　　　　　第　页共　页

| 序号 | 汇　总　内　容 | 金额(元) |
|---|---|---|
| 1 | 分部分项工程 | |
| 1.1 | | |
| 2 | 措施项目 | |
| 2.1 | 安全文明施工费 | |
| 3 | 其他项目 | |
| 3.1 | 专业工程结算价 | |
| 3.2 | 计日工 | |
| 3.3 | 总承包服务费 | |
| 3.4 | 索赔与现场签证 | |
| 4 | 规费 | |
| 5 | 税金 | |
| 竣工结算总价合计=1+2+3+4+5 | | |

注：如无单位工程划分，单项工程也使用本表汇总。

表—08

## 分部分项工程量清单与计价表

工程名称：　　　　　　　　标段：　　　　　　　　第　页共　页

| 序号 | 项目编码 | 项目名称 | 项目特征描述 | 计量单位 | 工程量 | 金　额(元) | | |
|---|---|---|---|---|---|---|---|---|
| | | | | | | 综合单价 | 合价 | 其中：暂估价 |
| | | | | | | | | |
| | | | | | | | | |
| 本页小计 | | | | | | | | |
| 合　计 | | | | | | | | |

注：根据建设部、财政部发布的《建筑安装工程费用组成》(建标[2003]206号)的规定，为计取规费等的使用，可在表中增设其中："直接费"、"人工费"或"人工费+机械费"。

表—09

## 工程量清单综合单价分析表

工程名称：　　　　　　　　　　　　　　标段：　　　　　　　　　　　　　第　页共　页

<table>
<tr><td>项目编码</td><td colspan="3"></td><td colspan="3">项目名称</td><td colspan="2"></td><td colspan="2">计量单位</td><td></td></tr>
<tr><td colspan="12">清单综合单价组成明细</td></tr>
<tr><td rowspan="2">定额编号</td><td rowspan="2">定额名称</td><td rowspan="2">定额单位</td><td rowspan="2">数量</td><td colspan="4">单　价(元)</td><td colspan="4">合　价(元)</td></tr>
<tr><td>人工费</td><td>材料费</td><td>机械费</td><td>管理费和利润</td><td>人工费</td><td>材料费</td><td>机械费</td><td>管理费和利润</td></tr>
<tr><td></td><td></td><td></td><td></td><td></td><td></td><td></td><td></td><td></td><td></td><td></td><td></td></tr>
<tr><td colspan="2">人工单价</td><td colspan="6">小　计</td><td colspan="4"></td></tr>
<tr><td colspan="2">元/工日</td><td colspan="6">未计价材料费</td><td colspan="4"></td></tr>
<tr><td colspan="12">清单项目综合单价</td></tr>
</table>

<table>
<tr><td rowspan="5">材料费明细</td><td>主要材料名称、规格、型号</td><td>单位</td><td>数量</td><td>单价(元)</td><td>合价(元)</td><td>暂估单价(元)</td><td>暂估合价(元)</td></tr>
<tr><td></td><td></td><td></td><td></td><td></td><td></td><td></td></tr>
<tr><td></td><td></td><td></td><td></td><td></td><td></td><td></td></tr>
<tr><td colspan="3">其他材料费</td><td>—</td><td></td><td>—</td><td></td></tr>
<tr><td colspan="3">材料费小计</td><td>—</td><td></td><td>—</td><td></td></tr>
</table>

注：1. 如不使用省级或行业建设主管部门发布的计价依据，可不填定额项目、编号等。

2. 招标文件提供了暂估单价的材料，按暂估的单价填入表内“暂估单价”栏及“暂估合价”栏。

表—10

## 措施项目清单与计价表(一)

工程名称: 标段: 第 页共 页

| 序号 | 项目名称 | 计算基础 | 费 率(%) | 金 额(元) |
|---|---|---|---|---|
| 1 | 安全文明施工费 | | | |
| 2 | 夜间施工费 | | | |
| 3 | 二次搬运费 | | | |
| 4 | 冬雨季施工 | | | |
| 5 | 大型机械设备进出场及安拆费 | | | |
| 6 | 施工排水 | | | |
| 7 | 施工降水 | | | |
| 8 | 地上、地下设施、建筑物的临时保护设施 | | | |
| 9 | 已完工程及设备保护 | | | |
| 10 | 各专业工程的措施项目 | | | |
| 11 | | | | |
| 12 | | | | |
| 合 计 | | | | |

注:1. 本表适用于以“项”计价的措施项目。

2. 根据建设部、财政部发布的《建筑安装工程费用项目组成》(建标[2003]206号)的规定,“计算基础”可为“直接费”、“人工费”或“人工费+机械费”。

表—11

## 措施项目清单与计价表(二)

工程名称: 标段: 第 页共 页

| 序号 | 项目编码 | 项目名称 | 项目特征描述 | 计量单位 | 工程量 | 金 额(元) | |
|---|---|---|---|---|---|---|---|
| | | | | | | 综合单价 | 合 价 |
| | | | | | | | |
| | | | | | | | |
| 本页小计 | | | | | | | |
| 合 计 | | | | | | | |

注:本表适用于以综合单价形式计价的措施项目。

表—12

## 其他项目清单与计价汇总表

工程名称： 标段： 第 页共 页

| 序号 | 项目名称 | 计量单位 | 金 额(元) | 备注 |
|---|---|---|---|---|
| 1 | 暂列金额 | | | 明细详见表—12—1 |
| 2 | 暂估价 | | | |
| 2.1 | 材料暂估价 | | — | 明细详见表—12—2 |
| 2.2 | 专业工程暂估价 | | | 明细详见表—12—3 |
| 3 | 计日工 | | | 明细详见表—12—4 |
| 4 | 总承包服务费 | | | 明细详见表—12—5 |
| 5 | | | | |
| 6 | | | | |
| 合 计 | | | | |

注：材料暂估单价进入清单项目综合单价，此处不汇总。

表—12—1

## 暂列金额明细表

工程名称： 标段： 第 页共 页

| 序号 | 项 目 名 称 | 计量单位 | 暂定金额(元) | 备注 |
|---|---|---|---|---|
| | | | | |
| | | | | |
| 合 计 | | | | — |

注：此表由招标人填写，也可只列暂定金额总额，投标人应将上述暂列金额计入投标总价中。

表—12—2

## 材料暂估单价表

工程名称： 标段： 第 页共 页

| 序号 | 材料名称、规格、型号 | 计量单位 | 单价(元) | 备注 |
|---|---|---|---|---|
| | | | | |
| | | | | |

注：1. 此表由招标人填写，并在备注栏说明暂估价的材料拟用在哪些清单项目上，投标人应将上述材料暂估单价计入工程量清单综合单价报价中。

2. 材料包括原材料、燃料、构配件以及按规定应计入建筑安装工程造价的设备。

表—12—3

## 专业工程暂估价表

工程名称： 标段： 第 页共 页

| 序号 | 工 程 名 称 | 工程内容 | 金额(元) | 备注 |
|---|---|---|---|---|
| | | | | |
| | | | | |
| 合 计 | | | | — |

注：此表由招标人填写，投标人应将上述专业工程暂估价计入投标总价中。

表—12—4

## 计 日 工 表

工程名称： 标段： 第 页共 页

| 编号 | 项 目 名 称 | 单位 | 暂定数量 | 综合单价(元) | 合 价(元) |
|---|---|---|---|---|---|
| 一 | 人 工 | | | | |
| 1 | | | | | |
| 2 | | | | | |
| 人 工 小 计 | | | | | |
| 二 | 材 料 | | | | |
| 1 | | | | | |
| 2 | | | | | |
| 材 料 小 计 | | | | | |
| 三 | 施 工 机 械 | | | | |
| 1 | | | | | |
| 2 | | | | | |
| 施 工 机 械 小 计 | | | | | |
| 合 计 | | | | | |

注：此表项目名称、数量由招标人填写，编制招标控制价时，单价由招标人按有关计价规定确定；投标时，单价由投标人自助报价，计入投标总价中。

表—12—5

## 总承包服务费计价表

工程名称： 标段： 第 页共 页

| 序号 | 工 程 名 称 | 项目价值(元) | 服务内容 | 费率(%) | 金额(元) |
|---|---|---|---|---|---|
| 1 | 发包人发包专业工程 | | | | |
| 2 | 发包人供应材料 | | | | |
| 3 | | | | | |
| 合 计 | | | | | |

注：此表由招标人填写，投标人应将上述专业工程暂估价计入投标总价中。

表—12—6

## 索赔与现场签证计价汇总表

工程名称： 标段： 第 页共 页

| 序号 | 签证及索赔项目名称 | 计量单位 | 数量 | 单价(元) | 合价(元) | 索赔及签证依据 |
|---|---|---|---|---|---|---|
| | | | | | | |
| | | | | | | |
| 本页小计 | | | | | | — |
| 合 计 | | | | | | — |

注：签证及索赔依据是指经双方认可的签证单和索赔依据的编号。

表—12—7

## 费用索赔申请(核准)表

工程名称： 标段： 编号：

<table>
<tr><td colspan="2">致：________________________________________(发包人全称)<br>根据施工合同条款第________条的约定，由于__________________原因，我方要求索赔金额(大写)________________元，(小写)____________元，请予核准。<br>附：1. 费用索赔的详细理由和依据：<br>2. 索赔金额的计算：<br>3. 证明材料：<br>承包人(章)<br>承包人代表________<br>日 期________</td></tr>
<tr><td>复核意见：<br>根据施工合同条款第____条的约定，你方提出的费用索赔申请经复核：<br>□不同意此项索赔，具体意见见附件。<br>□同意此项索赔，索赔金额的计算，由造价工程师复核。<br>监理工程师______<br>日 期______</td><td>复核意见：<br>根据施工合同条款第____条的约定，你方提出的费用索赔申请经复核，索赔金额为(大写)__________元，(小写)________元。<br>造价工程师______<br>日 期______</td></tr>
<tr><td colspan="2">审核意见：<br>□不同意此项索赔。<br>□同意此项索赔，与本期进度款同期支付。<br>发包人(章)<br>发包人代表________<br>日 期</td></tr>
</table>

注：1. 在选择栏中的“□”内作标志“√”；

2. 本表一式四份，由承包人填报，发包人、监理人、造价咨询人、承包人各存一份。

表—12—8

**现场签证表**

工程名称：　　　　　　　　　　　标段：　　　　　　　　　　　编号：

<table>
<tr><td>施工单位</td><td></td><td>日 期</td><td></td></tr>
<tr><td colspan="4">致：________________________________（发包人全称）<br>根据_____（指令人姓名）　年　月　日的口头指令或你方________（或监理人）　年　月　日的书面通知，我方要求完成此项工作应支付价款金额为（大写）__________元，（小写）______元，请予核准。<br>附：1. 签证事由及原因：<br>2. 附图及计算式：<br>承包人（章）<br>承包人代表__________<br>日　　期__________</td></tr>
<tr><td colspan="2">复核意见：<br>你方提出的此项签证申请经复核：<br>□不同意此项签证，具体意见见附件。<br>□同意此项签证，签证金额的计算，由造价工程师复核。<br>监理工程师________<br>日　　期________</td><td colspan="2">复核意见：<br>□此项签证按承包人中标的计日工单价计算，金额为（大写）__________元，（小写）_______元。<br>□此项签证因无计日工单价，金额为（大写）________元，（小写）________元。<br>造价工程师________<br>日　　期________</td></tr>
<tr><td colspan="4">审核意见：<br>□不同意此项签证。<br>□同意此项签证，价款与本期进度款同期支付。<br>发包人（章）<br>发包人代表__________<br>日　　期__________</td></tr>
</table>

注：1. 在选择栏中的“□”内作标志“√”；

2. 本表一式四份，由承包人在收到发包人（监理人）的口头或书面通知后填写，发包人、监理人、造价咨询人、承包人各存一份。

表—13

## 规费、税金项目清单与计价表

工程名称： 标段： 第 页共 页

| 序号 | 项目名称 | 计算基础 | 费 率(%) | 金 额(元) |
|---|---|---|---|---|
| 1 | 规费 | | | |
| 1.1 | 工程排污费 | | | |
| 1.2 | 社会保障费 | | | |
| (1) | 养老保险费 | | | |
| (2) | 失业保险费 | | | |
| (3) | 医疗保险费 | | | |
| 1.3 | 住房公积金 | | | |
| 1.4 | 危险作业意外伤害保险 | | | |
| 1.5 | 工程定额测定费 | | | |
| 2 | 税金 | 分部分项工程费＋措施项目费＋其他项目费＋规费 | | |
| 合 计 | | | | |

注：根据建设部、财政部发布的《建筑安装工程费用项目组成》(建标[2003]206号)的规定，"计算基础"可为"直接费""人工费"或"人工费＋机械费"。

表—14

## 工程款支付申请(核准)表

工程名称: 标段: 编号:

致: ____________________(发包人全称)

我方于______至______期间已完成了______工作，根据施工合同的约定，现申请支付本期的工程价款为(大写)______元，(小写)______元，请予核准。

| 序号 | 名　称 | 金额(元) | 备注 |
|---|---|---|---|
| 1 | 累计已完成的工程价款 | | |
| 2 | 累计已实际支付的工程价款 | | |
| 3 | 本周期已完成的工程价款 | | |
| 4 | 本周期完成的计日工金额 | | |
| 5 | 本周期应增加和扣减的变更金额 | | |
| 6 | 本周期应增加和扣减的索赔金额 | | |
| 7 | 本周期应抵扣的预付款 | | |
| 8 | 本周期应扣减的质保金 | | |
| 9 | 本周期应增加或扣减的其他金额 | | |
| 10 | 本周期实际应支付的工程价款 | | |

承包人(章)

承包人代表______

日　　期______

复核意见:

□与实际施工情况不相符，修改意见见附件。

□与实际施工情况相符，具体金额由造价工程师复核。

监理工程师

日　　期

复核意见:

你方提出的支付申请经复核，本周期已完成工程价款为(大写)______元，(小写)______元，本期间应支付金额为(大写)______元，(小写)______元。

造价工程师

日　　期

审核意见:

□不同意。

□同意，支付时间为本表签发后的15d内。

发包人(章)

发包人代表______

日　　期______

注: 1. 在选择栏中的“□”内作标志“√”;

2. 本表一式四份，由承包人填报，发包人、监理人、造价咨询人、承包人各存一份。

(3)计价表格使用规定

①工程量清单与计价宜采用统一格式。各省、自治区、直辖市建设行政主管部门和行业建设主管部门可根据本地区、本行业的实际情况，在本规范计价表格的基础上补充完善。

②工程量清单的编制应符合下列规定：

工程量清单编制使用表格　包括：封—1，表—01，表—08，表—10，表—11，表—12(不含表—12—6 ~ 表—12—8)，表—13。

封面　应按规定的内容填写、签字、盖章，造价员编制的工程量清单应有负责审核的造价工程师签字、盖章。

总说明　应按下列内容填写：

——工程概况：包括建设规模、工程特征、计划工期、施工现场实际情况、自然地理条件、环境保护要求等。

——工程招标和分包范围。

——工程量清单编制依据。

——工程质量、材料、施工等的特殊要求。

——其他需要说明的问题。

③招标控制价、投标报价、竣工结算的编制应符合下列规定：

使用表格　包括以下内容：

——招标控制价使用表格：包括封—2，表—01，表—02，表—03，表—04，表—08，表—09，表—10，表—11，表—12(不含表—12—6 ~ 表—12—8)，表—13。

——投标报价使用的表格：包括封—3，表—01，表—02，表—03，表—04，表—08，表—09，表—10，表—11，表—12(不含表—12—6 ~ 表—12—8)，表—13。

——竣工结算使用的表格：包括封—4，表—01，表—05，表—06，表—07，表—08，表—09，表—10，表—11，表—12，表—13，表—14。

封面　应按规定的内容填写、签字、盖章，除承包人自行编制的投标报价和竣工结算外，受委托编制的招标控制价、投标报价、竣工结算若为造价员编制的，应有负责审核的造价工程师签字、盖章以及工程造价咨询人盖章。

总说明　应按下列内容填写：

——工程概况：包括建设规模、工程特征、计划工期、合同工期、实际工期、施工现场及变化情况、施工组织设计的特点、自然地理条件、环境保护要求等。

——编制依据等。

④投标人应按照招标文件的要求，附工程量清单综合单价分析表。

⑤工程量清单与计价表中列明的所有需要填写的单价和合价，投标人均应填写，未填写单价和合价，视为此项费用已包含在工程量清单的其他单价和合价中。

## ➤ 思考题

1. 工程量清单所包含的主要内容有哪些？

2. 什么是综合单价？

3. 工程量清单计价中分部分项工程费、措施项目费、其他项目费和规费是如何确定的？

# 第3章 园林工程定额与单位估价表

【学习目标】了解园林工程定额的概念、作用、性质、分类、编制原则、依据和编制方法；熟悉单位估价表的概念、内容和使用方法。

## 3.1 概述

### 3.1.1 定额的概念及特点

#### 3.1.1.1 定额的概念

定额是指在一定的生产技术条件下，生产单位或生产者进行生产活动时，在生产的数量、质量和人力、财力、物力消耗方面所应遵守和达到的数量标准。园林工程定额，就是在一定的生产(施工)技术组织条件下，为完成单位合格园林产品，所必须消耗的人力、物力(材料、机具)和资金的数量标准。例如在园林工程中，单位合格产品可以是栽植1株高为3m的雪松，通过对劳动市场的分析，在合理地组织施工，合理地使用机械和材料的情况下，确定在定额编制时栽植1株3m高的雪松要花人工费、材料费等12.38元。

定额是人类在生产过程中为了规范生产以及提高生产效率而制订的。我国自唐朝开始就有关于定额的思想，到了公元1103年，北宋颁布了将工料限量与设计、施工、材料结合在一起的《营造法式》，这可谓为国家制定的一部建筑工程定额。随着生产的日益扩大，劳动分工和协作也越来越细，要认识和预计生产中人力、物力的消耗越来越复杂，定额作为现代科学管理的一门重要学科也就应运而生了。定额作为一种组织生产、管理企业的科学方法，是随着生产力的发展，随着现代经济管理的发展而产生并不断加深的。定额是管理科学的产物，同时也是科学管理的基础。

#### 3.1.1.2 定额的特点

定额就是标准，无论哪种定额都是衡量经济效果的尺度。各种定额，因考核的对象不同，又具有各自不同的特点，主要包括以下几个方面：

(1) 科学性

定额是在认真研究生产规律的基础上，用科学方法，总结经验，根据技术测定和统计、分析综合制定的，能够比较正确地反映完成单位产品客观需要的劳动力、材料、机具等的消耗量，体现了已推广的新结构、新材料、新技术和新方法，以及正常条件下能达到的平均先进水平，能正确反映当前生产力水平下单位产品所需的生产消耗量。例如，通过定额可以研究施工企业的工时利用情况，从而找到影响工时利用的各种主客观因素，以便挖掘生产潜力，杜绝浪费现象，以最少的消耗，获得最大的经济效益，所以定额也是科学管理企业的方法和手段。

(2) 法令性

经国家或授权单位颁布的定额，具有法令的性质，属于规定范围内的任何单位，都必须认真贯彻执行。执行定额要加强政策观念，不得任意修改。定额的管理部门应对定额使用单位进行必要的监督，维护定额的严肃性。

(3) 群众性

定额的制定和执行，都具有广泛的群众基础。定额的制定来源于广大职工群众的生产(施工)活动，是在广泛听取群众意见，并在群众直接参与下制定的。同时，定额要依靠广大群众贯彻执行，并通过广大群众的生产(施工)活动，进一步提高定额水平。所以定额是广大群众实践的结果。

(4) 相对稳定性与发展性

定额中所规定的各种劳动消耗量的多少，是由一定时期的生产力水平所决定的。定额确定下来以后，在一定时期较为稳定的生产力水平下，可以相对稳定。随着科技水平和社会生产力水平的提高，原有定额不能适应生产需要时，国家或授权有关部门根据新的情况制定出新的定额或补充定额。所以每一次制定的定额必须是相对稳定的，决不可朝定夕改，但也不可长期一成不变，否则会脱离实际而失去意义。

(5) 针对性

生产领域中，由于所生产的产品形形色色，成千上万，并且每种产品的质量标准、安全要求、制作方法及完成该产品的工作内容各不相同，因此，以不同产品(或工序)为对象的资源消耗量的标准，一般来说是不能互相袭用的。另外，针对性还体现在不同行业之间，不同行业之间的定额一般也不能互相套用。

(6) 地域性

我国幅员辽阔，地域复杂，各地的自然资源条件和社会经济条件差异悬殊，因而各地必须在国家统一定额规定的基础上，制定和细化定额，以充分反映当地的实际情况。

## 3.1.2 定额的分类与作用

### 3.1.2.1 定额的分类

在工程建设过程中，由于使用对象和目的不同，定额有很多种类，可按生产要素、用途、性质与编制范围等进行分类(图3-1)。

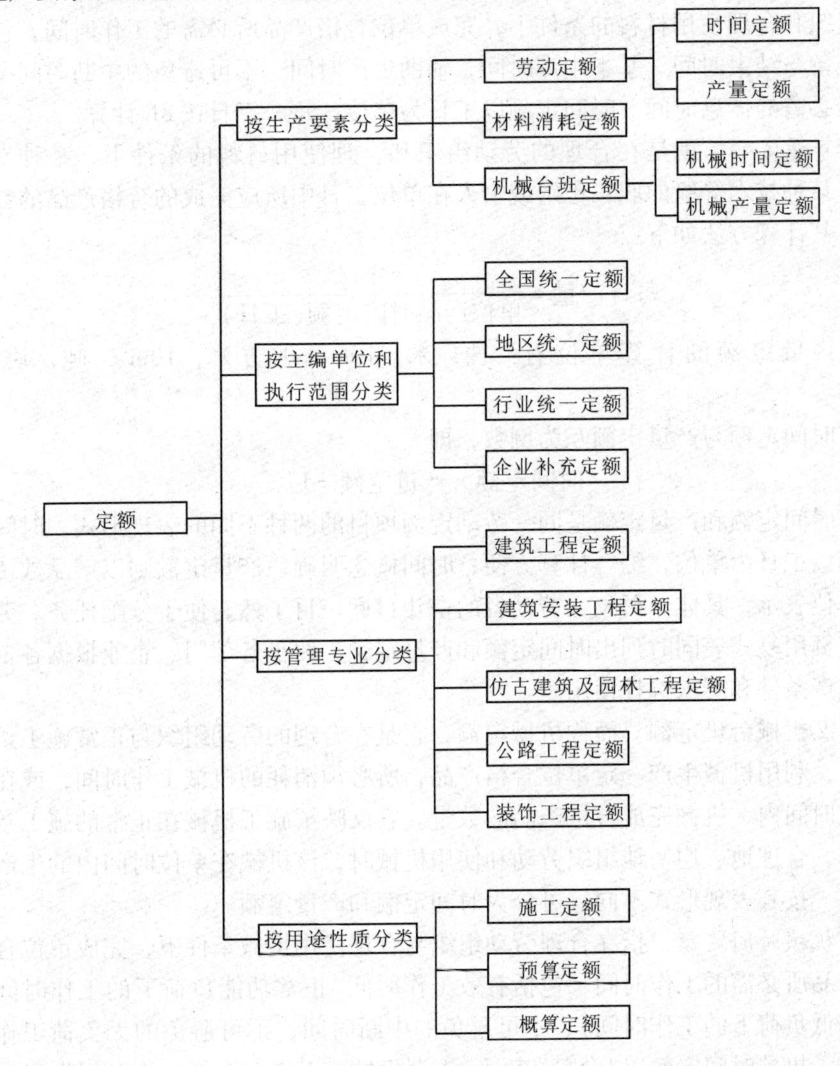


图3-1 定额的分类

(1)按生产要素分类

可分为劳动定额、机械台班定额与材料消耗定额。

①劳动定额　也称人工定额，它规定了正常施工条件下，某工种的某一等级职工为生产单位合格产品，所必须消耗的劳动时间，或在一定的劳动时间内，所生产合格产品和数量。这个标准是国家和企业对职工在单位时间内完成产品数量、质量的综合要求。劳动定额由于表现形式不同，可分为时间定额和产量定额两种。

时间定额　就是某种专业、某种技术等级职工班组或个人，在合理的劳动组织和合理使用材料的条件下，完成单位合格产品所必需的工作时间，包括准备与结束时间、基本生产时间，辅助生产时间、不可避免的中断时间及职工必需的休息时间。时间定额以工日为单位，每一工日按8h计算。

产量定额　就是在合理的劳动组织和合理使用材料的条件下，某种专业、某种技术等级的职工班组或个人在单位工日中所应完成的合格产品的数量。其计算方法如下：

$$每日产量=\frac{1}{单位产品时间定额(工日)}$$

产量定额的计算单位有：株，米，10m，平方米，$10m^2$，吨，块，根等。

时间定额与产量定额互为倒数，即

$$时间定额\times产量定额=1$$

时间定额和产量定额是同一劳动定额项目的两种不同的表现形式。时间定额以工日为单位，综合计算方便，时间概念明确。产量定额则以产品数量为单位表示，具体、形象，劳动者的奋斗目标一目了然，便于分配任务。劳动定额用复式表同时列出时间定额和产量定额，便于各部门、企业根据各自的生产条件和要求选择使用。

②机械台班定额　简称机械定额，它是在合理的劳动组织与正常施工条件下，利用机械生产一定单位合格产品，所必须消耗的机械工作时间，或在单位时间内，机械完成合格产品的数量。它反映了施工机械在正常的施工条件下，合理地、均衡地组织劳动和使用机械时，该机械在单位时间内的生产效率。按其表现形式不同，可分为时间定额和产量定额。

机械时间定额　指在合理劳动组织与合理使用机械条件下，完成单位合格产品所必需的工作时间，包括有效工作时间(正常功能负荷下的工作时间和降低负荷下的工作时间)、不可避免的中断时间、不可避免的无负荷工作时间。机械时间定额以“台班”表示，1台机械，工作1个作业班时间为8h。

$$\text{单位产品机械时间定额(台班)}=\frac{1}{\text{台班产量}}$$

由于机械必须由职工小组配合，所以完成单位合格产品的时间定额中，需同时列出人工时间定额。即：

$$\text{单位产品人工时间定额(工日)}=\frac{\text{小组成员总人数}}{\text{台班产量}}$$

*机械产量定额* 指在合理劳动组织与合理使用机械条件下，机械在每个台班时间内，应完成合格产品的数量。

$$\text{机械台班产量定额}=\frac{1}{\text{机械时间定额(台班)}}$$

机械时间定额和机械产量定额互为倒数关系。

复式表示法可表示为$\frac{\text{机械时间定额}}{\text{机械台班产量定额}}$

③材料消耗定额　是在节约和合理使用材料的条件下，生产单位合格产品所必须消耗的一定品种规格的原材料、燃料、半成品或构件的数量，包括直接使用在工程上的材料净用量和施工现场内运输及操作过程中的不可避免的废料和损耗。

材料的损耗一般以损耗率表示。材料损耗率有两种不同含义，因此，材料消耗量计算有两个不同的公式：

$$\text{Ⅰ}\quad\text{损耗率}=\frac{\text{损耗量}}{\text{总消耗量}}\times100\%$$

$$\text{总消耗量}=\text{净用量}+\text{损耗量}=\frac{\text{净用量}}{1-\text{损耗率}}$$

$$\text{Ⅱ}\quad\text{损耗率}=\frac{\text{损耗量}}{\text{净用量}}\times100\%$$

$$\text{总消耗量}=\text{净用量}+\text{损耗量}=\text{净用量}\times(1+\text{损耗率})$$

*(2)按主编单位和执行范围分类*

①全国统一定额　是根据全国各专业工程的生产技术与组织管理的一般情况而编制的定额，在全国范围内执行。如建设部1985年编制的《全国市政工程统一劳动定额》。

②地区统一定额　是参照全国统一定额及国家的有关统一规定制订的，在本地区使用。如上海市1986年编制的《上海市市政工程管理补充劳动定额》。

③行业统一定额　是考虑到各行业部门专业工程技术特点，以及施工生产和管理水平编制的，一般只在本行业和专业性质相同的范围内使用的专业

定额。如公路工程定额、仿古建筑及园林工程定额等。

④企业补充定额　是施工企业根据现行定额项目，不能满足生产需要，必须要根据实际情况补充编制的。如对统一定额缺项或对特殊项目的补充，但这些定额均按规定履行审批手续。

(3)按管理专业分类

可分为建筑工程定额、建筑安装工程定额、仿古建筑及园林工程定额、公路工程定额、装饰工程定额。这是目前生产活动中，依据行业的划分对定额进行的分类。

(4)按用途性质分类

①施工定额　是直接用于基层施工管理中的定额，它一般由劳动定额、材料消耗定额和机械台班定额3个部分组成。根据施工定额，可以计算不同工程项目的人工、材料和机械台班的需用量。

②预算定额　确定一定计量单位的分项工程或结构的人工、材料(包括成品、半成品)和施工机械台班耗用量以及费用标准。

③概算定额　是预算定额的扩大与合并，它确定了一定计量单位扩大分项工程的人工、材料和施工机械台班的需要量以及费用标准。它是在预算定额的基础上，在合理确定定额水平的前提下，进行适当扩大、综合、简化编制而成的。有的把其又细分成综合预算定额和概算定额，也有的省份就叫综合基价。例如，河南省2002年所编写的《河南省市政工程单位综合基价》，就属此范畴。

概算定额的定额水平应与其基础定额——预算定额保持一致，或略低于预算定额水平。

概算定额的编制方法可以用6个字来表示，即扩大、综合、简化。

扩大　指工程内容扩大。概算定额的编制对象是扩大的分项工程或扩大的结构构件。一个概算定额的子目往往包含了几个，甚至十几个预算定额的子目。

综合　指工程内容及其含量综合取定。概算定额是根据预算定额编制的，它所扩大的预算定额的工程内容及其含量，是经过对一定数量的、有代表性的施工图进行测算、比较、分析后综合取定的。

简化　指工程量计算规则简化。概算定额的工程量计算规则，比较预算定额有了很大的改进，大大简化了计算工作。

概算定额是介于预算定额与概算指标之间的定额。

概算指标是以整个构筑物为对象，或以一定数量(或长度)为计量单位(如以每100m$^2$建筑面积为计量单位)，规定人工、机械与材料的耗用量及其费用标准。它比概算定额进一步扩大、综合，所以依据概算指标来估算造价更为简便，它是在设计深度不够的情况下，编制初步设计概算的依据。

#### 3.1.2.2 定额的作用

定额是企业管理的基础工作之一，对搞好企业管理具有非常重要的作用。

(1)定额是计划管理的重要基础

园林工程施工企业在计划管理中，为了组织和管理施工生产活动，提高管理水平与效益，必须编制各种计划，而计划的编制又依据各种定额和指标来计算人力、物力与财力等需用量，因此定额是计划管理的重要基础。

(2)定额是提高劳动生产率的重要手段

施工企业要提高劳动生产率，除了要加强政治思想工作，提高群众积极性外，还要贯彻执行现行定额，把企业提高劳动生产率的任务，具体落实到每个职工身上，促使他们采用新技术和新工艺，改进操作方法，改善劳动组织，减小劳动强度，使用更少的劳动量，创造更多的产品，从而提高劳动生产率。

(3)定额是衡量设计方案的尺度和确定工程造价的依据

同一园林工程项目的投资多少，是使用定额和指标，对不同设计方案进行技术经济分析与比较之后确定的，因此定额是衡量设计方案经济合理性的尺度。工程造价是根据设计规定的工程标准和工程数量，并依据定额指标规定的劳动力、材料、机械台班数量、单位价值和各种费用标准来确定的，因此定额是确定工程造价的依据。

(4)定额是推行经济责任制的重要环节

园林工程中以招标承包为核心的经济责任制中，计算招标标底和投标标价，签订总包和分包合同协议，以及企业内部实行适合各自特点的各种形式的承包责任制等，都必须以各种定额为主要依据。因此定额是推行经济责任制的重要环节。

(5)定额是科学地组织与管理施工的有效工具

园林工程施工是多工种组成一个有机整体，如种植工程、园路园桥工程、假山工程、园林小品工程等。在安排各工种的活动计划时，计算平衡资源需用量、组织材料供应、确定编制定员、合理配备组织劳动、调配劳动力、签订工程任务单和限额领料单、组织劳动竞赛、考核工料消耗、计算和分配职工劳动报酬等，都要以定额为依据。因此定额是企业科学地组织与管理施工的有效工具。

(6)定额是企业实行经济核算制的重要基础

园林企业为了分析比较施工过程中的各种消耗，必须以各种定额为核算依据。因此职工完成定额的情况，是实行经济核算制的主要内容。以定额为标准，分析比较企业的各种成本，并通过经济活动分析，肯定成绩，找出薄弱环节，提出改进措施，以不断降低单位工程成本，提高经济效益。所以定额是实行经济核算制的重要基础。

## 3.1.3　定额的技术测定

### 3.1.3.1　制订定额的原则

为了保证各类定额的科学性和严肃性，在制订定额时必须遵循以下原则：

(1)定额水平先进合理

制定定额必须从实际出发，根据定额的性质不同，确定先进合理的定额水平，如施工定额水平，既不能反映少数先进水平，更不能以后进水平为依据，而只能采用平均先进水平，这样才能代表社会生产力的水平和方向，推动社会生产力的发展。所谓平均先进水平，是指在施工任务饱满、动力原料供应及时、劳动组织合理、企业管理健全等正常施工条件下，经过努力多数人可以达到或超过、少数职工可以接近的水平。实践证明，定额水平过低，不能促进生产；定额水平过高，会挫伤职工生产积极性。平均先进水平，既反映了先进经验和操作水平，又从实际出发，区别对待，综合分析有利和不利因素，使定额水平先进合理。

(2)结构形式简明适用

主要是指定额项目划分要合理，步距大小要适当，文字要通俗，计算要简便。下面以表 3-1 为例加以说明。

①项目划分合理　这是定额简明适用的核心问题。它包括两个方面：一是定额项目齐全。施工中常用的主要项目，都能编入定额，尽可能地把已经成熟和普遍推广的“三新”(工艺、技术、材料)编入定额，对缺漏项目，注意积累资料，尽快补入定额。如表 3-1 中所示，该定额反映的是栽植带土球的乔木，人工、材料和机械的消耗量，另有定额反映栽植不带土球(裸根)的乔木，人工、材料和机械的消耗量，这是对现实园林工程中该类型项目的总结与归纳，项目应齐全而完整。二是定额项目划分要粗细恰当。细则精度高，但计算复杂使用不便；粗则形式简明，但水平相差悬殊，精确度不够，所以定额要从实际使用出发，划分粗细恰当。

**表 3-1 园林工程预算定额——栽植乔木(带土球)**

工作内容：挖塘、栽植(落塘、扶正、回土、捣实、筑水围)、浇水、复土、保墒、整形、清理。

| 定额编号 | | | | 4－12 | | 4－13 | | 4－14 | |
|---|---|---|---|---|---|---|---|---|---|
| 项目 | | 计量单位 | 单位价值 | 土球直径(cm) | | | | | |
| | | | | <20 | | 20～30 | | 30～40 | |
| | | | | 数量 | 金额 | 数量 | 金额 | 数量 | 金额 |
| 基价 | | 元 | | | 0.22 | | 0.38 | | 0.63 |
| 其中 | 人工费 | 元 | | | 0.21 | | 0.37 | | 0.62 |
| | 材料费 | 元 | | | 0.01 | | 0.01 | | 0.01 |
| | 机械费 | 元 | | | — | | — | | — |
| 人工 | 园艺工 | 工日 | | 0.04 | | 0.07 | | 0.12 | |
| | 其他工 | 工日 | | 0.01 | | 0.02 | | 0.03 | |
| | 合　计 | 工日 | 4.16 | 0.05 | 0.21 | 0.09 | 0.37 | 0.15 | 0.62 |
| 材料 | 水 | 立方米 | 0.12 | 0.025 | 0.01 | 0.025 | 0.01 | 0.05 | 0.01 |
| 机械 | 机械费 | 元 | | | | — | — | | — |

注：如栽植特大或名贵树木，另行计算。

②步距大小适当　定额的步距是指同类性质的一组定额，在合并时保留的间距。步距大，项目少，但精确度低，影响按劳分配，苦乐不均；步距小，项目增加，精确度虽高，但计算和管理复杂，使用不便。一般来说，对于主要的常用项目，步距应少一些；次要的不常用的项目，步距可适当放大一些。如表 3-1 所示，栽植乔木(带土球)定额中，依土球直径作为划分依据，并把土球直径的步距定为 10cm，比较合理，在实践中也容易实施。

③文字通俗，计算方便　定额文字说明和注解，应简单明了，通俗易懂，名词术语应全国通用，计算方法要简化，易于群众掌握运用。工料单位应能反映劳动力与材料的消耗量，定额项目单位尽可能地和产品计量单位一致，定额中册、章、节的编排，应方便基层单位使用。

(3)专群结合，分级管理

专群结合，是指专职定额人员要和职工、工程技术人员相结合，但要以专职人员为主的原则。制定定额，工作台量大，周期长，技术性高，政策性强，这就要求有一个专门的机构，有一支经验丰富、知识全面、有一定政策水平的专业队伍，负责制订工作。在制订时要充分依靠群众，做到专群结合。

分级管理，指必须在集中领导下，由中央主管部门归口，各地区可在管辖范围内，根据本部门本地区的特点，按照国家规定的编制原则，编制部门的和地区性补充定额，颁发补充性制度、条例，并对定额实行分级管理。

### 3.1.3.2　制定定额的基本方法

(1)劳动定额

制定劳动定额的基本方法有经验估计法、统计分析法、类推比较法和技术测定法4种。

①经验估计法　一般是根据定额人员、有关生产管理人员、技术人员和老职工的经验，参照有关技术资料，经过座谈、讨论、分析研究和综合计算而制定定额。其优点是定额制定较为简单，工作量小，速度快，不需要具备更多的技术资料。其缺点是精确度差，技术依据不足，缺乏科学性与准确性。

②统计分析法　这是一种运用过去积累的原始记录和统计资料来制定定额的方法。其优点是方法简便，有较多的资料依据。其缺点是根据过去的统计资料，难免包含一些不合理的因素，影响定额水平的准确性。

③类推比较法　指以某种同类型或相似类型的产品或工序的典型定额为依据，进行分析比较，制定定额。这种方法简便，工作量小。典型定额必须选择适当，切合实际，具有代表性；否则，会影响定额水平。

④技术测定法　指根据先进的施工技术，合理的劳动组织和正常的施工条件，对施工过程的各个组成部分，通过实地测定，分析计算，然后制定定额。采用这种方法制定的定额，通常称为技术定额，它有一定的准确性和技术根据，是比较科学的方法。但制定过程比较复杂，工作量较大。

(2)机械台班定额

制定机械台班定额的基本方法，可参照制定劳动定额的方法。

(3)材料消耗定额

制定材料消耗定额的基本方法有观测法、试验法、统计法和计算法4种。

①观测法　也称观察法，是通过在施工现场对材料消耗进行实地测定、记录、分析，得出生产单位产品材料消耗种类与数量的测定方法。这种方法简单，数据准确，在实际工作中得到广泛使用。

②试验法　是指在试验中对材料消耗进行试验而测定各种数据。这种方法由于没有考虑到现场的实际情况，所得数据一般只能做分析指导的凭据。

③统计法　是从长期积累的材料消耗统计资料中，分析单位工程材料消耗量的测定方法。统计资料主要包括各项工程的拨付材料数量、剩余材料数量和其他完成产品数量等。统计法提供的数据，对定额标定分析极有帮助。

④计算法　也称理论计算法，它是根据工程构造和图纸尺寸，以理论计

算来确定材料消耗定额的方法。

以上4种制定材料消耗定额的方法，都各有优缺点。在实际工作中，应注意互相结合和验证。

## 3.1.4 施工过程与工作时间

### 3.1.4.1 施工过程

施工过程就是在施工工地范围进行新建、恢复、改建或拆除工作的生产过程。如园林绿化中的种植工程，是由挖塘、栽植(落塘、扶正、回土、捣实、筑水围)、浇水、复土、保墒、整形和清理等施工过程组成的。

施工过程因其使用工具、设备的机械化程度不同而分为手动施工过程、机手并动过程和机动施工过程。施工过程按组织的复杂程度可分为工序、工作过程和复合过程。

(1)工序

工序是指劳动组织上不可分开，而施工技术上相同的施工过程。工序的主要特征是劳动者、劳动对象与劳动工具三者均不发生变化，如其中有一个条件发生变化，就意味着从一个工序转入另一个工序。例如，种植工程中的挖塘和浇水即为两个工序，因为至少劳动工具发生了变化，挖塘使用的是铁锹，而浇水使用的是水泵。

工序是最基本的施工过程，还可分为更小的组成部分，即操作。而操作本身又包括更小的组成部分，即动作。

(2)工作过程

工作过程或称操作过程，是由几个在技术操作上相互联系的工序组成。如搅拌砂浆，由原材料运输、上料、搅拌、出料等工序组成。工作过程的特点是劳动者不变，工作地点不变，而使用的材料和工具可以变换。由一个职工完成的工作过程，称为个人工作过程；由小组共同完成的工作过程，称为小组工作过程。

工作过程分为手动工作过程和机械工作过程两种。在机械工作过程中又分为完全机械工作过程和部分机械工作过程两种。

(3)复合过程

复合过程或称综合工作过程，是由几个在操作上发生直接关系、最终产品又是一致的，而同时进行的工作过程所组成的。如砌景墙工作由搅拌砂浆、将砖和砂浆运至工作地点、砌砖、图案制作等工作过程组成。

### 3.1.4.2　工作时间

工作时间就是工作班的延续时间。工作时间是按现行制度规定的八小时工作制，工作时间即 8h。

工作时间的研究，就是将劳动者在整个生产过程中所消耗的工作时间，根据其性质、范围与具体情况，予以科学的划分、归纳类别、分析、取舍，明确规定哪些属于定额时间，哪些属于非定额时间，找出造成非定额时间的原因，以便拟定技术组织措施，消除产生非定额时间的因素，以充分利用工作时间，提高劳动生产率。

工作时间一般分为职工工作时间与机械工作时间。

(1)职工工作时间

①定额时间　是指在正常施工条件下，职工为完成一定产品所必须消耗的工作时间(图 3-2)。

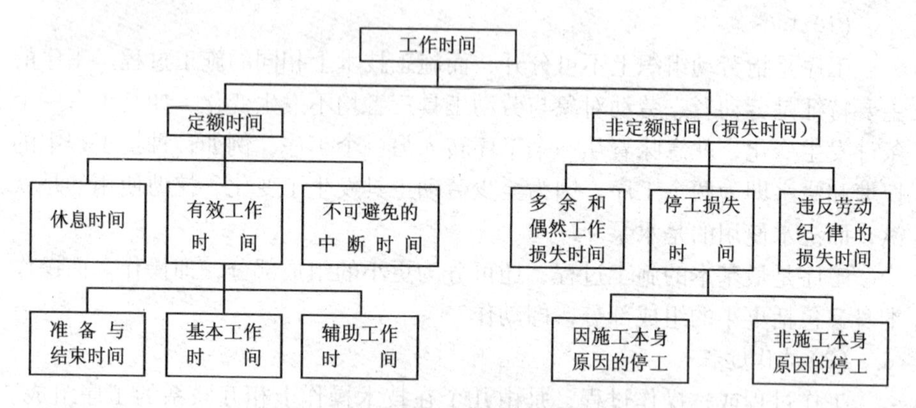


**图 3-2　职工工作时间分类**

有效工作时间　是指与完成产品直接关系的工时消耗，其中包括准备与结束时间、基本工作时间与辅助工作时间。准备与结束时间是指开始施工以前的准备工作(如接受任务、领取材料与布置工地等)、施工任务完成后或下班以前的结束工作(如整理工具、清理场地等)所需要的工时消耗。准备与结束工作的工时消耗，一般说来与任务的大小无直接关系，而与任务的复杂程度直接有关。基本工作时间是指职工直接完成某项产品各个工序的工作时间消耗，基本工作的工时消耗与任务的大小成正比。辅助工作时间是指为保证完成基本工作所必需的辅助性工作，它的工时消耗与任务大小成正比。

休息时间　是指在施工过程中，职工为了恢复体力以及个人生理上的需要所必需的短暂的间歇，如饮水、大小便等的工时消耗。休息时间的长短与劳动强度、工作条件、工作性质有关。

不可避免的中断时间 是指在施工过程中，由于技术或组织原因而引起的工作中断的工时消耗，如汽车司机等候装卸绿化苗木时的工作中断所消耗的时间。

②非定额时间 是指与完成产品无关的工时消耗，或称损失时间。

多余和偶然工作损失时间 是指在正常的条件下，不应发生的工时消耗，或由于意外情况所引起的工时消耗(如树木支撑搭设不牢，导致树木倾斜又重新返工进行支撑)。它与任务的大小无直接关系，但与工作条件及职工的技术水平直接有关。

停工损失时间 是指由于非正常原因而造成的工作中断的工时消耗，它包括因施工本身原因的停工(如材料供应中断)与非施工本身原因的停工(如断水、断电)。

违反劳动纪律的损失时间 是指由于职工迟到、早退以及个别职工不遵守劳动纪律的行为而造成的停工时间。

(2)机械工作时间

①定额时间 由机械的有效工作时间、不可避免的中断时间和不可避免的空转时间组成(图3-3)。

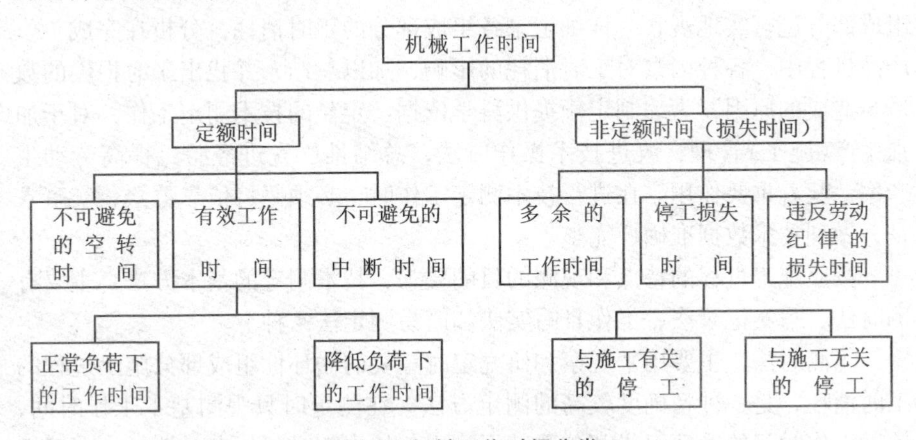


图3-3 机械工作时间分类

有效工作时间 是指机械为生产而进行工作的工时消耗。正常负荷下的工作时间是指机械在其说明书规定的正常负荷下进行(俗称满载)的时间；降低负荷下的工作时间是指由于施工管理人员或职工的过失，以及机械陈旧或发生故障等原因，使机械在降低负荷的情况下进行工作的时间。

不可避免的空转时间 是指由于施工过程的特性和机械结构的特点所造

成的机械空转时间，一般分为循环的(如铲运机卸土后空车回驶)和定时的(如运输汽车等在上下班时的空放和空回)。

*不可避免的中断时间*　是指由于施工过程的技术操作和组织的特性而造成的机械工作中断时间，一般分为与操作有关的(如汽车装卸、卸货的停歇时间)、与机械有关的(如给机械加油、加水时的停歇时间)及职工必需的休息时间 3 种。

②非定额时间　或称损失时间，由多余的工作时间、停工损失时间与违反劳动纪律的损失时间组成。

*多余的工作时间*　指机械工作达到规定的要求后，仍在继续进行的工作时间。如混凝土混和已达到要求后，而搅拌机仍要继续进行搅拌。

*停工损失时间*　按其性质可分为与施工有关的停工(如机械损坏等引起的停工)与施工无关的停工(如台风、暴雨等气候条件引起的停工)两种。

*违反劳动纪律的损失时间*　是指由于职工迟到、早退以及其他违反劳动纪律的行为而引起的机械停工时间。

### 3.1.4.3　定额的技术测定

定额的技术测定是一项科学的调查研究工作，它是通过对施工过程各个组成部分进行实地观察，详细记录各组成部分的工时消耗，分析在完成单位产品过程中，各种因素对工时消耗的影响，加以总结，并找出工时损失的数量与造成的原因，为编制定额提供科学依据。定额的技术测定工作，对于加强生产(施工)管理，改进技术操作方法，总结推广先进经验，提高劳动生产率，起着重要作用。在进行技术测定工作时，必须坚持依靠群众，实事求是，做到技术数据准确、完整。

按照施工过程的特点和观测的目的要求，技术测定的基本方法，主要有测时法、写实记录法、工作日写实法和简易测定法 4 种。

①测时法　主要用来观察和研究定时重要的循环性组成部分施工过程的工时消耗，是一种精确度较高的测定方法。在测定时只观测基本工作时间，辅助工作时间的循环组成部分和其不可避免的中断时间的工时消耗，由于读数和计时等观察方法不同，可将测时法分为选择法和接续法两种。

②写实记录法　是一种研究各种性质的工作时间消耗的方法，它可以获得分析工时消耗和编制定额所需的全部资料。观测方法比较简便，容易掌握，并能保证必要的精确度，在实际工作中得到广泛使用。写实记录根据观察对象，可分为个人写实记录法和集体(小组)写实记录法；根据记录时间的方法，可分为数示法、图示法和混合法 3 种。

③工作日写实法　主要测定职工全部工作时间工时消耗的方法。工作日写实法可以比较具体地分析研究工时损失的数值与原因，测定职工(主要是技术职工)对工时利用的程度，从而拟定消除工时损失的措施，提高工时的利用率。

④简易测定法　是对技术测定进行简化的方法。特点是简便易行，精确度较低。对于大量收集定额资料，掌握完成定额情况和编制临时补充定额等工作，较为适用。

# 3.2 园林工程预算定额

## 3.2.1 概述

### 3.2.1.1 园林工程预算定额的概念

预算定额是确定一定计量单位的分项工程或结构构件的人工、材料、施工机械台班消耗量的标准。它是工程建设中一项重要的技术经济文件。它的各项指标反映了国家要求施工企业和建设单位在完成施工任务中消耗人工、材料、机械的限度。这种限度最终决定着国家和建设单位，能够为建设工程向施工企业提供多少物质资料和建设资金。可见，预算定额体现的是国家、建设单位和施工企业之间的一种经济关系。

园林建设工程预算定额，就是指在正常的施工条件下，完成一定计量单位的合格园林产品所必需的劳动力、机械台班、材料和资金消耗的数量标准。园林工程预算定额属于建设工程预算定额，有的省份包括在市政工程定额里。

实行预算定额的目的，是力求用最少的人力、物力和财力，生产出符合质量标准和合格的园林建设产品，取得最好的经济效益。园林工程预算定额既是使园林建设活动中的计划、设计、施工安装各项工作取得最佳经济效益的有效工具，又是衡量、考核上述工作经济效益的尺度。

### 3.2.1.2 园林工程预算定额的作用

园林工程预算定额是确定一定计量单位的园林分项工程的人工、材料和施工机械台班合理消耗的数量标准，是园林工程建设中的一项重要技术经济法规，它规定了施工企业和建设单位在完成施工任务时所允许消耗的人工、材料和机械台班的数量限额，它确定了国家、建设单位和园林施工企业之间的技术经济关系，在我国建设工程中占有十分重要地位和作用。

①园林工程预算定额是各省(自治区、直辖市)、市、地区和行业编制园林工程预算单位估价表的依据。

②园林工程预算定额是编制园林工程施工图预算、确定工程造价的依据。施工图预算必须依据预算定额(或以预算定额为基础产生的综合预算定额)编制。

③园林工程预算定额是招标投标中编制招标标底的依据。

④园林工程预算定额是编制施工组织设计，确定劳动力、园林材料、成品和施工机械台班需用量的依据。

⑤园林工程预算定额是拨付工程价款和进行工程竣工结算的依据。由于园林工程工期长，不可能都采取竣工后一次结算的方法，往往要在期中通过一定的方式采用分次结算的方法。当采用按已完成部分分项工程进行结算时，必须以预算定额为依据，计算应结算的工程款；竣工结算，按预算和增减账计算，同样离不开预算定额。

⑥园林工程预算定额是施工企业贯彻经济核算，进行经济流动分析的依据。

⑦园林工程预算定额是设计部门对设计方案进行技术经济分析的工具。

⑧园林工程预算定额是编制综合预算定额、概算定额和概算指标的依据。综合预算定额、概算定额是在预算定额的基础上，按照一定的要求，综合扩大而成的。概算指标比概算定额综合性更大，它是根据典型工程施工图和预算定额等资料编制的，这样可以使概算指标、概算定额、综合预算定额与预算定额水平保持一致，以免造成计划工作和执行定额的困难。

综上所述，编制和执行好园林工程预算定额，充分发挥其作用，对于合理确定工程造价，推行以招标承包制为中心的经济责任制，监督园林建设投资的合理使用，促进经济核算，改善企业经营管理，降低工程成本，提高经济效益，具有十分重要的现实意义。

#### 3.2.1.3　园林工程预算定额的特点和性质

园林工程预算定额是定额的一种，具有前文所述定额的特点与性质，同时，又具有自身的特点和性质，主要体现在以下两个方面：

(1)园林工程预算定额是评价园林工程阶段性技术经济活动的依据和参数

园林工程产品的可分割性，决定了园林工程建设的投资费用，可以通过科学合理的分项和特定的方法单件地进行计算，按设计图纸和工程量计算规则计算出工程量，借助于某些可靠的、公众认可的参数来计算人工、材料、机械消耗量，并在此基础上计算出资金的需要量，也就是计算出园林工程产品的价格。园林工程预算定额在园林工程阶段性技术经济活动评价中，扮演了这种可靠的、公众认可的参数角色。

(2)园林工程预算定额考虑到企业利益，但不具有企业定额性质

预算定额不同于施工定额，它不是企业内部使用的定额，不具有企业定额的性质。预算定额是一种具有广泛用途的基价定额，因此，须按照价值规律的要求，以社会必要劳动时间来确定预算定额的定额水平，即以本地区、现阶段社会正常生产条件及社会平均劳动熟练程度和劳动程度，来确定预算定额水平。这样的定额水平，才能使大多数施工企业，经过努力，用产品的价格收入来补偿生产中的消费，并取得合理的利润。

#### 3.2.1.4 园林工程预算定额的编制依据

①现行的设计规范，施工及验收规范，质量评定标准及安全技术操作规程等技术法规；

②现行的全国统一劳动定额，材料消耗定额，施工机械台班定额；

③通用的标准图集和定型设计图纸；

④新技术、新结构、新材料和先进施工经验的资料；

⑤有关科学实验、技术测定和统计资料；

⑥现行地区人工工资标准和材料预算价格。

#### 3.2.1.5 园林工程预算定额的编制程序

(1)制定预算定额的编制方案

主要内容包括建立相应的机构，明确编制进度，确定编制定额的指导思想、编制原则，明确定额的作用，确定编制范围和内容，提出定额结构的内容、编制形式，确定人工、材料、机械消耗定额的计算基础和各项依据等。

(2)收集基础资料

首先收集编制定额的各种依据，其次收集各项计算基础资料以及有关的技术经济资料，并对这些资料反复测算、核实，保证收集到的资料全面、准确、可靠，对收集到的资料要进行分析、整理和分类，使资料系统化。

(3)划分定额项目

划分定额项目是以施工定额为基础，合理确定预算定额的步骤，并将庞大的工程体系分解成为各种不同的、较为简单的、可以用适当计算单位计算工程量的基本构造要素，做到项目齐全，粗细适度，简明适用。

(4) 确定分项工程的定额消耗指标

确定分项工程的定额消耗指标，应在选择计量单位、确定施工方法、计算工程量及含量测算的基础上进行。

(5) 编制预算定额项目表

园林工程预算定额表中的人工、材料和机械台班消耗指标确定之后，应根据国家规定和劳动定额等编制工程预算定额项目表，并确定和填制定额表中的各项内容，如表 3-1 所示。预算定额项目表的内容和填写方法如下：

①表头、工程内容、计算单位；

②人工消耗定额部分；

③材料消耗定额部分；

④机械台班消耗定额部分；

⑤基价部分，列出人工费、材料费、机械费，并合计为基价。

### 3.2.2　园林工程预算定额的内容和编排形式

熟练掌握并准确查找和使用园林工程预算定额，是做好园林工程预算的前提条件，下面以 1988 年建设部颁发的《仿古建筑园林工程预算定额》为例，说明园林工程预算定额的内容和编排形式。

#### 3.2.2.1　园林工程预算定额的内容

预算定额手册主要由文字说明、定额项目表和附录 3 部分组成。

(1) 文字说明

①总说明　主要阐述预算定额的用途，编制依据，适用范围，定额中已考虑的因素和未考虑的因素，使用中应注意的事项和有关问题的说明。

②分部说明　是定额手册的重要组成部分，主要阐述本分部工程所包括的主要项目，编制中有关问题的说明，定额应用时的具体规定和处理方法。

③分节说明　是对本节所包含的工程内容及使用的有关说明。

(2) 定额项目表

定额项目表是预算定额的重要构成部分，一般由工作内容、定额单位、项目表和附注组成。定额项目表列出每一单位分项工程中人工、材料、机械台班消耗量及相应的费用，是预算定额手册的核心内容。从定额项目表中，可以明确查找到分项工程内容、定额计算单位、定额编号、预算单价、人工、材料消耗量以及相应的费用、机械费、辅助费等(表 3-2)。

在项目表中，人工表现形式是工日数及合计工日数，工资等级按总平均等级编制；材料栏目内只列重要材料消耗数量，零星材料以“其他材料”表示；凡需机械的分部分项工程列出机械台班数量。

**表 3-2　定额项目表——堆砌假山**

工作内容：放样，选石，运石，调制、运混凝土(砂浆)，堆砌，搭拆简单脚手架，塞垫嵌缝，清理，养护。

| 定额编号 | | | | 4-172 | 4-173 | 4-174 | 4-175 | 4-176 | 4-177 | 4-178 | 4-179 |
|---|---|---|---|---|---|---|---|---|---|---|---|
| 项目 | | | | 湖石假山高度(m) | | | | 黄石假山高度(m) | | | |
| | | | | <1 | 1~2 | 2~3 | 3~4 | <1 | 1~2 | 2~3 | 3~4 |
| | 名称 | 单位 | 单价(元) | 定额耗用量 | | | | | | | |
| 人工 | 综合工日 | 工日 | 44.00 | 4.40 | 5.61 | 7.70 | 8.80 | 3.96 | 5.04 | 6.93 | 7.93 |
| 材料 | 湖石 | t | 170.00 | 1.00 | 1.00 | 1.00 | 1.00 | | | | |
| | 黄石 | t | 143.00 | | | | | 1.00 | 1.00 | 1.00 | 1.00 |
| | 细石混凝土 C15 | $m^3$ | 256.42 | 0.06 | 0.08 | 0.08 | 0.10 | 0.06 | 0.08 | 0.08 | 0.10 |
| | 1:2.5 水泥砂浆 | $m^3$ | 268.04 | 0.04 | 0.05 | 0.05 | 0.05 | 0.04 | 0.05 | 0.05 | 0.05 |
| | 铁件 | kg | 4.80 | | 5.00 | 10.00 | 15.00 | | | 10.00 | 15.00 |
| | 条石 100×40×12 | $m^3$ | 587.80 | | | 0.05 | 0.10 | | | 0.05 | 0.10 |
| | 毛石(片石) | $m^3$ | 60.90 | 0.10 | 0.10 | 0.06 | 0.06 | | | | |
| | 毛竹 | 根 | 18.40 | | 0.13 | 0.18 | 0.26 | | 0.13 | 0.18 | 0.26 |
| | 木脚手板 | $m^3$ | 1822 | | 0.0018 | 0.0025 | 0.0035 | | 0.0018 | 0.0025 | 0.0035 |
| | 水 | $m^3$ | 2.50 | 0.17 | 0.17 | 0.17 | 0.25 | 0.17 | 0.17 | 0.17 | 0.25 |
| | 木撑费 | 元 | 1.00 | | | 0.80 | 1.58 | | | 0.80 | 1.58 |
| | 其他材料费 | 元 | 1.00 | 2.13 | 2.43 | 3.00 | 3.55 | 0.70 | 1.05 | 1.58 | 2.13 |
| 机械 | 机械费 | % | 人工费% | 4.04 | 4.04 | 4.04 | 4.04 | 4.04 | 4.04 | 4.04 | 4.04 |

(3)附录

附录列在定额手册的最后，主要内容有苗木的规格换算、苗木的参考价格、机械台班预算价格、材料名称规格表、砂浆配合比表等。这些资料供定额换算用，是定额应用的重要补充资料。

### 3.2.2.2　园林工程预算定额项目的编排形式

预算定额手册根据园林结构及施工程序等按照章、节、项目、子目等顺序排列。

分部工程为章，它是将单位工程中某些性质相近，材料大致相同的施工对象归纳在一起。如全国仿古建筑及园林工程预算定额（第一册通用项目）共分6章，即：第1章，土石方、打桩、围堰，基础垫层工程；第2章，砌筑工程；第3章，混凝土工程及钢筋混凝土工程；第4章，木作工程；第5章，楼地面工程；第6章，抹灰工程。

分部工程以下，又按工程性质、工程内容及施工方法、使用材料，分成许多节。如第四章木作工程中，又分普通木窗、普通木门、木装修、间墙壁、天棚木楞、天棚面层等10节。节以下，再按工程性质、规格、材料类别等分成若干项目。

在项目中还可以按其规格、材料等再细分许多子项目。

为了方便查阅和使用定额，定额的章、节、子目都应有统一的编号。定额项目编号方法通常有3个符号和两个符号等。

①3个符号编号法　是指用章—节—子目3个号码进行定额项目编号，其表达形式为X—X—X：

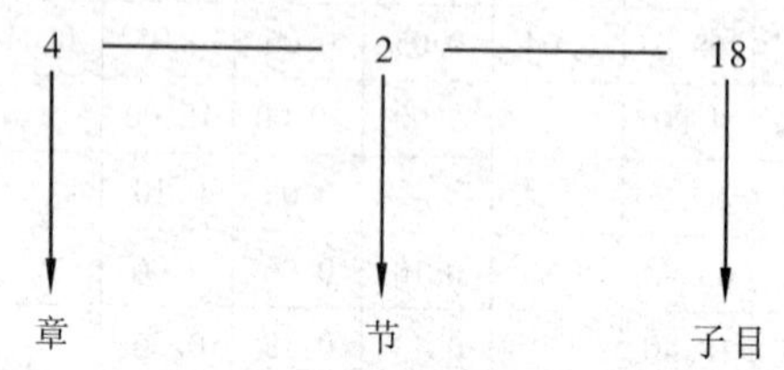


②两个符号标号法　是用章—节子目两个号码进行定额项目标号，其表达形式为X—X：

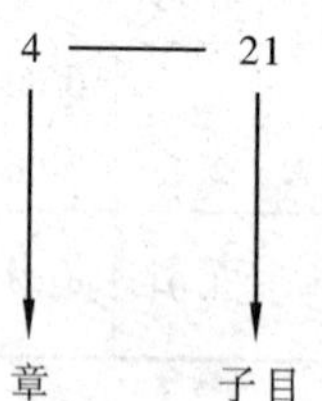


《仿古建筑园林工程预算定额》采用的就是用两个符号标号法进行定额项目标号。该定额共4册，其中各定额项目的标号形式是“册数-每册内项目顺序数”。如湖石假山高度在1m以内时，其定额标号为“4—172”。

③阿拉伯数字连写编号法　是用章—子目阿拉伯数字连写进行定额项目编号，其表达形式如下：

$$\frac{05}{\text{章}}\ \frac{006}{\text{子目}}$$

2003年颁发的《建筑工程工程量清单计价规范》的项目编号，是用阿拉伯数字连写编号法，由12位阿拉伯数字组成。项目编号为：工程序号—分部工程序号—子分部工程序号—分项工程序号—工程量清单项目名称。如栽植露地花卉蝴蝶花，其项目编号可用 050102008001 表示：园林绿化工程(05)绿化工程(01)栽植花木(02)栽植花卉(008)栽植蝴蝶花(001)。

#### 3.2.2.3 园林工程分部分项

根据《仿古建筑园林工程预算定额》，园林工程划分为 4 个分部工程，即园林绿化工程、堆砌假山及塑石山工程、园路及园桥工程、园林小品工程。

园林绿化工程中分有 21 个分项工程，堆砌假山及塑石山工程、园路及园桥工程、园林小品工程各有 2 个分项工程，详见表 3-3。

表 3-3 园林工程分部分项名称

| 序号 | 分部工程 | 分项工程名称 |
| --- | --- | --- |
| 1 | 园林绿化工程 | 整理绿化地及挖乔木(带土球)；栽植乔木(带土球)；起挖乔木(裸根)；栽植乔木(裸根)；起挖灌木(带土球)；栽植灌木(带土球)；起挖灌木(裸根)；栽植灌木(裸根)；起挖竹类(散生竹)；栽植竹类(散生竹)；起挖竹类(丛生竹)；栽植竹类(丛生竹)；栽植绿篱；露地花卉栽植；草皮铺种；栽植水生植物；树木支撑；草绳绕树干；栽种攀缘植物；假植；人工换土 |
| 2 | 堆砌假山及塑假石山工程 | 堆砌假山；塑假山石 |
| 3 | 园路及园桥工程 | 园路；园桥 |
| 4 | 园林小品工程 | 堆塑装饰；小型设施 |

### 3.2.3 《仿古建筑及园林工程预算定额》简介

《仿古建筑及园林工程预算定额》是国家建设部于 1989 年颁布实施的，共分 4 册：第一册《通用项目》、第二册《营造法源作法项目》、第三册《营造则例作法项目》、第四册《园林工程》。《仿古建筑园林工程预算定额》适用于城市园林和市政绿化、小品设施等工程。

《仿古建筑园林工程预算定额》内容包括：关于发布《仿古建筑及园林工程预算定额》的通知；总说明；四册说明；仿古建筑面积计算规则；目录；一共四章的说明、工程量计算规则、270 个分项子目预算定额表。

分章名称是：园林绿化工程、堆砌假山及塑石山工程、园路及园桥工程、园林小品工程。

四册说明包括：本册定额包括的工程名称，本册定额编制依据，本册定额使用范围，本册定额中未包括的项目，本册定额所列“其他工”所指用工，本册定额中材料、成品、半成品所含运输内容，本册定额中所列机械费是包干使用，定额内数量“(　)”的含义。

各分项工程预算定额表包括：分项工程名称、工作内容、计算单位、各子目名称及编号、基价(人工费、材料费、机械费)、人工(园艺工、其他工、平均等级)、材料名称及数量、机械费等(见表3-1)。

### 3.2.4 地区园林工程预算定额

《地区园林工程预算定额》是各省(自治区、直辖市)制订的园林工程预算定额，是指在《仿古建筑及园林工程预算定额》第四册的基础上，结合当地人工、材料、机械费单价改编而成的，增添了一些分项子目。内容包括：关于颁布《地区园林工程预算定额》的通知；总说明；各分项工程的说明、工程量计算规则；若干个分项子目预算定额表等。在国家建设部颁布实施《仿古建筑及园林工程预算定额》后，各省(自治区、直辖市)均根据当地实际情况，制订了本省(自治区、直辖市)相应的《地区园林工程预算定额》，使用的起止时间各地有别。随着工程量清单计价规范的出台和实施，各省(自治区、直辖市)的《地区园林工程预算定额》也将因此而改变，但在一定程度上仍发挥着作用，如栽植乔木树种工程工日数的计算等。

在《地区园林工程预算定额》中，各分项工程预算定额表包括：分项工程名称；工作内容；计算单位；各子目名称及编号；各子目的基价、人工费、材料费、机械费；工日单价；各种材料名称、单价、数量等。

利用《地区园林工程预算定额》可直接查出各分项子目的基价、人工费、机械费、材料费及各种所用材料的名称、数量等。

## 3.3 园林工程预算定额的应用

### 3.3.1 查找园林工程预算定额的基本要求

园林工程预算定额是编制园林工程施工图预算、招标标底，签订承包合同，考核工程成本，进行工程结算和拨款的主要依据。因此，正确地使用预算定额，减少或杜绝由于技术性原因造成错用定额的现象，对提高工作质量和做好企业经济管理基础工作，有着十分重要的现实意义。

预算定额是编制工程预算的法定依据，因此在编制预算时，必须维护定额的严肃性，遵照规定和要求进行编制，不能任意修改、高估、量算。现行的定额很广，必须了解定额的内容、结构形式，熟悉分部分项定额的编排程序和规律，掌握查阅方法。

### 3.3.2 认真阅读定额中的各类说明

在编制园林工程预算时首先要学习各种定额和地方规定，如《仿古建筑及园林工程预算定额》《地区园林工程预算定额》《地区园林工程材料预算价格》《地区园林工程费用定额》等。这些定额、指导价和规定都有使用说明，如定额的总说明、分册说明以及分部说明和附录的规定，使用前要认真阅读和领会。下面以《仿古建筑及园林工程预算定额》进行说明。

在《仿古建筑及园林工程预算定额》中，有总说明、分册说明、章节说明，还有定额表的表头和表底的标注说明及注意事项。这些说明及注意事项，是使用和查找定额并准确使用定额的基础和前提条件，必须认真阅读、准确理解。现举例说明如下：

①在栽植乔木(带土球)定额表的表头中，列举了以下工作内容：挖塘、栽植(落塘、扶正、回土、捣实、筑水围)、浇水、覆土、保墒、整形、清理。也就是说，完成该工作内容的所有项目后，才能使用这个定额。这是前提条件，也是实践中我们管理定额、管理工程造价和管理工程质量的手段之一。

②关于苗木、花卉价格另算的说明。在第四册第一章的说明中，明确了定额中的基价未包括苗木和花卉价格，所以各地在使用时应按本地区的苗木、花卉价格另行计算。这一点，在园林工程预算实践中，是容易被忽略和出错的地方。

③在第四册的分册说明中，明确了园林工程某些项目可以套用第一册相应定额。例如，假山基础除注明外，套用第一册相应定额；园桥的基础、桥台、桥墩、护坡、石桥面等，如遇缺项可分别按第一册的项目定额执行，其合计工日乘以系数1.25，其他不变。

这些都是在说明中明确的事项，只有准确地掌握和理解这些说明后，才能正确地应用。

### 3.3.3 确定预算书的分部分项子目的名称及编号

根据园林工程施工图，参照预算定额的分部分项工程划分，列出分部分项子目的名称、所用材料、施工方法及分项子目编号。例如，栽植胸径25cm的全冠香樟，根据季节等因素确定土球直径为100cm，根据2007年

《江苏省仿古建筑及园林工程单位估价表》，该栽植工程编号为3－107。

### 3.3.4 根据编号查找预算定额

以表3-1列出栽植乔木(带土球)的预算定额表为例。从子目编号4－12至4－14，可以根据土球直径，查出栽植每株乔木所需的基价、人工费、材料费、机械费、园艺工工日数、其他工工日数、合计工日数、材料名称及数量、机械费。这里所指的基价是预算定额表所示计量单位情况下的人工费、材料费、机械费及三者之和。

由于该定额预算是1989年颁发执行的，其各项目费用是按当年物价制定，现时过20年，各项费用需调整，例如，根据1990年《江苏省仿古建筑及园林工程单位估价表》，定额工日单价为4.16元，2009年是44.00元，涨了近9倍。所以在运用这一定额的人工费时应乘以相应的上涨倍数，所有人工工日数量则不作调整；各种材料用量不调整，但材料单价应予调整，因而材料费也相应调整；机械费也应予调整。材料费、机械费调整一般是乘以调价系数。就这样根据编号，查找定额基价，可计算出人工费调增和机械费调增。

这是江苏省的情况，具有一定的代表性。还有另外一种情况，例如，北京市使用的定额是2001年编制、2002年开始使用的；河南省使用的定额是2002年编制，2003年开始使用的。在2003—2005年期间，这些省市使用本地区的定额时，就不必计算人工费调增、机械费调增，直接查找定额基价就可以了。全国大致就分成这两种情况。

### 3.3.5 正确理解计算规则

查找定额时，应深入学习定额项目表中各栏所包括的内容、计算单位，各定额项目所代表的某一结构或构造的具体做法以及允许调整换算的范围及方法。要正确理解和熟记各分项工程量的计算规则。只有在正确理解和熟记上述内容的基础上，才能正确运用预算定额，编制工程预算。

在园林工程预算中还要掌握树木花卉的品种、假山石质、叠法等知识，这样才能计算工程量，正确套用定额。当工程项目的设计要求与定额项目的内容和条件不完全一致时，不能直接套用，应根据定额的规定进行换算。定额总说明和分部说明中所规定的换算范围和方法是换算的依据，应严格执行，如单价的换算、体积和用量的换算、系数的换算等。例如，第四册第一章园林绿化工程中，起挖或栽植树木均以一、二类土计算为准；如现场为三类土，人工乘以系数1.34；四类土人工乘以系数1.76；冻土人工乘以系数2.20。

## 3.4 预算单价的确定和单位估价表的编制

### 3.4.1 单位估价表的概念和作用

(1)单位估价表

单位估价表是在预算定额所规定的各项消耗量的基础上，根据所在地区的工资、物价水平，确定人工工日单价、材料预算价格、机械台班预算价格，从而用货币形式表达拟定预算定额中每一分项工程的预算定额单价的计算表格。它既反映了预算定额统一规定的量，又反映了本地区所确定的价，把量与价的因素有机地结合起来，但主要还是确定价的问题。

(2)单位估价表的作用

①单位估价表是编制、审核施工图预算和确定工程造价的基础依据；

②单位估价表是工程拨款、工程结算和竣工决算的依据；

③单位估价表是施工企业实行经济核算、考核工程成本、向工人班组下达作业任务书的依据；

④单位估价表是编制概算价目表的依据。

(3)预算价格的确定

通过单位估价表计算和确定的工程预算单价，是与预算定额既有联系又有区别的概念。预算定额是用实物指标的形式来表示定额计量单位建筑安装产品的消耗和补偿标准，工程预算单价最终是用货币指标的形式来表示这种消耗和补偿标准，两者从不同角度反映着同一事物。由于预算定额是以实物消耗指标的形式表现的，因而比较稳定，可以在比较大的范围和比较长的时期内适用；工程预算单价是以货币指标的形式表现的，因而比较容易变动，只能在比较小的范围和比较短的时期内适用。另外，工程预算单价是在预算定额的基础上通过编制单位估价表来确定的。预算定额是编制单位估价表、确定工程预算单价的主要依据。

### 3.4.2 单位估价表的编制

(1)编制依据

①中华人民共和国建设部发布的《全国统一建筑工程基础定额》；

②省、自治区和直辖市建设委员会编制的《建筑工程预算定额》；

③地区建筑安装工人工资标准；

④地区材料预算价格；

⑤地区施工机械台班预算价格；

⑥国家与地区对编制单位估价表的有关规定及计算手册等资料。

(2)单位估价表的编制方法

单位估价表是由若干个分项工程或结构构件的单价组成的，因此编制单位估价表的工作就是计算分项工程或结构构件的单价。计算公式如下：

$$分项工程预算单价 = 人工费 + 材料费 + 机械费$$

式中　人工费 = 分项工程定额用工量 × 地区综合平均日工资标准

材料费 = Σ(分项工程定额材料用量 × 相应的材料预算价格)

机械费 = Σ(分项工程定额机械台班使用量 × 相应机械台班预算单价)

(3)单位估价表的编制步骤

①选用预算定额项目；

②抄录定额的工、料、机械台班数量；

③选择和填写单价；

④进行单价计算；

⑤复核与审批。

### 3.4.3 单位估价表的分类

(1)按适用工程对象划分

①建筑工程单位估价表；

②安装工程单位估价表。

(2)按专业系统划分

①一般土建工程单位估价表；

②装饰工程单位估价表；

③市政工程单位估价表；

④园林古建筑工程单位估价表；

(3)按编制依据划分

①定额单位估价表；

②补充单位估价表。

(4)按不同用途划分

①预算单位估价表；

②概算单位估价表。

### 3.4.4 单位估价表与预算定额的关系

预算定额是编制单位估价表的主要依据。单位估价表主要来源于预算定额的人工、材料消耗量和施工机械台班使用量。有了上述“三个量”和工资单价、材料预算单价及施工机械台班单价，才能编出预算定额单价，即分项工程预算价格。确切地说，预算定额只列人工、材料消耗量和施工机械台班使用数量，没有单价金额，不列预算价格，预算定额套上单价才能出现预算价格。

全国或地区统一的预算定额，如果套用某一地区的建筑安装工人日工资单价、材料和施工机械台班单价，就形成了某地区的单位估价表。换句话说，如果预算定额已经套上当地的人工、材料和机械台班单价，名叫定额，实际上已经成为这个地区的单位估价表。

### 3.4.5 单位估价表基价的构成

单位估价表中的基价，是由预算定额的工日、材料、机械台班的消耗量，分别乘上相应的工日单价、材料预算价格、机械台班预算价格后，汇总而成的。

由于基价是确定单位分项工程的直接费单价，所以也称基价为工程单价。

单位估价表中基价的构成及其相互关系，如图3-4所示。

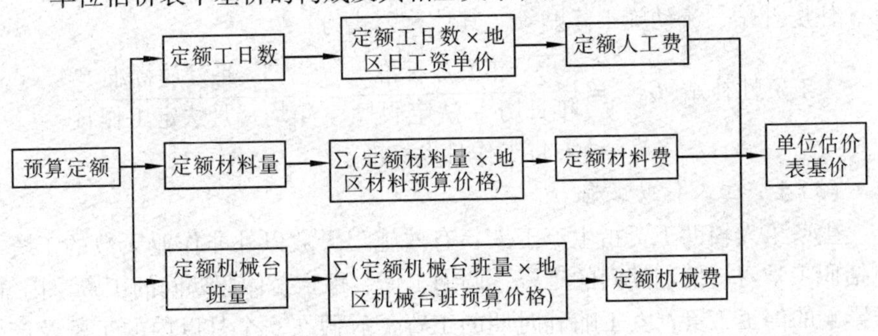


图3-4 单位估价表中的工程基价构成及其相互关系

从图3-4中可以看出，单位估价表的构成要素是人工、材料、机械台班(简称“三量”)和地区日工资单价、材料预算价格、机械台班预算价格(简称“三价”)。“三量”分别乘以“三价”就得出单位估价表的基价。

当“三量”标准按预算定额确定后，单位估价表中基价的准确与否，主要取决于“三价”。因此，本章将着重讨论“三价”的确定方法。

## 3.5 三价的确定

### 3.5.1 人工日工资单价的确定

人工日工资单价是指一个生产工人一个工作日在工程估价中应计入的全部费用。其计算公式为：

$$人工日工资单价(G) = \sum_{i=1}^{5} G_i$$

它具体包括生产工人的基本工资、工资性补贴、生产工人辅助工资、职工福利费和生产工人劳动保护费。

(1)基本工资

基本工资是指发放给生产工人的基本工资。其计算公式为：

$$基本工资(G_1) = \frac{生产工人平均月工资}{年平均每月法定工作日}$$

(2)工资性补贴

工资性补贴指按规定标准发放的物价补贴。如煤、燃气补贴，交通补贴，住房补贴，流动施工津贴等。其计算公式为：

$$工资性补贴(G_2) = \frac{\sum 年发放标准}{年日历 - 法定假日} + \frac{\sum 月发放标准}{年均每月法定工作日} + 每工作日发标准$$

(3)生产工人辅助工资

生产工人辅助工资指生产工人年有效施工天数以外非作业天数的工资，包括职工学习、培训期间的工资，调动工作、探亲、休假期间的工资，因气候影响的停工工资，女工哺乳时期的工资，病假在6个月以内的工资及产、婚、丧假期的工资。其计算公式为：

$$生产工人辅助工资(G_3) = \frac{全年无效工作日 \times (G_1 + G_2)}{全年日历日 - 法定假日}$$

(4)职工福利费

职工福利费指按规定标准计提的职工福利费。其计算公式为：

$$职工福利费(G_4) = (G_1 + G_2 + G_3) \times 福利费计提比例$$

(5)生产工人劳动保护费

生产工人劳动保护费指按规定标准发放的劳动保护用品的购置费及修理费、徒工服装补贴、防暑降温费，以及在有碍身体健康环境中施工的保健费用等。其计算公式为：

$$生产工人劳动保护费(G_5)=\frac{生产工人年平均支出劳动保护费}{全年日历日-法定假日}$$

影响建筑安装工人人工工日单价的因素很多，归纳起来有以下5个方面：

①社会平均工资水平；

②生活消费指数；

③人工工日单价的组成内容；

④劳动力市场供需变化；

⑤社会保障和福利政策。

### 3.5.2 材料预算单价的确定

(1)材料预算价格的构成

材料预算单价指建筑材料由其来源地运至工地仓库后的出库价格。具体包括以下4部分内容。

①材料原价(或供应价格) 指出厂价或交货地价格。

②材料运杂费 指材料自来源地运至工地仓库或指定堆放地点所发生的全部费用。

③运输损耗费 指材料在运输装卸过程中不可避免的损耗。

④采购及保管费 指为组织采购、供应和保管材料过程中所需要的各项费用，具体包括采购费、仓储费、工地保管费、仓储损耗费。

(2)材料预算价格的计算方法

材料预算价格的计算公式为：

材料基价=(供应价格+运杂费)×(1+运输损耗率)×(1+采购保管费率)

(3)影响材料预算价格变动的因素

①市场供需变化。

②材料生产成本的变动直接涉及材料预算价格的波动。

③流通环节的多少和材料供应体制也会影响材料预算价格。

④运输距离和运输方法的改变会影响材料运输费用的增减，从而也会影响材料预算价格。

⑤国际市场行情会对进口材料价格产生影响。

### 3.5.3 施工机械台班预算单价的确定

(1)机械台班单价及其组成内容

机械台班单价 是指一台施工机械在正常运转条件下，在一个工作班中所发生的全部费用。

①自有机械台班单价包括折旧费、大修理费、经常修理费、安拆费及场外运输费、燃料动力费、人工费、养路费及车船使用税。

②租赁机械台班单价包括折旧费、使用成本、机械的出租或使用率、期望的投资收益率。

(2)机械台班单价的计算

机械台班单价的计算公式为：

$$\text{机械台班单价} = \text{台班基本折旧费} + \text{台班大修费} + \text{台班经常修理费} + \text{台班安拆费及场外运费} + \text{台班人工费} + \text{台班燃料动力费} + \text{台班养路费及车船使用税}$$

①自有机械台班单价的计算

台班基本折旧费 指施工机械在规定使用期限内，每一台班所摊的机械原值及因支付贷款利息而分摊到每一台班的费用。计算公式为：

$$\text{台班基本折旧费} = \frac{\text{机械预算价格} \times (1 - \text{残值率}) \times (1 + \text{贷款利息系数})}{\text{使用总台班}}$$

台班大修理费 指为保证机械完好和正常运转，达到大修理间隔期，需进行大修而支出各项费用的台班分摊费用。其计算公式为：

$$\text{台班大修理费} = \frac{\text{一次大修理费} \times \text{大修理次数}}{\text{使用总台班}}$$

$$\text{大修理次数} = \text{使用周期} - 1 = \frac{\text{使用总台班}}{\text{大修理间隔台班}} - 1$$

台班经常修理费 指大修理间隔期分摊到每一台班的中修理费和定期的各级保养费。计算公式为：

$$\text{台班经常修理费} = \frac{\text{中修理费} + \sum(\text{各级保养一次费用} \times \text{各级保养次数})}{\text{大修理间隔台班}} = \text{台班大修理费} \times \text{系数} K$$

台班安拆费及场外运输费 台班安拆费指施工机械在现场进行安装与拆卸所需的人工、材料、机械和试运转费用，以及机械辅助设施的折旧、搭设、拆除等费用；场外运费指施工机械整体或分体自停放地点运至施工现场或由一施工地点运至另一施工地点的运输、装卸、辅助材料及架线等费用。计算公式为：

$$\text{台班安装拆卸费} = \frac{\text{一次安拆费} \times \text{每年安拆次数}}{\text{摊销台班数}}$$

$$台班辅助设施折旧费 = \sum\left[\frac{一次使用量 \times 预算单价 \times (1-残值率)}{摊销台班数}\right]$$

$$台班场外运费 = \frac{\left(\begin{matrix}一次运费\\及装卸费\end{matrix} + \begin{matrix}辅助材料\\一次摊销费\end{matrix} + 一次架线费\right) \times \begin{matrix}年均场外\\运输次数\end{matrix}}{年工作台班}$$

*人工费* 指专业操作机械的司机、司炉及操作机械的其他人员在工作日及在机械规定的年工作台班以外的人工费用。工作班以外的机上人员人工费用，以增加机上人员的工日数形式列入定额内，计算公式为：

$$台班人工费 = 定额机上人工工日 \times 日工资单价$$

$$定额机上人工工日 = 机上定员工日 \times (1 + 增加工日系数)$$

$$增加工日系数 = \frac{年度工日 - 年工作台班 - 管理费内非生产天数}{年工作台班}$$

*台班燃料动力费* 指机械在运转时所消耗的电力、燃料等的费用。其计算公式为：

$$台班动力燃料费 = 每台班所消耗的动力燃料数 \times 相应单价$$

*养路费及牌照税* 指按交通部门的规定，自行机械应缴纳的公路养护费及牌照税。这项费用一般按机械载重吨位或机械自重收取。计算公式为：

$$台班养路费 = \frac{自重(或核定吨位) \times 年工作月 \times (月养路费 + 牌照税)}{年工作台班}$$

②租赁机械台班单价的计算

租赁机械台班单价的计算一般有两种方法，即静态方法和动态方法。

*静态方法* 是指不考虑资金时间价值的方法。

*动态方法* 指在计算租赁机械台班单价时考虑资金时间价值的方法。

(3)影响机械台班单价变动的因素

影响机械台班单价变动的因素有以下4个方面：

——施工机械的价格：这是影响折旧费，从而影响机械台班单价的重要因素。

——机械使用年限：不仅影响折旧费的提取，也影响大修理费和经常维修费的开支。

——机械的使用效率和管理水平。

——政府征收税费的规定。

## ➤ 思考题

1. 结合实例说明定额在园林工程预算中的应用。
2. 了解本地区园林工程预算定额和费用定额，熟练掌握查阅方法。
3. 了解本地区园林材料预算价格或材料指导价。
4. 试述园林工程单位估价表的应用方法。

# 第4章　园林工程工程量计算

【学习目标】了解园林工程项目的划分，熟悉工程量计算的原则、步骤；掌握园林工程量计算方法。

## 4.1　园林工程工程项目的划分

园林工程产品种类丰富，但是经过层层分解后，都具有许多共同的特征。例如，园林仿古建筑一般都是由台基、屋身、屋顶构成，构件的材料不外乎砖、木、石、钢材、混凝土等。工程做法虽不尽相同，但有统一的常用模式及方法，一般划分如下：

(1)建设工程总项目

工程总项目是指在一个场地上或数个场地上，按照一个总体设计进行施工的各个工程项目的总和。如一个公园、一个游乐园、一个动物园等就是一个工程总项目。

(2)单项工程

单项工程指在一个工程项目中，具有独立的设计文件，竣工后可以独立发挥生产能力或工程效益的工程，它是工程项目的组成部分。一个工程项目中可以有几个单项工程，也可以只有一个单项工程。如一个公园里的码头、水榭、餐厅等。

(3)单位工程

单位工程是指具有单列的设计文件，可以进行独立施工，但不能单独发挥作用的工程，它是单项工程的组成部分。如餐厅工程中的给排水工程、照明工程等。

(4)分部工程

分部工程一般是指按单位工程的各个部位或是按照使用不同的工种、材料和施工机械而划分的工程项目，它是单位工程的组成部分。如一般土建工程可划分为土石方、砖石、混凝土及钢筋混凝土、木结构及装修、屋面等分部工程。

(5)分项工程

分项工程是指分部工程中按照不同的施工方法、不同的材料、不同的规格等因素而进一步划分的最基本的工程项目。

按照《计价规范》，一般园林工程可以划分为3个分部工程：绿化工程，园路、园桥、假山工程，园林景观工程。

①园林绿化工程中分有3个分项工程分别为绿地整理、栽植花木和绿地喷灌。

②园路、园桥、假山工程有3个分项工程分别为园路桥工程、堆塑假山和驳岸。

③园林景观工程分有6个分项工程分别为原木、竹构件，亭廊屋面，花架，园林桌椅，喷泉安装，杂项。

例如，某公园绿化栽植工程中，建设项目是某公园；单项工程有某树木园；单位工程有绿化工程；分部工程有栽植苗木；分项工程有栽植乔木(裸根、胸径6cm)。

## 4.2 园林工程工程量计算原则和步骤

### 4.2.1 园林工程工程量计算原则

(1)计算口径要一致，避免重复和遗漏

计算工程量时，根据施工图列出分项工程的口径(指分项工程包括的工程内容和范围)，必须与计价规范中相应分项工程的口径一致。

(2)严格遵照工程量计算规则，避免错算

工程量计算必须与计价规范中规定的工程量计算规则(或工程量计算方法)相一致，保证计算结果准确。例如，砌砖工程中，一砖半砖墙的厚度，无论施工图中标注的尺寸是“360”或“370”，都应以计价规范计算规则规定的“365”进行计算。

(3)计量单位要一致

各分项工程量的计量单位，须与计价规范中相应项的计量单位一致。

(4)按顺序进行计算

计算工程量时要按着一定的顺序(自定义顺序)逐一进行计算，避免重算和漏算。

(5)计算精度要统一

为了计算方便，工程量的计算结果统一要求为：除钢材(以吨为单位)、木材(以立方米为单位)取3位小数外，其余项目一般取两位小数，以下四舍五入。

### 4.2.2 园林工程工程量计算的步骤

(1)准备工作

①收集编制工程预算的各类依据资料 包括预算定额、地方园林工程单位估价表、材料预算价格、机械台班费、工程施工图及有关文件等。

②熟悉施工图纸和施工设计说明书 施工图纸和设计说明是编制工程预算的重要基础资料，它为选择套用定额子目、取定尺寸和计算各项工程质量提供依据。因此，在编制预算之前，必须对施工图纸和设计说明进行全面细致的审查，从而掌握设计意图和工程全貌，以免在选用定额子目和工程量计算上出现错误。对图纸中的疑点、差错要与设计单位、建设单位协商解决，取得一致意见。

③熟悉施工组织设计并了解现场情况 施工组织设计是由施工单位根据工程特点、施工现场的实际情况等各种有关条件编制的，它是编制预算的依据。同时，还应深入施工现场，了解土质、排水、标高、地面障碍物等情况，这样，在编制时才能做到项目齐全，计量准确。

④掌握、熟悉工程预算定额及其有关规定 为了提高工程预算的编制水平，正确地运用预算定额，必须认真地熟悉现行预算定额的全部内容，了解和掌握定额子目的工程内容、施工方法、材料规格、质量要求、计量单位、工程量计算规则等，以便能熟练地查找和正确地应用。

(2)列出分项工程项目名称

根据施工图纸，并结合施工方案的有关内容，按照一定的计算顺序，逐一列出单位工程施工图预算的分项工程项目名称。所列分项工程项目名称必须与预算定额中的相应项目名称一致。

(3)列出工程量计算式

分项工程项目名称列出后，根据施工图纸所示的部位、尺寸和数量，按照工程量计算规则，分别列出工程量计算式。工程量计算通常采用计算表格进行计算，具体形式见表4-1。

表 4-1 工程量计算表

| 序号 | 项目编码 | 项目名称 | 单位 | 工程数量 | 计算式 |
|---|---|---|---|---|---|
| | | | | | |
| | | | | | |

(4)调整计算单位

计价规范中计算的工程量通常以米(m)、平方米($m^2$)、立方米($m^3$)、株等为计量单位，但各地在具体的实施过程中，单位估价表会结合当地实际将计量单位、工作内容作适当调整，如以10米(10m)、10平方米($10m^2$)、10立方米($10m^3$)、100平方米($100m^2$)、100立方米($100m^3$)、10株等为计量单位。因此，在具体计算过程中，应以当地单位估价表相应项规定的计量单位为准进行计算。

(5)套用单位估价表

各项工程量计算完毕经校核后，就可以套用单位估价表编制单位工程工程量。

## 4.3 园林绿化工程工程量计算方法

园林绿化工程包括整理绿地、乔木起挖与种植、灌木起挖与种植、竹类起挖与种植、栽植绿篱、花卉栽植、草坪铺种、栽植水生植物、树木支撑、草绳绕树干、栽种攀缘植物、假植和人工换土等内容。

### 4.3.1 绿地整理

绿地整理工程量清单项目设置及工程量计算规则，应按表4-2的规定执行。

表4-2 绿地整理(编码：050101)

| 项目编码 | 项目名称 | 项目特征 | 计量单位 | 工程量计算规则 | 工程内容 |
|---|---|---|---|---|---|
| 050101001 | 伐树、挖树根 | 树干胸径 | 株 | 按数量计算 | 1. 伐树、挖树根<br>2. 废弃物运输<br>3. 场地清理 |
| ⋮ | ⋮ | ⋮ | ⋮ | ⋮ | ⋮ |
| 050101007 | 屋顶花园基底处理 | 1. 找平层厚度、砂浆种类、强度等级<br>2. 防水层种类、做法<br>3. 排水层厚度、材质<br>4. 过滤层厚度、材质<br>5. 回填轻质土厚度、种类<br>6. 屋顶高度<br>7. 垂直运输方式 | $m^2$ | 按设计图示尺寸，以面积计算 | 1. 抹找水平层<br>2. 防水层铺设<br>3. 排水层铺设<br>4. 过滤层铺设<br>5. 填轻质土壤<br>6. 运输 |

### 4.3.2 栽植花木

栽植花木工程量清单项目设置及工程量计算规则，应按表 4-3 的规定执行。

表 4-3 栽植花木(编码：050102)

| 项目编码 | 项目名称 | 项目特征 | 计量单位 | 工程量计算规则 | 工程内容 |
|---|---|---|---|---|---|
| 050102001 | 栽植乔木 | 1. 乔木种类<br>2. 乔木胸径<br>3. 养护期 | 株(株丛) | 按设计图示，以数量计算 | 1. 起挖<br>2. 运输<br>3. 栽植<br>4. 养护 |
| ⋮ | ⋮ | ⋮ | ⋮ | ⋮ | ⋮ |
| 050102011 | 喷播植草 | 1. 草籽种类<br>2. 养护期 | $m^2$ | 按设计图示尺寸，以面积计算 | 1. 坡地细整<br>2. 阴坡<br>3. 草籽喷播<br>4. 覆盖<br>5. 养护 |

### 4.3.3 绿地喷灌

绿地喷灌工程量清单项目设置及工程量计算规则，应按表 4-4 的规定执行。

表 4-4 绿地喷灌(编码：050103)

| 项目编码 | 项目名称 | 项目特征 | 计量单位 | 工程量计算规则 | 工程内容 |
|---|---|---|---|---|---|
| 050103001 | 喷灌设施 | 1. 土石类别<br>2. 阀门井材料种类、规格<br>3. 管道品种、规格、长度<br>4. 管件、阀门、喷头品种、规格、数量<br>5. 感应电控装置品种、规格、品牌<br>6. 管道固定方式<br>7. 防护材料种类<br>8. 油漆品种、刷漆遍数 | m | 按设计图示尺寸，以长度计算 | 1. 挖土石方<br>2. 阀门井砌筑<br>3. 管道铺设<br>4. 管道固筑<br>5. 感应电控设施安装<br>6. 水压试验<br>7. 刷防护材料、油漆<br>8. 回填 |

### 4.3.4　其他相关问题

(1)挖土外运、借土回填、挖(凿)土(石)方

这些应包括在相关项目内。

(2)常用名词

①胸径(或干径)　应为地表面向上 1.2m 高处树干直径。

②株高　应为地表面至树顶端的高度。

③冠丛高　应为地表面至乔(灌)木顶端的高度。

④篱高　应为地表面至绿篱顶端的高度。

⑤生长期　应为苗木种植至起苗的时间。

⑥养护期　应为招标文件中要求苗木栽植后承包人负责养护的时间。

(3)各种植物材料的运输、栽植过程中的合理损耗率

乔木、果树、花灌木、常绿树为 1.5%；绿篱、攀缘植物为 2%；草本、木本花卉、地被植物为 4%；草坪为 10%。

(4)规格标准的转换和计算

①起挖或栽值带土球乔木，一般设计规格为胸径，需换算成土球直径方可计算。一般按乔木胸径的 8 倍计算。如栽植胸径 3cm 的红叶李，则土球直径应为 24cm。

②起挖或栽植裸根乔木，一般设计规格为胸径，可直接套用计算。

③起挖或栽植带土球灌木，一般设计规格为地径，需要换算成土球直径方可计算。一般按地径的 7 倍计算。如栽植地径 10cm 的苏铁，则土球直径应为 70cm。

④起挖或栽植丛生竹类，一般设计规格为高度，需要换算成根盘丛径方可计算。如栽植高度 1m 的竹子，则根盘丛径应为 30cm。

## 4.4　园路、园桥、假山工程工程量计算方法

叠砌假山是我国一门古老的艺术，是园林建设中的重要组成部分，它通过造景、托景、陪景、借景等手法，使园林环境千变万化，气魄更加宏伟壮观，景色更加宜人，别具洞天。假山工程不是简单的山石堆砌，而是模仿真山风景，突出真山气势，具有林泉优壑之美，是大自然景色在园林中的缩影。

## 4.4.1 园路桥工程

园路桥工程工程量清单项目设置及工程量计算规则，应按表 4-5 即《计价规范》(2008) 表 E. 2. 1 的规定执行。

表 4-5 园路桥工程(编码：050201)

| 项目编码 | 项目名称 | 项目特征 | 计量单位 | 工程量计算规则 | 工程内容 |
|---|---|---|---|---|---|
| 050201001 | 园路 | 1. 垫层厚度、宽度、材料种类<br>2. 路面厚度、宽度、材料种类<br>3. 混凝土强度等级<br>4. 砂浆强度等级 | $m^2$ | 按设计图示尺寸，以面积计算，不包括路牙 | 1. 园路路基、路床整理<br>2. 垫层铺筑<br>3. 路面铺筑<br>4. 路面养护 |
| ⋮ | ⋮ | ⋮ | ⋮ | ⋮ | ⋮ |
| 050201016 | 木制步桥 | 1. 桥宽度<br>2. 桥长度<br>3. 木材种类<br>4. 各部位截面长度<br>5. 防护材料种类 | $m^2$ | 按设计图示尺寸，以桥面板长乘桥面板宽为面积计算 | 1. 木桩加工<br>2. 打木桩基础<br>3. 木梁、木桥板、木桥栏杆、木扶手制作、安装<br>4. 连接铁件、螺栓安装<br>5. 刷防护材料 |

## 4.4.2 堆塑假山

堆塑假山工程量清单项目设置及工程量计算规则，应按表 4-6 即《计价规范》(2008) 表 E. 2. 2 的规定执行。

表 4-6 堆塑假山(编码：050202)

| 项目编码 | 项目名称 | 项目特征 | 计量单位 | 工程量计算规则 | 工程内容 |
|---|---|---|---|---|---|
| 050202001 | 堆筑土山丘 | 1. 土丘试高度<br>2. 土丘坡度要求<br>3. 土丘底外接矩形面积 | $m^3$ | 按设计图示尺寸，以山丘水平投影外接矩形面积乘以高度的 1/3 为体积计算 | 1. 取土<br>2. 运土<br>3. 堆砌、夯实<br>4. 修整 |
| ⋮ | ⋮ | ⋮ | ⋮ | ⋮ | ⋮ |

（续）

| 项目编码 | 项目名称 | 项目特征 | 计量单位 | 工程量计算规则 | 工程内容 |
|---|---|---|---|---|---|
| 050202008 | 山坡石台阶 | 1. 石料种类、规格<br>2. 台阶坡度<br>3. 砂浆强度等级 | $m^2$ | 按设计图示尺寸，以水平投影面积计算 | 1. 选石料<br>2. 台阶砌筑 |

## 4.4.3 驳岸

驳岸工程量清单项目设置及工程量计算规则，应按表4-7即《计价规范》(2008)表E.2.3的规定执行。

表4-7 驳岸(编码：050203)

| 项目编码 | 项目名称 | 项目特征 | 计量单位 | 工程量计算规则 | 工程内容 |
|---|---|---|---|---|---|
| 050203001 | 石砌驳岸 | 1. 石料种类、规格<br>2. 驳岸截面、长度<br>3. 勾缝要求<br>4. 砂浆强度等级、配合比 | $m^3$ | 按设计图示尺寸，以体积计算 | 1. 石料加工<br>2. 砌石<br>3. 勾缝 |
| ⋮ | ⋮ | ⋮ | ⋮ | ⋮ | ⋮ |
| 050203003 | 散铺砂卵石护岸（自然护岸） | 1. 护岸平均宽度<br>2. 粗细砂比例<br>3. 卵石粒径<br>4. 大卵石粒径、数量 | $m^2$ | 按设计图示尺寸，以平均护岸宽度乘以护岸长度为面积计算 | 1. 修边坡<br>2. 铺卵石、点布大卵石 |

## 4.4.4 其他相关问题

①园路、园桥、假山(堆筑土山丘除外)、驳岸工程等的挖土方、开凿石方、回填等应按《计价规范》(2008)附录A.1相关项目编码列项。

②如遇某些构配件使用钢筋混凝土或金属构件，应按《计价规范》(2008)附录A或附录D相关项目编码列项。

③园路土基整理路床的工作内容包括：厚度在30cm以内挖、填土、找平、夯实、整修、弃土2m以外。

④园路垫层的工程量按不同垫层材料，以垫层的体积计算，计量单位为立方米($m^3$)。垫层计算宽度应比设计宽度大10cm，即两边各放宽5cm。

⑤假山工程量一般以设计的山石实用吨位数为基数来推算，并以工日数来表示。假山采用的山石种类不同、假山造型不同、假山砌砖方式不同都会影响工程量。假山工程量计算公式如下：

$$W = AHRKn$$

式中 $W$——石料质量，t；

$A$——假山平面轮廓的水平投影面积，$m^2$；

$H$——假山着地点至最高顶点的垂直距离，m；

$R$——石料比重，黄(杂)石为2.6t/$m^3$，湖石为2.2t/$m^3$；

$Kn$——折算系数，高度在2m以内 $Kn = 0.65$，高度在4m以内 $Kn = 0.56$。

⑥景石是指不具备山形但以奇特的形状为审美特征的石质观赏品。散点石是指无呼应联系的一些自然山石分散布置在草坪、山坡等处，主要起点缀环境、烘托野地氛围的作用。景石、散点石工程量计算公式如下：

$$W_{单} = LBHR$$

式中 $W_{单}$——山石单体质量，t；

$L$——长度方向的平均值，m；

$B$——宽度方向的平均值，m；

$H$——高度方向的平均值，m；

$R$——石料比重，t/$m^3$。

# 4.5 园林景观工程量计算方法

## 4.5.1 原木、竹构件

原木、竹构件工程量清单项目设置及工程量计算规则，应按表4-8即《计价规范》(2008)表E.3.1的规定执行。

表 4-8 原木、竹构件(编码：050301)

| 项目编码 | 项目名称 | 项目特征 | 计量单位 | 工程量计算规则 | 工程内容 |
|---|---|---|---|---|---|
| 050301001 | 原木(带树皮)柱、梁、檩、椽 | 1. 原木种类<br>2. 原木梢径(不含树皮厚度)<br>3. 墙龙骨材料种类、规格<br>4. 墙底层材料种类、规格<br>5. 构件联结方式<br>6. 防护材料种类 | m | 按设计图示尺寸，以长度计算(包括榫长) | 1. 构件制作<br>2. 构件安装<br>3. 刷防护材料 |
| 050301002 | 原木(带树皮)墙 | | $m^2$ | 按设计图示尺寸，以面积计算(不包括柱、梁) | |
| 050301003 | 树枝吊挂楣子 | | | 按设计图示尺寸，以框外围面积计算 | |
| ⋮ | ⋮ | ⋮ | ⋮ | ⋮ | |
| 050301006 | 竹吊挂楣子 | 1. 竹种类<br>2. 竹梢径<br>3. 防护材料种类 | $m^2$ | 按设计图示尺寸，以框外围面积计算 | |

## 4.5.2 亭廊屋面

亭廊屋面工程量清单项目设置及工程量计算规则，应按表 4-9 即《计价规范》(2008)表 E. 3. 2 的规定执行。

表 4-9 亭廊屋面(编码：050302)

| 项目编码 | 项目名称 | 项目特征 | 计量单位 | 工程量计算规则 | 工程内容 |
|---|---|---|---|---|---|
| 050302001 | 草屋面 | 1. 屋面坡度<br>2. 铺草种类<br>3. 竹材种类<br>4. 防护材料种类 | $m^2$ | 按设计图示尺寸，以斜面计算 | 1. 整理、选料<br>2. 屋面铺设<br>3. 刷防护材料 |
| ⋮ | ⋮ | ⋮ | ⋮ | ⋮ | ⋮ |
| 050302009 | 彩色压型钢板(夹芯板)穹顶 | 1. 屋面坡度<br>2. 穹顶弧长、直径<br>3. 彩色压型钢板(夹芯板)品种、规格、品牌、颜色<br>4. 拉杆材质、规格<br>5. 嵌缝材料种类<br>6. 防护材料种类 | $m^2$ | 按设计图示尺寸，以面积计算 | 1. 压型板安装<br>2. 护角、包角、泛水安装<br>3. 嵌缝<br>4. 刷防护材料 |

## 4.5.3 花架

花架工程量清单项目设置及工程量计算规则，应按表4-10即《计价规范》(2008)表E.3.3的规定执行。

**表4-10 花架(编码：050303)**

| 项目编码 | 项目名称 | 项目特征 | 计量单位 | 工程量计算规则 | 工程内容 |
| --- | --- | --- | --- | --- | --- |
| 050303001 | 现浇混凝土花架柱、梁 | 1. 柱截面、高度、根数<br>2. 盖梁截面、高度、根数<br>3. 联系梁截面、高度、根数<br>4. 混凝土强度等级 | $m^3$ | 按设计图示尺寸，以体积计算 | 1. 土(石)方挖运<br>2. 混凝土制作、运输、浇筑、振捣、养护 |
| ⋮ | ⋮ | ⋮ | ⋮ | ⋮ | ⋮ |
| 050303004 | 金属花架柱、梁 | 1. 钢材品种、规格<br>2. 柱、梁截面<br>3. 油漆品种、刷漆遍数 | t | 按设计图示尺寸，以质量计算 | 1. 土(石)方挖运<br>2. 混凝土制作、运输、浇筑、振捣、养护<br>3. 构件制作、运输、安装<br>4. 刷防护材料、油漆 |

## 4.5.4 园林桌椅

园林桌椅工程量清单项目设置及工程量计算规则，应按表4-11即《计价规范》(2008)表E.3.4的规定执行。

**表4-11 园林桌椅(编码：050304)**

| 项目编码 | 项目名称 | 项目特征 | 计量单位 | 工程量计算规则 | 工程内容 |
| --- | --- | --- | --- | --- | --- |
| 050304001 | 木制飞来椅 | 1. 木材种类<br>2. 座凳面厚度、宽度<br>3. 靠背扶手截面<br>4. 靠背截面<br>5. 座凳楣子形状<br>6. 铁件尺寸、厚度<br>7. 油漆品种、刷油遍数 | m | 按设计图示尺寸，以座凳面中心线长度计算 | 1. 座凳面、靠背扶手、靠背、楣子制作、安装<br>2. 铁件安装<br>3. 刷油漆 |

（续）

| 项目编码 | 项目名称 | 项目特征 | 计量单位 | 工程量计算规则 | 工程内容 |
|---|---|---|---|---|---|
| ⋮ | ⋮ | ⋮ | ⋮ | ⋮ | ⋮ |
| 050304009 | 塑料、铁艺、金属椅 | 1. 木座板面截面<br>2. 塑料、铁艺、金属椅规格、颜色<br>3. 混凝土强度等级<br>4. 防护材料种类 | 个 | 按设计图示，以数量计算 | 1. 土方挖运<br>2. 混凝土制作、运输、浇筑、振捣、养护<br>3. 座椅安装<br>4. 木座板制作、安装<br>5. 刷防护材料 |

## 4.5.5　喷泉安装

喷泉安装工程量清单项目设置及工程量计算规则，应按表4-12即《计价规范》(2008)表E.3.5的规定执行。

表4-12　喷泉安装(编码：050305)

| 项目编码 | 项目名称 | 项目特征 | 计量单位 | 工程量计算规则 | 工程内容 |
|---|---|---|---|---|---|
| 050305001 | 喷泉管道 | 1. 管材、管件、水泵、阀门、喷头品种<br>2. 管道固定方式<br>3. 防护材料种类 | m | 按设计图示尺寸，以长度计算 | 1. 土(石)方挖运<br>2. 管材、管件、水泵、阀门、喷头安装<br>3. 刷防护材料<br>4. 回填 |
| ⋮ | ⋮ | ⋮ | ⋮ | ⋮ | ⋮ |
| 050305004 | 电气控制柜 | 1. 规格、型号<br>2. 安装方式 | 台 | 按设计图示，以数量计算 | 1. 电气控制柜(箱)安装<br>2. 系统调试 |

## 4.5.6　杂项

其他工程量清单项目设置及工程量计算规则，应按表4-13即《计价规范》(2008)表E.3.6的规定执行。

表 4-13 杂项(编码：050306)

| 项目编码 | 项目名称 | 项目特征 | 计量单位 | 工程量计算规则 | 工程内容 |
|---|---|---|---|---|---|
| 050306001 | 石灯 | 1. 石料种类<br>2. 石灯最大截面<br>3. 石灯高度<br>4. 混凝土强度等级<br>5. 砂浆配合比 | 个 | 按设计图示，以数量计算 | 1. 土(石)方挖运<br>2. 混凝土制作、运输、浇筑、振捣、养护<br>3. 石灯制作、安装 |
| ⋮ | ⋮ | ⋮ | ⋮ | ⋮ | ⋮ |
| 050306009 | 砖石砌小摆设 | 1. 砖种类、规格<br>2. 石种类、规格<br>3. 砂浆强度等级、配合比<br>4. 石表面加工要求<br>5. 勾缝要求 | $m^2$<br>(个) | 按设计图示尺寸，以体积计算或以数量计算 | 1. 砂浆制作、运输<br>2. 砌砖、石<br>3. 抹面、养护<br>4. 勾缝<br>5. 石表面加工 |

## 4.5.7 其他相关问题

①柱顶石(磉蹬石)、木柱、木屋架、钢柱、钢屋架、屋面木基层和防水层等，应按《计价规范》(2008)附录 A 中相关项目编码列项。

②需要单独列项目的土石方和基础项目，应按附录 A 相关项目编码列项。

③木构件连接方式应包括开榫连接、铁件连接、扒钉连接、铁钉连接。

④竹构件连接方式应包括竹钉固定、竹篾绑扎、铁丝连接。

⑤膜结构的亭、廊，应按附录 A 相关项目编码列项。

⑥喷泉水池应按附录 A 相关项目编码列项。

⑦石浮雕应按表 4-14 分类。

表 4-14 石浮雕分类

| 浮雕种类 | 加 工 内 容 |
|---|---|
| 阴线刻 | 首先磨光磨平石料表面，然后以刻凹线(深度在 2 ~ 3mm)勾画出人物、动植物或山水 |
| 平浮雕 | 首先扁光石料表面，然后凿出堂子(凿深 60mm 以内)，凸出欲雕图案。图案凸出的平面应达到“扁光”，堂子达到“钉细麻” |

（续）

| 浮雕种类 | 加　工　内　容 |
| --- | --- |
| 浅浮雕 | 首先凿出石料初形，然后凿出堂子(凿深60～200mm)，凸出欲雕图案，再加工雕饰图形，使其表面有起有伏，有立体感。图形表面应达到“二遍剁斧”，堂子达到“钉细麻” |
| 高浮雕 | 首先凿出石料初形，然后凿掉欲雕图形多余部分(凿深在200mm以上)，凸出欲雕图形，再细雕图形，使之有较强的立体感(有时高浮雕的个别部位与堂子之间镂空)。图形表面应达到“四遍剁斧”，堂子达到“钉细麻”或“扁光” |

⑧石镌字种类应是指阴文和阴包阳。

⑨砌筑果皮箱、放置盆景的须弥座等，应按《计价规范》(2008)附录E.3.6中砖石砌小摆设项目编码列项。

## 4.6　土(石)方工程

土(石)方工程主要包括土方工程、石方工程、土石方回填3个分项工程。计算其工程量时，应根据图纸标明的尺寸、勘探资料确定的土壤类别以及施工方法、运土距离等资料，分别以平方米或立方米为单位计算。

### 4.6.1　土方工程

土方工程工程量清单项目设置及工程量计算规则，应按表4-15即《计价规范》(2008)表A1.1的规定执行。

**表4-15　土方工程(编码：010101)**

| 项目编码 | 项目名称 | 项目特征 | 计量单位 | 工程量计算规则 | 工程内容 |
| --- | --- | --- | --- | --- | --- |
| 010101001 | 平整场地 | 1. 土壤类别<br>2. 弃土运距<br>3. 取土运距 | $m^2$ | 按设计图示尺寸，以建筑物首层面积计算 | 1. 土方挖填<br>2. 场地找平<br>3. 运输 |
| ⋮ | ⋮ | ⋮ | ⋮ | ⋮ | ⋮ |
| 010101006 | 管沟土方 | 1. 土壤类别<br>2. 管外径<br>3. 挖沟平均深度<br>4. 弃土石运距<br>5. 回填要求 | m | 按设计图示尺寸，以管道中心线长度计算 | 1. 排地表水<br>2. 土方开挖<br>3. 挡土板支拆<br>4. 运输<br>5. 回填 |

## 4.6.2 石方工程

石方工程工程量清单项目设置及工程量计算规则，应按表4-16即《计价规范》(2008)表A.1.2的规定执行。

表4-16 石方工程(编码：010102)

| 项目编码 | 项目名称 | 项目特征 | 计量单位 | 工程量计算规则 | 工程内容 |
|---|---|---|---|---|---|
| 010102001 | 预裂爆破 | 1. 岩石类别<br>2. 单孔深度<br>3. 单孔装药量<br>4. 炸药品种、规格<br>5. 雷管品种、规格 | m | 按设计图示尺寸，以钻孔总长度计算 | 1. 打眼、装药、放炮<br>2. 处理渗水、积水<br>3. 安全防护、警卫 |
| ⋮ | ⋮ | ⋮ | ⋮ | ⋮ | ⋮ |
| 010102003 | 管沟石方 | 1. 岩石类别<br>2. 管外径<br>3. 开凿深度<br>4. 弃碴运距<br>5. 基底摊座要求<br>6. 爆破石块直径要求 | m | 按设计图示尺寸，以管道中心线长度计算 | 1. 石方开凿、爆破<br>2. 处理渗水、积水<br>3. 解小<br>4. 摊座<br>5. 清理、运输、回填<br>6. 安全防护、警卫 |

## 4.6.3 土石方运输与回填

土石方运输与回填工程量清单项目设置及工程量计算规则，应按4-17即《计价规范》(2008)表A.1.3的规定执行。

表4-17 土石方回填(编码：010103)

| 项目编码 | 项目名称 | 项目特征 | 计量单位 | 工程量计算规则 | 工程内容 |
|---|---|---|---|---|---|
| 010103001 | 土(石)方回填 | 1. 土质要求<br>2. 密实度要求<br>3. 粒径要求<br>4. 夯填(碾压)<br>5. 松填<br>6. 运输距离 | $m^3$ | 按设计图示尺寸，以体积计算<br>注：1. 场地回填：回填面积乘以平均回填厚度<br>2. 室内回填：主墙间净面积乘以回填厚度<br>3. 基础回填：挖方体积减去设计室外地坪以下埋设的基础体积(包括基础垫层及其他构筑物) | 1. 挖土方<br>2. 装卸、运输<br>3. 回填<br>4. 分层碾压、夯实 |

### 4.6.4　其他相关问题

（1）土壤类别划分（表4-18）

表4-18　土壤类别划分

| 土壤类别 | 土　壤　名　称 | 工具鉴别方法 | 紧固系数 |
|---|---|---|---|
| 一类土（松软土） | 砂；略有黏性的砂土；腐殖土；泥炭 | 用锹或锄挖掘 | 0.5～0.6 |
| 二类土（普通土） | 潮湿的黏性土和黄土；软的碱土或盐土；含有碎石、卵石或建筑材料碎屑的堆积土和种植土 | 主要用锹或挖掘，部分用镐刨 | 0.61～0.8 |
| 三类土（坚土） | 中等密实的黏性土和黄土；含有碎石、卵石或建筑材料碎屑的潮湿黏性土和黄土 | 主要用镐刨，少许用锹、锄挖掘 | 0.81～1.0 |
| 四类土（砂砾坚土） | 坚硬密实的黏性土或黄土；硬化的重盐土；含有10%～30%的重量在25kg以下的石块的中等密实的黏性土或黄土 | 全部用镐刨，少许用撬棍挖掘 | 1.01～1.5 |

干土与湿土的划分，应以地质勘查资料为准；如无资料时以地下常水位为准，常水位以上为干土，以下为湿土。采用人工降低地下水位时，干、湿土的划分仍以常水位为准。

（2）岩石类别划分（表4-19）

表4-19　岩石类别划分

| 岩石类别 | 坚　石　特　性 |
|---|---|
| 软石 | 胶结不实的砾石，各种不坚实的页岩，中等坚实的泥灰岩，软质有空隙的节理较多的石灰岩 |
| 普通石 | 风化的花岗石，坚硬的石灰岩，砂岩，水成岩，砂质胶结的砾岩，坚硬的砂质岩，花岗岩与石英胶结的砂岩 |
| 坚石 | 高强度的石灰岩，中粒和粗粒的花岗岩，最坚硬的石英岩 |

（3）挖土方、挖槽（沟）、挖基坑及平整场地等子目的划分（表4-20）

表4-20　挖土方、挖槽（沟）、挖基坑及平整场地划分

| 项　目 | 坑底面积（$m^2$） | 槽底宽度（m） | 备注 |
|---|---|---|---|
| 挖土方 | >20 | >3 | 平整场地厚度>300mm |
| 挖地槽（沟） | | ≤3 | 沟槽底长>3倍槽底宽 |
| 挖基坑 | ≤20 | | |

平整场地是指建筑物场地挖、填土方厚度在±300mm以内及找平。

(4)土方放坡及工作面的确定(清单计价方法已去除该项目)

挖干土方、地槽和地坑时，一、二类土深在1.25m以内，三类土深在1.5m内，四类土深在2m内，均不计算放坡，超过以上深度，如需放坡，可按下列方法计算：

①放坡起点　应根据土质情况确定，它是指对某种土壤类别，挖土深度在一定范围内，可以不放坡，如超过这个范围，则上口开挖宽度必须加大，即所谓放坡。如需放坡，又无设计规定者，可按表4-21计算。

**表4-21　放坡起点深度**

| 土壤类别 | 人工挖土深度在5m以内放坡系数 | 放坡起点深度(m) |
| --- | --- | --- |
| 一、二类土 | 1:0.67 | 超过1.25 |
| 三类土 | 1:0.33 | 超过1.5 |
| 四类土 | 1:0.25 | 超过2.00 |

②放坡坡度　根据土质情况，在挖土深度超过放坡起点限度时，均在其边沿做成具有一定坡度的边坡。土方放坡的坡度以放坡宽度$B$与挖土深度$H$之比表示，即

$$K=\frac{B}{H}$$

式中　$K$——放坡系数，坡度通常用$1:K$表示，$1:K=H:B$，如图4-1所示。

③基础工作所需工作面的确定　工作面是指在槽坑内施工时，在基础宽度以外还需增加工作面，如图4-2所示，工作面宽度为$c$，基础宽度为$a$，则开挖断面宽$=a+2c$，其中工作面宽$c$可按表4-22规定计算。

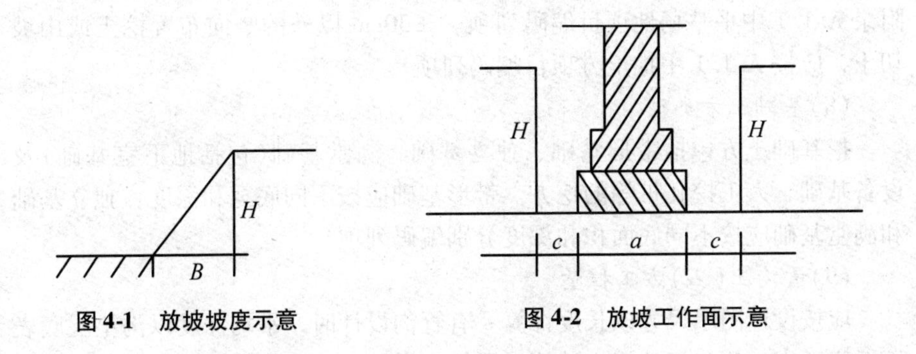


**图4-1　放坡坡度示意**　　**图4-2　放坡工作面示意**

表4-22　放坡工作面宽度

| 基础材料 | 每边各增加工作面宽度(mm) |
| --- | --- |
| 砖基础 | 最底下一层大放脚边至地槽(坑)边200 |
| 浆砌毛石、条石基础 | 基础边至地槽(坑)边150 |
| 混凝土基础支模板 | 基础边至地槽(坑)边300 |
| 基础垂直面做防水层 | 防水层面的外表面至地槽(坑)边800 |

(5)土的各种虚实折算

土方体积，以挖凿前的天然密实体积为准；若以虚方计算，按表4-23进行折算。

表4-23　土壤虚实度折算

| 虚方体积 | 天然密实体积 | 夯实后体积 | 松填体积 |
| --- | --- | --- | --- |
| 1.00 | 0.77 | 0.67 | 0.83 |
| 1.30 | 1.00 | 0.87 | 1.08 |
| 1.50 | 1.15 | 1.00 | 1.25 |
| 1.20 | 0.92 | 0.80 | 1.00 |

(6) 挖土方平均厚度

应按自然地面测量标高至设计地坪标高间的平均厚度确定。基础土方、石方开挖深度应按基础垫层底表面标高至交付施工场地标高确定，无交付施工场地标高时，应按自然地面标高确定。

(7)建筑物场地厚度

场地厚度在±30cm以内的挖、填、运、找平，应按《计价规范》(2008)附录A.1.1中平整场地项目编码列项。±30cm以外的竖向布置挖土或山坡切土，应按A.1.1中挖土方项目编码列项。

(8)基础土方类型

挖基础土方包括带形基础、独立基础、满堂基础(包括地下室基础)及设备基础、人工挖孔桩等的挖方。带形基础应按不同底宽和深度，独立基础和满堂基础应按不同底面积和深度分别编码列项。

(9)管沟土(石)方工程量

应按设计图示尺寸以长度计算。有管沟设计时，平均深度以沟垫层底表面标高至交付施工场地标高计算；无管沟设计时，直埋管深度应按管底外表面标高至交付施工场地标高的平均高度计算。

(10)减震设计要求

采用减震孔方式减弱爆破震动波时，应按《计价规范》(2008)附录A.1.2中预裂爆破项目编码列项。

(11)湿土的划分

应按地质资料提供的地下常水位为界，地下常水位以下为湿土。

(12)流沙、淤泥

挖方出现流沙、淤泥时，可根据实际情况由发包人与承包人双方认证。

(13)平整场地工程量

按建筑物外墙外边线每边各加2m以上，以平方米计算。

(14)挖土方

凡平整场地的厚度在30cm以上，槽底宽度在3m以上和坑底面积在$20m^2$以上的挖土，均按挖土方体积计算。

(15)挖地槽

凡槽宽在3m以内，槽长为槽宽3倍以上的挖土，按挖地槽计算。外墙地槽长度以中心线长度计算，内墙地槽长度以槽底的净长度计算，其宽度及地坑底面积均按设计图纸计算。进行施工时，如需增加工作面，均按前面所述工作面计算方法计算工程量。

(16)挖地坑

凡挖土底面积在$20m^2$以内，槽宽在3m以内，槽长小于槽宽3倍者按挖地坑计算体积。

(17)挖土方、地槽、地坑的深度

按槽、坑底面至室外自然地坪深度计算。地槽、地坑需支挡土板时，挡土板面积按槽、坑边实际支挡板面积(每块挡板的最长边×挡板的最宽边)计算。

(18)挖管沟槽

按规定尺寸计算，沟槽长度不扣除检查井，检查井的突出管道部分的土方也不增加，底面积大于$20m^2$的井类，其增加的土方量并入管沟土方内计算。

(19)回填土

分为松填和夯填，以立方米计算。

①基槽、坑回填土体积=挖土体积-设计室外地坪以下埋设的体积(包括基础垫层、柱、墙基础及柱等)。

②室内回填土体积，按承重墙或墙厚在18cm以上的墙间净面积厚度计算，不扣除垛、柱、附墙烟囱和间壁墙等所占的面积。

③管道沟槽回填，以挖方体积减去管外径所占体积计算。管外径小于或等于 500mm 时，不扣除管道所占体积。管径超过 500mm 时，每米管道扣除土方体积按表 4-24 计算。

**表 4-24　管道沟槽回填土计算**　　$m^3$

| 管道名称 | 管道直径(mm) | | | | |
|---|---|---|---|---|---|
| | 501 ~ 600 | 601 ~ 800 | 801 ~ 1000 | 1001 ~ 1200 | 1201 ~ 1400 |
| 钢管 | 0. 21 | 0. 44 | 0. 71 | | |
| 铸铁管、石棉水泥管 | 0. 24 | 0. 49 | 0. 77 | | |
| 混凝土、钢筋混凝土、预应力混凝土管 | 0. 33 | 0. 60 | 0. 92 | 1. 15 | 1. 35 |

④余土外运、缺土内运工程量的计算方法为：运土工程量 = 挖土工程量 - 回填土工程量。正值为余土外运，负值为缺土内运。

※ 举例说明：下面以 × × 大学博受广场中心景观工程特色种植槽为例进行说明。

如图 4-3，图 4-4 所示以设计室外地坪为准算其挖土深度，由于地面以下的砖基础挖地槽时要加上工作面的宽度，砖基础工作面每边各加 200mm，测得特色种植槽的总长度 = 5. 1 × 2 + 1. 4 × 2 = 13m。

定额计价方法计算工程量如下：

人工挖地槽 = 宽 × 高 × 长 =〔(0. 12 + 0. 06 × 2) + 0. 2 × 2〕×(0. 25 +

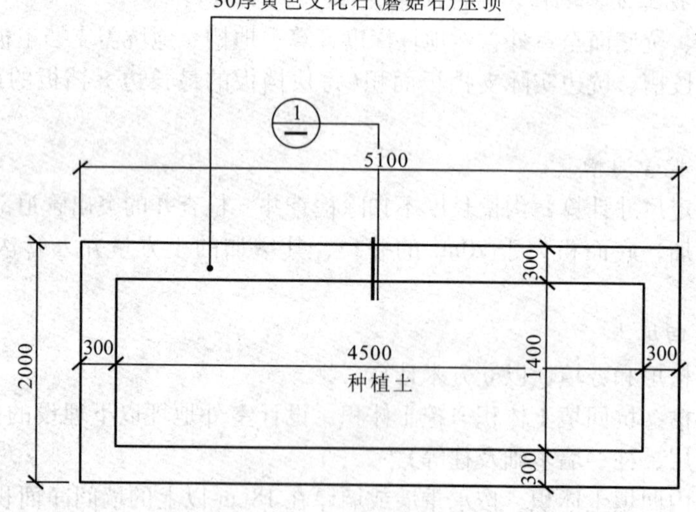


**图 4-3　特色种植槽平面图**

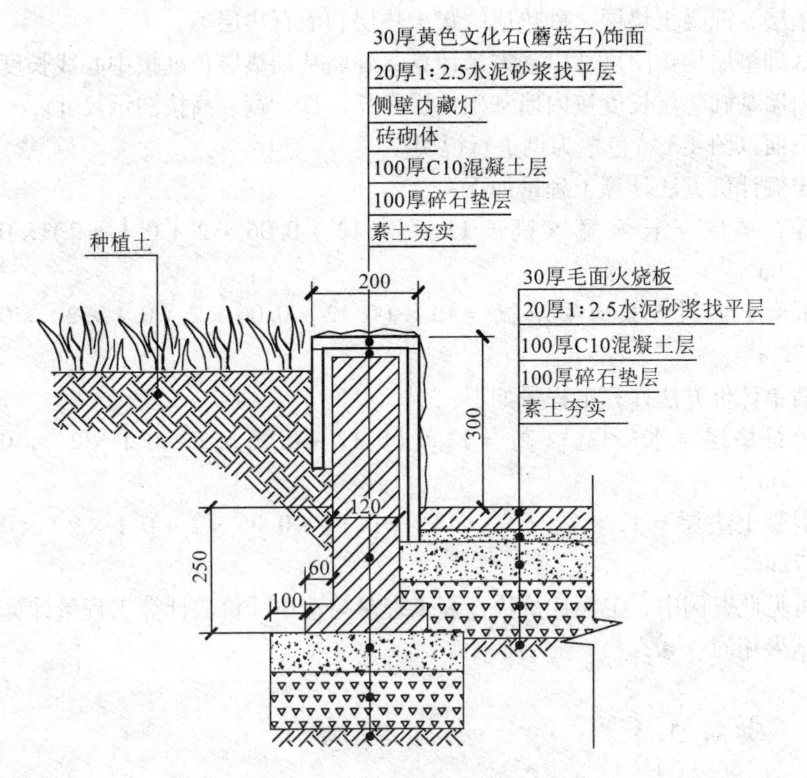


图4-4 特色种植槽断面图(1∶10)

$0.1+0.1)\times13=3.74m^3$

素土夯实 = 宽 × 长 = $(0.12+0.06\times2+0.1\times2)\times13=5.72m^2$

回填种植土 = 长 × 宽 × 高 = $4.5\times1.4\times0.3=1.89m^3$

清单计价方法计算工程量如下：

人工挖地槽 = 宽 × 高 × 长 = $[(0.12+0.06\times2)+0.1\times2]\times(0.25+0.1+0.1)\times13=2.57m^3$

素土夯实 = 宽 × 长 = $(0.12+0.06\times2+0.1\times2)\times13=5.72m^2$

回填种植土 = 长 × 宽 × 高 = $4.5\times1.4\times0.3=1.89m^3$

可见此案例中，定额计价方法计算工程量与单计价方法计算工程量的不同点在于：定额计价法计算工程量计算了工作面的内容，而清单计价法计算工程量取消了工作面的计算内容。

## 4.7 基础垫层

基础垫层是指砖、石、混凝土、钢筋混凝土等基础下的垫层，常见的有碎石垫层、混凝土垫层、砂垫层、灰土垫层和毛石垫层等。

基础垫层均按图尺寸以立方米计算，外墙基础垫层长度按中心线长度计算，内墙基础垫层长度按内墙基础垫层净长计算，宽、高按图示尺寸。

下面以图 4-3 特色槽为例进行说明。

定额计价方法计算工程量如下：

碎石垫层 = 长 × 宽 × 高 = 13 ×（0.12 + 0.06 × 2 + 0.1 × 2）× 0.1 = 0.572m$^3$

混凝土垫层 = 长 × 宽 × 高 = 13 ×（0.12 + 0.06 × 2 + 0.1 × 2）× 0.1 = 0.572m$^3$

清单计价方法计算工程量如下：

碎石垫层 = 长 × 宽 × 高 = 13 ×（0.12 + 0.06 × 2 + 0.1 × 2）× 0.1 = 0.572m$^3$

混凝土垫层 = 长 × 宽 × 高 = 13 ×（0.12 + 0.06 × 2 + 0.1 × 2）× 0.1 = 0.572m$^3$

可见此案例中，定额计价法计算工程量与清单计价法计算工程量计算方法和结果相同。

## 4.8 砌筑工程

砌筑工程是指用砖、石或毛石砌筑建筑物的基础、砌体及护坡等。园林工程中主要有砖砌景墙、砖砌花池和树池、砖砌坐凳等。

### 4.8.1 注意事项

①砌墙砌筑是以内、外墙划分的，艺术形式复杂程度的因素，已综合考虑在定额内。

②砖砌体中的钢筋按设计规定的质量，根据“砖砌体内钢筋加固”定额另行计算。

③砌体中砂浆标号如与设计规定不同，应根据设计规定换算定额中的砂浆强度等级，但人工和砂浆的数量不改变。除砖圈梁外，钢筋砖过梁及砖碹比墙身提高砂浆标号因素，已综合考虑在定额内，不另增加。

④所有砖、石砌体都是计算其体积以立方米为单位，墙基防潮层按面层计算，以平方米为单位，砌体中钢筋加固按吨计算。

⑤定额中的砖规格是以标准砖 240mm × 115mm × 53mm 及八五砖 216mm × 105mm × 43mm 为标准的，如设计规格不同，可以换算。

### 4.8.2 工程量计算规则

(1)砖墙体积

计算砖墙体积时，其厚度规定见表4-25。

表4-25 砖墙厚度 mm

| 砖规格 | $\frac{1}{4}$砖 | $\frac{1}{2}$砖 | $\frac{3}{4}$砖 | 1砖 | $1\frac{1}{4}$砖 | $1\frac{1}{2}$砖 | 2砖 | 备注 |
|---|---|---|---|---|---|---|---|---|
| 240mm×115mm×53mm | 53 | 115 | 178 | 240 | 303 | 365 | 490 | 标准砖 |
| 216mm×105mm×43mm | 43 | 105 | 158 | 216 | 269 | 331 | 442 | 八五砖 |

(2)檐高

指由设计室外地坪至前后檐口滴水的高度。

(3)基础与墙身的划分

①砖墙　基础与墙身使用同一种材料时，以设计室内地坪(有地下室者以地下室设计室内地坪)为界，以下为基础，以上为墙身；基础与墙身使用不同材料时，位于设计室内地坪±300mm以内，以不同材料为分界线，超过±300mm，以设计室内地坪分界。

②石墙　外墙以设计室外地坪、内墙以设计室内地坪为界，以下为基础，以上为墙身。

③砖石围墙　以设计室外地坪为分界线，以下为基础，以上为墙身。

(4)砖石基础长度

①外墙墙基按外墙中心线长度计算。

②内墙墙基按内墙最上一步净长度计算。基础大放脚T形接头处重叠部分以及嵌入基础的钢筋、铁件、管道、基础防潮层以及面积在0.3m$^2$以内孔洞所占的体积不扣除。

(5)墙身长度

外墙按中心线计算，内墙按内墙净长度计算。计算墙体工程量时，应扣除门窗洞口、过人洞、空圈及嵌入墙身的木柱、木梁、木枋、钢筋混凝土柱梁、圈梁、板头等所占体积，但嵌入墙身的钢筋、铁件、螺丝洞、钢筋混凝土梁头、梁垫、木屋架头、木愣头、出檐椽、木砖、门窗走头、半砖墙的木筋及伸入墙内的暖气片、壁龛等体积均不扣除，突出墙身的门、窗套、窗台虎头砖、压顶线、出墙泛水槽和腰线等体积也不增加。弧形墙按其弧形墙中心线长度计算。女儿墙工程量并入外墙计算。

(6)墙身高度

设计有明确高度时以设计高度计算，未明确时按下列规定计算：

①外墙 坡(斜)屋面无檐口天棚者，算至墙中心线屋面板底，无屋面板，算至椽子顶面；有屋架且室内外均有天棚者，算至屋架下弦底面另加200mm，无天棚，算至屋架下弦另加300mm；有现浇钢筋混凝土平板楼层者，应算至平板底面；有女儿墙应自外墙梁(板)顶面至图示女儿墙顶面，有混凝土压顶者，算至压顶底面，分别以不同厚度按外墙定额执行。

②内墙 内墙位于屋架下，其高度算至屋架底，无屋架，算至天棚底另加120mm；有钢筋混凝土楼隔层者，算至钢筋混凝土板底，有框架梁时，算至梁底面；同一墙上板厚不同时，按平均高度计算。

(7)空斗墙体积

按外形体积以立方米计算，计算规则与实砌墙同。墙角、门、窗洞口立边、内外墙节点、钢筋砖过梁、砖碹、混凝土楼板下、楼梯面踢脚线外、山尖和屋檐处的实砌砖，已包括在定额内，不另计算；但钢筋砖统圈梁及附墙垛(柱)实砌部分应按相应项目另行计算；围墙的砖垛、压顶和腰线应并入墙身内计算。

(8)空花墙面积

按面积计算，其透空部分面积不扣除。空花墙外有实砌墙，其实砌部分应以立方米另列项目计算。

(9)山墙部分工程量

由设计室内地坪至山头高度的1/2计算。

(10)围墙

以立方米计算，按相应外墙定额执行，砖垛和压顶等工程量应并入墙身内计算。

(11)墙基防潮层

按其基顶面水平宽度乘长度，以平方米计算，有附垛时将附垛面积并入墙基内。砌体中的加固钢筋按设计要求以吨计算，安装钢筋人工已包括在砌体的定额内。

(12)柱基

合并在柱身内计算。

(13)填充墙

按外形体积，以立方米计算，其实砌部分及填充料已包括在定额内，不另计算。

(14)毛石砌体

按图示尺寸，以立方米计算。

(15)砖砌地沟

沟底和沟壁工程量合并，以立方米计算。

下面以图4-3特色槽为例进行说明。

一般砖基础的最下部会设置一层或两层的基础大放脚，通常基础大放脚的宽度和高度是60cm，其中0.03m和0.02m分别为文化石和水泥砂浆的厚度。

定额计价方法计算工程量如下：

砖基础=砖基础横截面积×长=〔(0.12+0.06×2)×0.06+0.12×(0.25-0.06)〕×13=0.48m³

砖砌体=砖砌体横截面积×长=0.12×(0.3-0.03-0.02)×13=0.39m³

清单计价方法计算工程量如下：

砖基础=砖基础横截面积×长=〔(0.12+0.06×2)×0.06+0.12×(0.25-0.06)〕×13=0.48m³

砖砌体=砖砌体横截面积×长=0.12×(0.3-0.03-0.02)×13=0.39m³

可见此案例中，定额计价法计算工程量与清单计价法计算工程量计算方法和结果相同。

## 4.9　混凝土及钢筋混凝土工程

混凝土及钢筋混凝土工程是指混凝土及钢筋混凝土构件的制作、运输及安装等。常见的园林产品有混凝土及钢筋混凝土梁、基础、柱，钢筋混凝土水池和其他不规则的混凝土构筑物。

### 4.9.1　注意事项

①混凝土及钢筋混凝土工程预算定额是综合定额，模板、钢筋的工程量不需要单独计算。如与施工图设计规定的用量不同，可按实调整。

②定额中的模板是分别按工具式钢模板、定型钢模板、木模板及混凝土地(胎)模和砖地(胎)模综合考虑的，实际采用模板不同时，不得换算。

③定额中现浇钢筋混凝土构件的钢模板，是按单层建筑沿高、多层建筑层高在3.6m内编制的。超过3.6m，在8m内时，每立方米钢筋混凝土的钢

支撑、零星卡具乘系数1.3，模板、钢筋、混凝土合计工乘系数1.1；在12m内时，每立方米钢筋混凝土的钢支撑、零星卡具乘系数1.5，模板、钢筋、混凝土合计工乘系数1.15；在16m以内时，每立方米钢筋混凝土的钢支撑、零星卡具乘系数2，模板、钢筋、混凝土合计工乘系数1.2。

④钢筋以手工绑扎、部分焊接及点焊编制的，实际施工与定额不同时，不得换算。

⑤非预应力钢筋不包括冷加工，如需进行冷拉，冷拉费用不予增加，钢筋的延伸率也不考虑。用盘圆加工冷拔钢丝的加工费，已考虑到材料预算价格中，其冷拔钢材损耗率3%，可增加在钢材供应计划内。

⑥混凝土石子粒径规定：装配式板类构件采用15mm以内，基础及道路采用40mm以内，其他构件和垫层采用20mm以内，如设计有规定的按设计规定。设计的混凝土与砂浆标号与定额不符时，可以换算。

⑦毛石混凝土中毛石掺重，块形基础为20%，条形基础为15%，设计使用量不同时，其毛石和混凝土用量可按比例调整，其他不变。

⑧构件运输不分构件名称、类别，均按定额执行。

⑨构件吊装定额包括场内运距150m以内的运输费，如超过150m，按1km以内的运输定额执行，同时扣去定额中的运输费。

### 4.9.2 工程量计算规则

(1)混凝土和钢筋混凝土的各种构件

除注明按水平、垂直投影或延长米外，均按图示尺寸，按实体积以立方米计算，不扣除钢筋、铁件、螺栓所占体积。板类构件不扣除面积在0.3m$^2$以内孔洞的混凝土体积，面积超过0.3m$^2$的孔洞，其混凝土体积应予扣除，但留洞所需工料不另增加。

(2)钢筋混凝土结构的钢筋耗用量

应按施工图计算，另加损耗后与定额中规定的钢筋耗用量比较，其超出或不足部分应按“钢筋、铁件增减调整表”进行调整。其调整方法如下：

$$钢筋(铁件)调整量 = 定额用量 - 图示用量 \times (1 + 损耗量)$$
$$= 图示用量 \times (1 + 损耗量) - 定额用量$$

(3)混凝土基础垫层的厚度

12cm以内者为垫层，按立方米计算。

(4)基础

①带形基础　是指墙下基础互相连结组成带形(或称条形)的基础，其外墙基的长度按外墙中心线计算，内墙基的长度按内墙净长计算。

②柱基、柱墩的高度按设计规定计算，图纸无明确表示时，可以算至基础扩大顶面。

③整板基础　带梁(包括反梁)者，按有梁式计算，仅带有边肋者，按无梁式计算。

④杯形基础　按图示尺寸以实体体积计算。

(5)柱

分矩形柱和圆形柱，使用定额时应分别按各种规格套用项目，柱按图示，用断面面积乘柱高，以立方米计算。

①柱的高度　无梁板的柱高按柱基上表面至柱顶面的高度计算；有梁板的柱高按柱基上表面至楼板下表面的高度计算；有隔层的柱高按柱基上表面、楼板上表面或上一层楼板上表面的高度计算。

②依附于柱上的云头、梁垫、蒲鞋头的体积另列项目计算，依附柱上的牛腿，应并入柱身体积计算。

③多边形柱　按相应的圆柱定额执行，其规格按断面对角线长套用定额。

(6)梁

分矩形、圆形，使用定额时应分别按各种规格套用项目，梁按图示尺寸，用断面面积乘梁长，以立方米计算。

①梁的长度　梁与柱连接时，梁长应按柱与柱间的净距计算；次梁与柱或次梁与主梁连接时，次梁的长度算至柱侧面或主梁侧面的净距；梁与墙连接时，伸入墙内的梁头，应包括在梁的长度内计算；圈梁与过梁连接时，分别套用圈梁、过梁定额，其过梁长度按图示尺寸，图纸无规定时，按门、窗口外围宽度两端共加50cm计算，平板与砖墙上混凝土圈梁相交时，圈梁高应算至板底面。

②老嫩戗(戗梁)按设计图示尺寸，按实体积以立方米计算。

(7)板

按图示，用面积乘板厚，以立方米计算(梁板交接处不得重复计算)。

①有梁板指梁(包括主、次梁)与板构成一体。其体积应按梁、板体积总和计算。

②平板指无柱、梁，直接由山墙承重的板，以实体积计算。

③亭屋面板(曲形)指古典建筑中亭面板，为曲面形状。其工程量按设计图示尺寸，按实体积以立方米计算。

④有多种板连接时，以墙的中心线为界，伸入墙内的板头并入板内计算。

⑤戗翼板指古典建筑中的翘角部位，并连有摔网椽的翼角板。椽望板是指古典建筑中的飞沿部位，并连有飞椽和出沿椽重叠之板。其工程量按设计图示尺寸，以实体积计算。

(8)中式屋架

指古典建筑中立贴式屋架，其工程量(包括立柱、童柱、大梁、双步体积)按设计图示尺寸，按实体积以立方米计算。

(9)枋、桁

①枋子(看枋)、桁条、梓桁、连机、梁垫、蒲鞋头、云头、斗拱、椽子等构件，均按设计图示尺寸，按实体积以立方米计算。

②枋与柱交接时，枋的长度应按柱与柱间的净距计算。

(10)其他

①整体楼梯包括楼梯中间的休息平台、平台梁、斜梁及楼梯与楼板相连接的梁(不包括与楼层过道连接的楼板)，按水平投影面积计算，不扣除宽度小于20cm的楼梯井，伸入墙内部分不另增加。

②阳台、雨篷均按伸出墙外的水平投影面积计算，伸出墙外的牛腿已包括在定额内，不另计算，但嵌入墙内的梁按圈梁定额执行，挑出超过1.5m的雨篷或柱式雨篷不套用雨篷定额，按相应的有梁板和柱计算。

③吴王靠、挂落、栏板、栏杆均按延长米计算，楼梯的栏板、栏杆长度，如图纸无规定时，按水平投影长度乘系数1.15计算。

④小型构件指单件体积小于0.1$m^3$以内未列入项目的构件，均执行本定额。

⑤古式零件指梁垫、蒲鞋头、云头、水浪机、插角、宝顶、莲花头子、花饰块等以及单件体积小于0.05$m^3$，未列入的古式小构件。

(11)装配式构件制作

①装配式构件一律按施工图示尺寸以实体积计算，空腹构件应扣除空腹体积。

②预制混凝土板间需补现浇板缝时，按平板定额执行(5cm宽以内板缝，混凝土灌缝已包括在定额内)。

③预制水磨石窗台板类及隔断已包括磨光打蜡，其安装铁件按图计算，套用铁件定额。

④预留部位浇捣指装配式柱、枋、云头交叉部位需电焊后浇制混凝土的部分，其工程量按实体积以立方米计算。

⑤预制混凝土花漏窗按其外围面积以平方米计算，边框线抹灰另按抹灰工程规定计算。

(12)预制混凝土构件

运输和安装工程量的计算方法，与构件制作的工程量计算方法相同。

下面以水池为例进行说明。

如图4-5，图4-6所示，从平面方格网图中测出水池的平面面积约为207.38m²，池壁长约为63.005m。

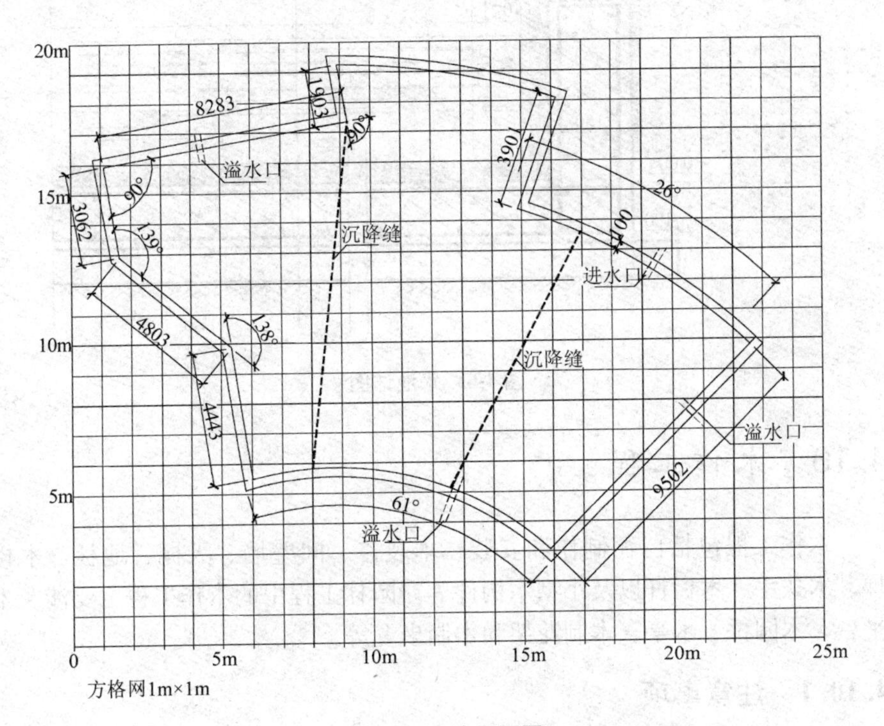


图4-5 水池平面图

定额计价方法计算工程量如下：

钢筋混凝土池底 = 底面积 × 高 = 207.38 × 0.15 = 31.11m³

钢筋混凝土池壁 = 侧面积 × 厚 = 63.005 × 0.55 × 0.18 = 6.24m³

清单计价方法计算工程量如下：

钢筋混凝土池底 = 底面积 × 高 = 207.38 × 0.15 = 31.11m³

钢筋混凝土池壁 = 侧面积 × 厚 = 63.005 × 0.55 × 0.18 = 6.24m³

可见此案例中，定额计价法计算工程量与清单计价法计算的工程量相同。

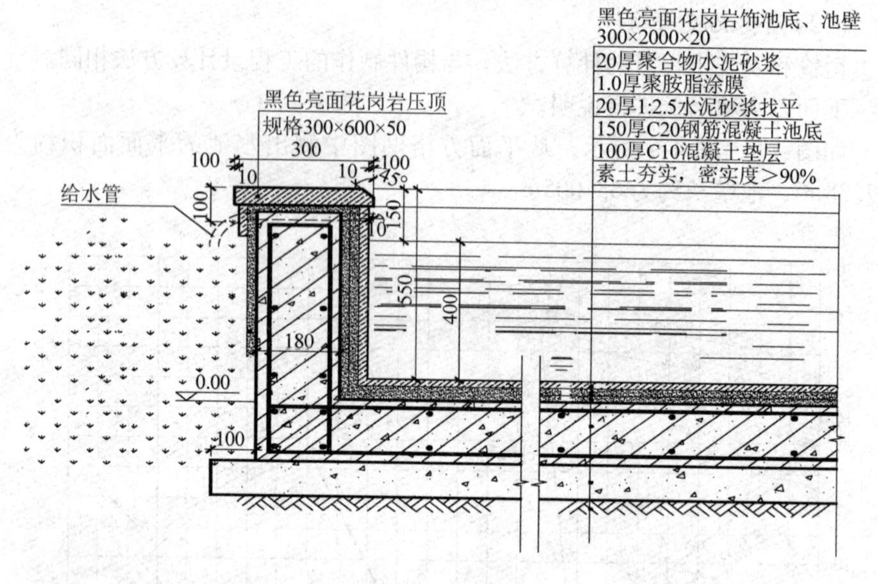


图 4-6　水池详图

## 4.10　木作工程

木作工程包括门窗制作和安装、木装修、间壁墙、天棚、地板、木楼梯、木扶手、木栏杆以及小型木构件等。园林工程中的木作工程主要涉及木平台、木园桥、木亭、木制花架和木制坐凳等。

### 4.10.1　注意事项

①木材木种的划分如下：

——红松、樟子松、水桐木。

——白松、杉木（方杉、冷杉）、杨木、铁杉、柳木、北美黄杉（花旗松）、椴木。

——青松、黄花松、秋子松、马尾松、东北榆木、柏木、苦楝树、梓木、黄波罗、椿木、楠木（桢楠、润楠）、柚木、樟木、山毛榉、栓木、白木、云香木、枫木。

——柞木、檀木、色木、槐木、荔木、麻栗木、桦木、荷木、水曲柳、柳桉、华北榆木、核桃楸、克隆木、门格里斯。

②定额中的木构件，除注明者外，均以刨光为准，刨光损耗已包括在定额内，定额中木材为毛料。

③定额中的木材以自然干燥为准，如需烘干，其费用另计。

④玻璃厚度不同时，可按设计规定换算。

⑤凡综合刷油者，定额中除在项目中已注明者外，均为底油一遍，调和漆二遍，木门窗的底油包括在制作定额中。

⑥一玻一纱窗，不分纱扇所占的面积大小，均按定额执行。

### 4.10.2 工程量计算规则

普通木门窗按图示门框外尺寸以平方米计算。各类型门扇的区分如下：

①全部用冒头结构镶木板的，为“装板门扇”。

②全部用头结结构，镶木板及玻璃，不带玻璃棱的，为“玻璃镶板门扇”。

③二冒以下或丁字冒，上部装玻璃带玻璃棱的，为“半截玻璃门扇”。

④门扇无中冒头或带玻璃棱、全部玻璃棱的，为“全玻璃门窗”。

⑤用上下冒头或带一根中冒头，直装板，板面起三角槽的，为“拼板门扇”。

⑥窗台板按平方米计算，如窗台板未注明长度，可按窗框的外围宽度两边增加10cm计算，窗台突出墙面的宽度按抹灰面增加3cm计算。

⑦筒子板(门、窗口套子、大头板)的面积按图示尺寸以平方米计算。

⑧挂镜线按设计长度以延长米计算，门、窗贴脸的长度，按门、窗框外围以延长米计算。

⑨木楼地楞按立方米木工料计算，楞间剪刀撑、沿椽木(楞垫子)的材料用量已计入定额内，不另计算。

⑩木楼地板按主墙间净面积(不包括伸入主墙内的面积)以平方米计算，不扣除间壁墙，穿过楼地面层的柱、垛和附墙烟囱所占的面积，但门和洞的开阔部分也不增加。

⑪木楼梯(包括休息平和靠墙踢脚板)按水平投影面积以平方米计算(不计伸入墙内部分的面积)。楼梯底钉天棚的工程量均以楼梯水平投影面积乘系数1.10，按天棚面层定额计算。

⑫木栏杆、木扶手均以延长米计算(不计算伸入墙内部分的长度)，在楼梯踏步部分的木栏杆与木扶手，其工程量按水平投影长度乘系数1.15计算。

⑬天棚分“天棚楞木”和“钉天棚面层”两部分，其工程量应相等，天棚楞木的垫木已包括在定额内，不另计算。天棚面积以主墙间实钉的面积计算，斜天棚以主墙间面积乘屋面的坡度系数计算，均不扣除间壁墙、检查洞、通风口、穿过天棚的柱、垛和附墙烟囱等所占的面积。沿口天棚按挑沿

宽度乘沿口长度计算，不扣除洞口及墙、垛所占的体积。

⑭计算间壁墙工程量时，应扣除门、窗洞口的面积，但不扣除面积在 0.3$m^2$ 以内的开口部分，如通风洞和递物口等面积。

⑮间壁墙木墙裙、护壁板长度按净长计算，高度按图示计算。

⑯木柱、木梁制作安装均按设计断面竣工木料以立方米计算。

⑰立贴式屋架、柱、梁、枋子（垫板）、斗盘（坐斗枋）桁条连机、椽子隔栅、关刀里口木、凌角木、枕头木、柱头坐斗、戗角等均按设计几何尺寸，以立方米竣工木料计算。

⑱摔网板、卷戗板、鳖角壳板、垫拱板、疝填板、排疝板、望板、裙板、雨达板、座槛、古式栏杆，均按设计几何尺寸，以平方米计算。

⑲吴王靠、挂落、飞罩、落地园罩、夹堂板、里口木、封沿板、瓦口板勒望、椽碗板、安椽头均按长度方向以延长米计算。

⑳斗拱、须弥座以座计算，梁垫、山雾云、掉木、水浪机、蒲鞋头、抱梁云、硬木销以付（只）计算。

㉑古式木门窗，按窗扇面积以平方米计算，抱坎、上下坎按延长米计算。

㉒木门窗定额中的“小五金费”，按定额附表的小五金用量计算，如设计的小五金品种、数量不同，品种、数量和单价均可调整，其他不变。

下面以特色木亭为例进行说明（图 4-7 至图 4-13）。

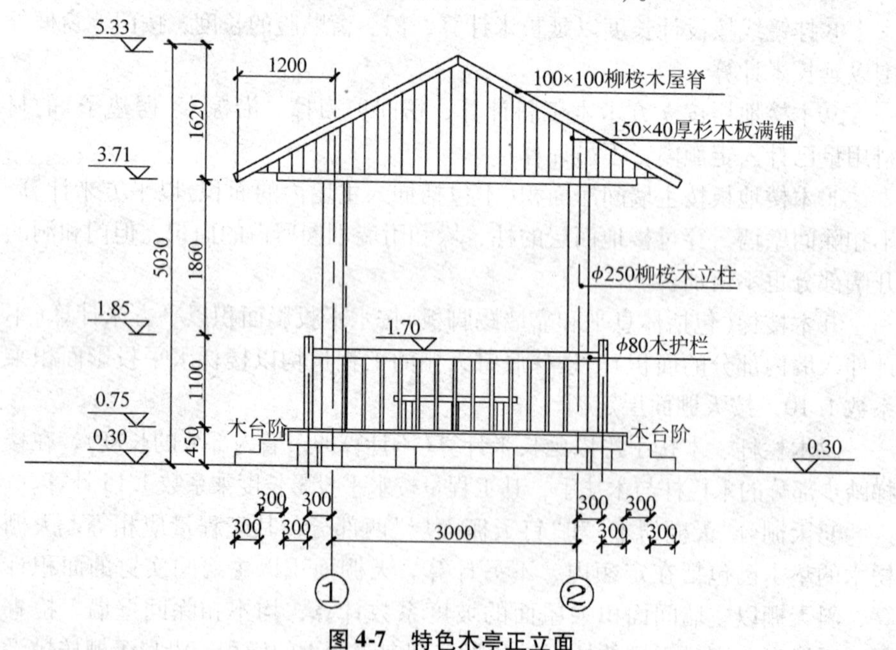


图 4-7　特色木亭正立面

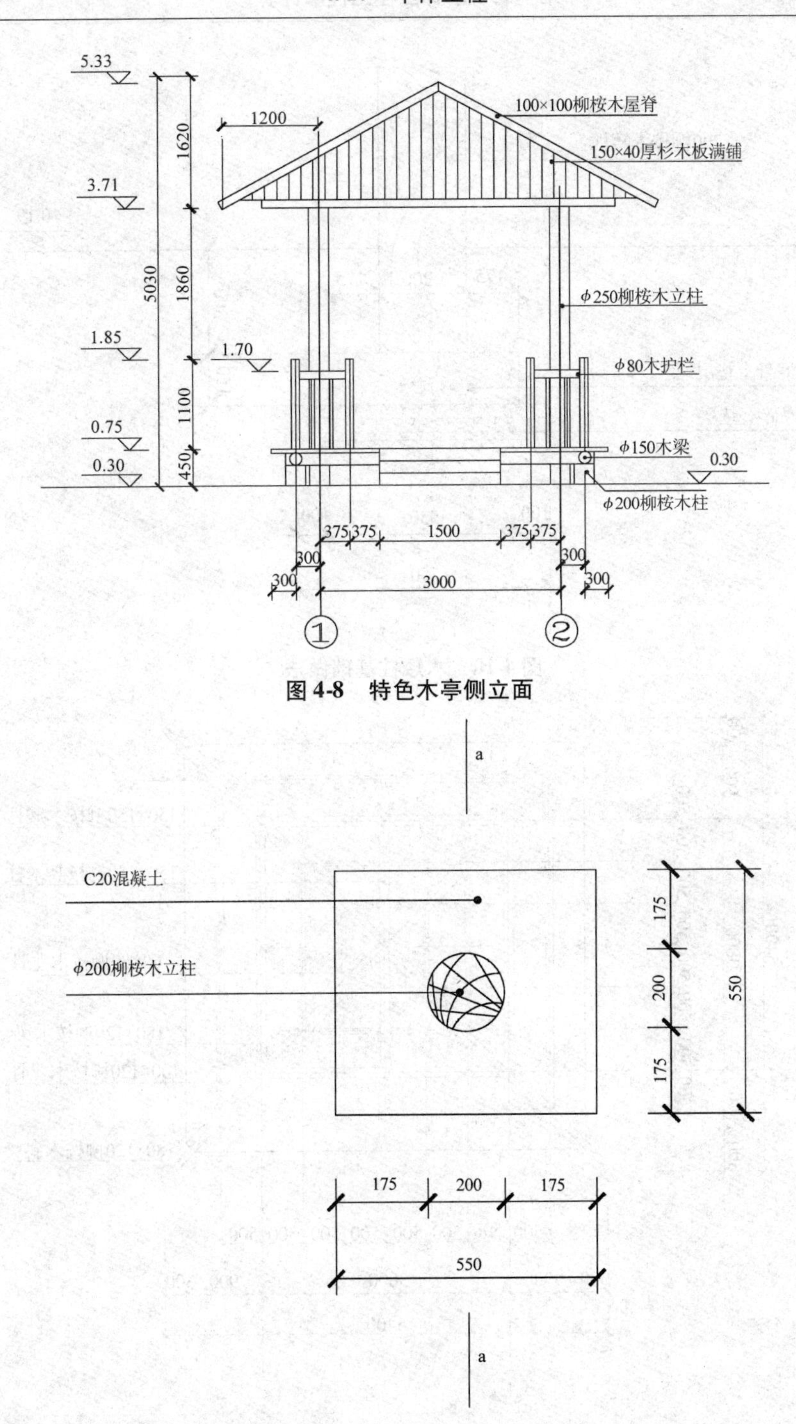


图 4-8 特色木亭侧立面

图 4-9 木矮柱基础平面

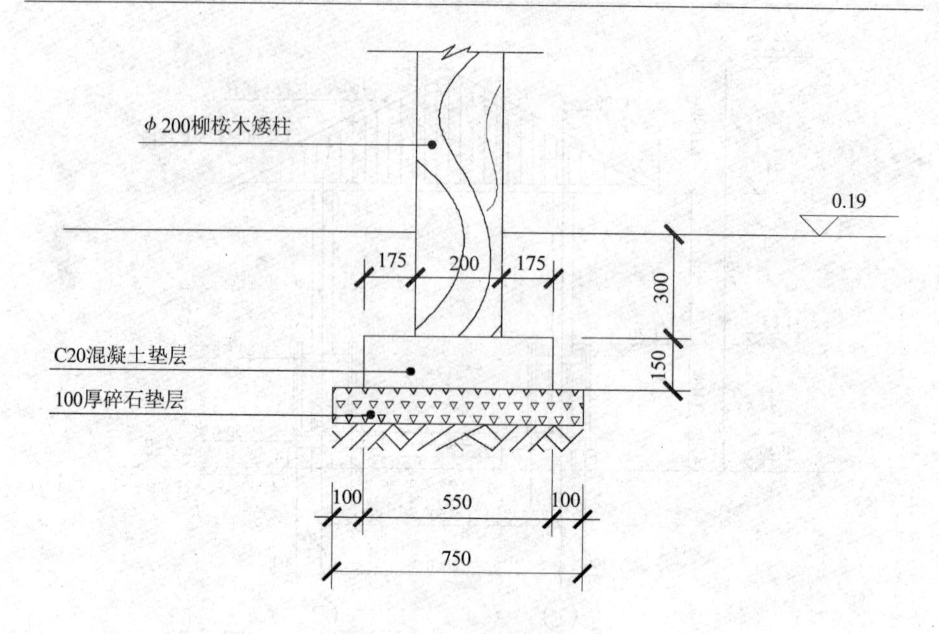


图 4-10　木矮柱基础做法

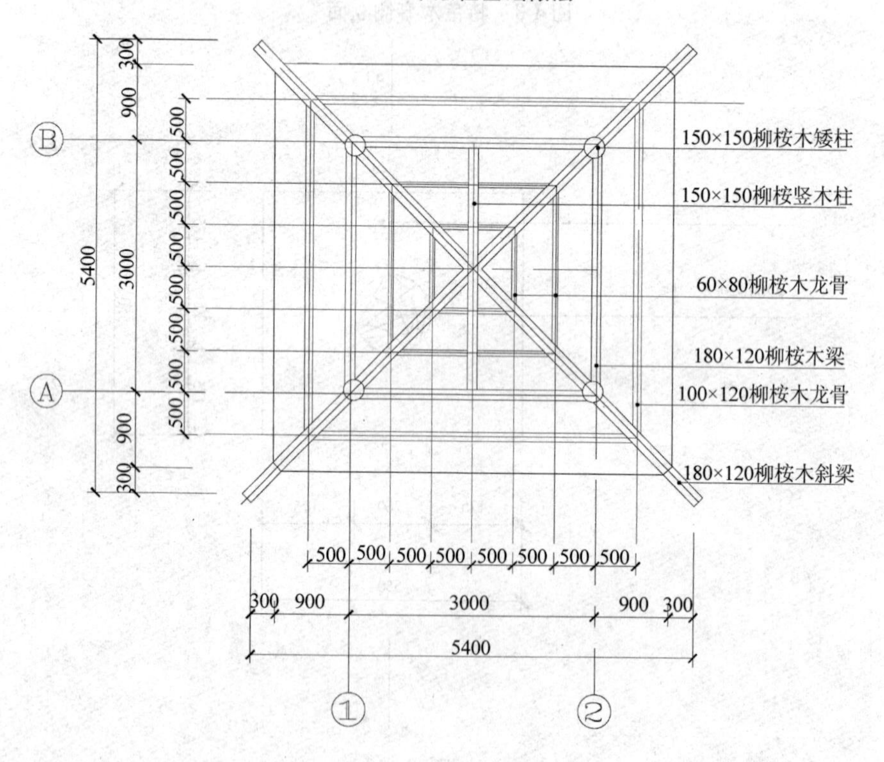


图 4-11　仰视平面图

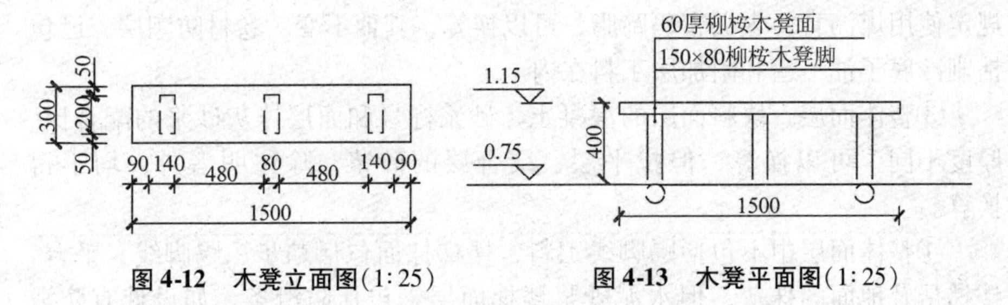


图4-12　木凳立面图(1∶25)　　图4-13　木凳平面图(1∶25)

如图4-7至图4-13所示，定额计价方法计算工程量如下：

$\Phi$200柳桉木矮柱 = 截面积 × 高 = 3.14 × 0.2/2 × 0.2/2 × (0.75 − 0.15) × 8 = 0.15m³

180 × 120柳桉木梁 = 截面积 × 长 = 0.18 × 0.12 × 3 × 4 = 0.26m³

木栏杆带木扶手 = (3 + 0.3 × 2) × 2 + (0.3 + 0.375) × 4 = 9.9m

150 × 50柳桉木板铺设 = 长 × 宽 = 4.2 × 4.2 = 17.64m²

柳桉木座凳 = 1.5 × 0.3 × 0.06 + [0.08 × 0.2 × (1.15 − 0.75 − 0.06)] × 3 = 0.043m³

清单计价方法计算工程量如下：

$\Phi$200柳桉木矮柱 = 截面积 × 高
= 3.14 × 0.2/2 × 0.2/2 × (0.75 − 0.15) × 8
= 0.15m³

180 × 120柳桉木梁 = 截面积 × 长 = 0.18 × 0.12 × 3 × 4 = 0.26m³

木栏杆带木扶手 = (3 + 0.3 × 2) × 2 + (0.3 + 0.375) × 4 = 9.9m

150 × 50柳桉木板铺设 = 长 × 宽 = 4.2 × 4.2 = 17.64m²

柳桉木座凳3个

定额计价法计算工程量与单计价法计算工程量不同点在于：定额计价法计算工程量中木座凳进行分项计算，而清单计价法计算工程量中木座凳以单体作为计算单位。

## 4.11　楼地面工程

### 4.11.1　注意事项

①各种混凝土、砂浆强度等级、抹灰厚度，设计与定额规定不同时，可以换算。

②定额防潮层所用的材料，以石油沥青、石油沥青玛蹄脂为准，如设计

规定使用煤沥青，煤沥青玛蹄脂，可以换算，其他不变。卷材防潮层，已包括刷冷底子油一遍和附加层工料在内。

③整体面层、块料面层的混凝土、砂浆标号和面层抹灰砂浆的配合比、厚度不同，可以换算，但找平层、结合层的砂浆，除注明者外，均不得换算。

④整体面层中不包括踢脚线工料，楼梯抹面包括踏步、踢脚线、平台、楼梯帮及地面的抹灰，但水泥砂浆楼梯面层未包括防滑条，如设计有防滑条，可按附注增加工料。

⑤散水坡、斜坡、台阶、明沟均已包括了土方、垫层、面层及沟壁，如垫层、面层的材料品种、含量与设计不同，可以换算，但土方量和人工、机械费一律不调整。

⑥水泥白石子浆，如设计采用白水泥、色石子或颜料，可按定额配合比的用量换算。

### 4.11.2　工程量计算规则

①楼地面层　水泥砂浆面层按主墙间的净空面积计算，应扣除地沟盖板、花池、假山等所占面积，不扣除柱梁、间壁墙以及 $0.3m^2$ 以内孔洞所占面积。但门洞、空圈的开口部分也不增加。水磨石面层及块料面层按图示尺寸的净面积计算。

②垫层　与水泥砂浆面层计算方法相同，用面层面积乘设计厚度以立方米计算。

③防潮层　与水泥砂浆面层计算方法相同，以平方米计算。地面与墙面连接处，高在50cm以内的按展开面积合并在平面定额内计算，超过50cm，按立面防潮层定额执行；立面防潮层外墙以外墙外围长度，内墙按净长度乘高计算(扣除 $0.3m^2$ 以上孔洞所占面积)。

④找平层　与水泥砂浆面层计算方法相同，以平方米计算。

⑤踢脚线　以延长米计算。计算长度时，不扣除门洞及空圈处的长度，但洞口、空圈和垛的侧壁亦不增加，预制水磨石踢脚线按净长计算。

⑥伸缩缝　以延长米计算。如内外双面填缝，工程量按双面计算。伸缩缝适用于屋面、墙面及地面等部位。

⑦楼梯抹面　按水平投影面积计算。楼梯井宽在20cm以内不扣除，超过20cm，应扣除其面积。楼梯防滑条以延长米计算。

⑧明沟、散水　明沟以延长米计算。散水以外墙外边线的长度乘散水宽度，以平方米计算。两者都应扣除踏步、斜坡、花台等的长度。明沟和散水

连在一起，明沟按300mm计算，其余为散水，散水和明沟应分开计算。

⑨台阶、斜坡　按水平投影面积计算。台阶与平台的划分以最上层踏步的平台外口减一个踏步宽度为准。最上层踏步宽度以外部分，并入相应地面工程量内计算。

下面以文化石地面为例进行说明。

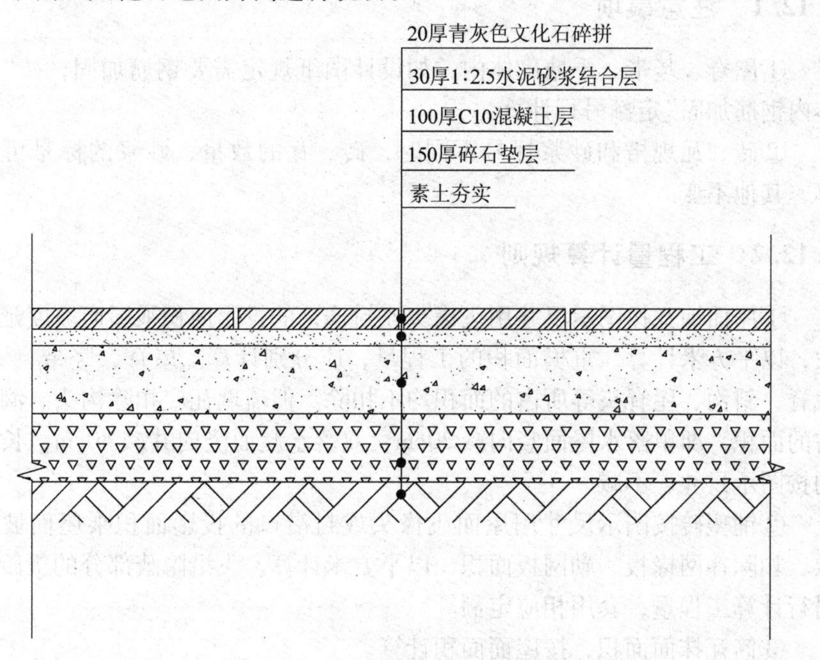


**图4-14　文化石铺地做法**

如图4-14所示，从总平面图中测出20厚青灰色文化石碎拼地面的面积为28m²。

定额计价方法计算工程量如下：

150厚碎石垫层 = 面积 × 垫层厚 = 28 × 0.15 = 4.2m³

100厚混凝土基础垫层 = 面积 × 垫层厚 = 28 × 0.1 = 2.8m³

20厚青灰色文化石碎拼 = 面积 = 28m²

清单计价方法计算工程量如下：

150厚碎石垫层、100厚混凝土基础垫层、20厚青灰色文化石碎拼面积为28m²

定额计价法计算工程量与清单计价法计算工程量不同点在于：清单计价法计算工程量先以平方米来计算工程量，再对各项目进行描述；定额计价法计算工程量将各个子项目分别计算工程量，且计算单位不同。

## 4.12　屋面工程

屋面工程包括保温层、找平层、卷材屋面及屋面排水等。

### 4.12.1　注意事项

①屋脊、竖带、干塘砌体内，如设计图纸规定需要钢筋加固，按“砖砌体内钢筋加固”定额另行计算。

②砖、瓦规格和砂浆标号不同时，砖、瓦的数量、砂浆的标号可以换算，其他不变。

### 4.12.2　工程量计算规则

①屋面铺瓦按图示尺寸用飞椽头或封檐口的投影面积乘屋面坡度延长系数，以平方米计算，重檐面积的工程量，应分别计算。屋脊、竖带、干塘、戗脊、斜沟、屋脊头等所占的面积均不扣除。但琉璃瓦应扣除沟头、滴水所占的面积，即单落水屋面竖向减 20cm，双落水屋面竖向共减 40cm，长度方向按图示尺寸，不减。

②铺望砖按图示尺寸用屋面飞椽头或封沿口的投影面积乘屋面坡度系数，扣除摔网椽板、勒网板面积，以平方米计算。飞沿隐蔽部分的望砖，应另行计算工程量，套用相应定额。

③筒瓦抹面面积，按屋面面积计算。

④正脊、回脊按图示尺寸扣除屋脊头水平长度，以延长米计算。云样屋脊按弧形长度，以延长米计算。竖带、环包脊按屋面坡度，以延长米计算。

⑤戗脊长度按戗头至摔网椽根部(上廊桁或步桁中心)弧形长度，以条计算。戗脊根部以上工程量另行计算，分别按竖带、环包脊定额执行，琉璃戗脊按水平长度乘坡度系数，以延长米计算。

⑥围墙瓦顶、檐口沟头、花边、滴水，按图示尺寸，以延长米计算。

⑦排水、沟头、泛水、斜沟，按水平长度乘屋面坡度延长系数，以延长米计算。

⑧各种屋脊头和包脊头、正吻、合角吻、翘角、套兽、宝顶，以只或座计算。

下面以图 4-15 结合前图 4-8 木亭为例进行说明。

定额计价方法计算工程量如下：

100 × 100 柳桉木屋脊 $= \sqrt{(\sqrt{(2.4\times2+0.3\times2)^2/2})^2+(5.33-3.71)^2}\ \times$

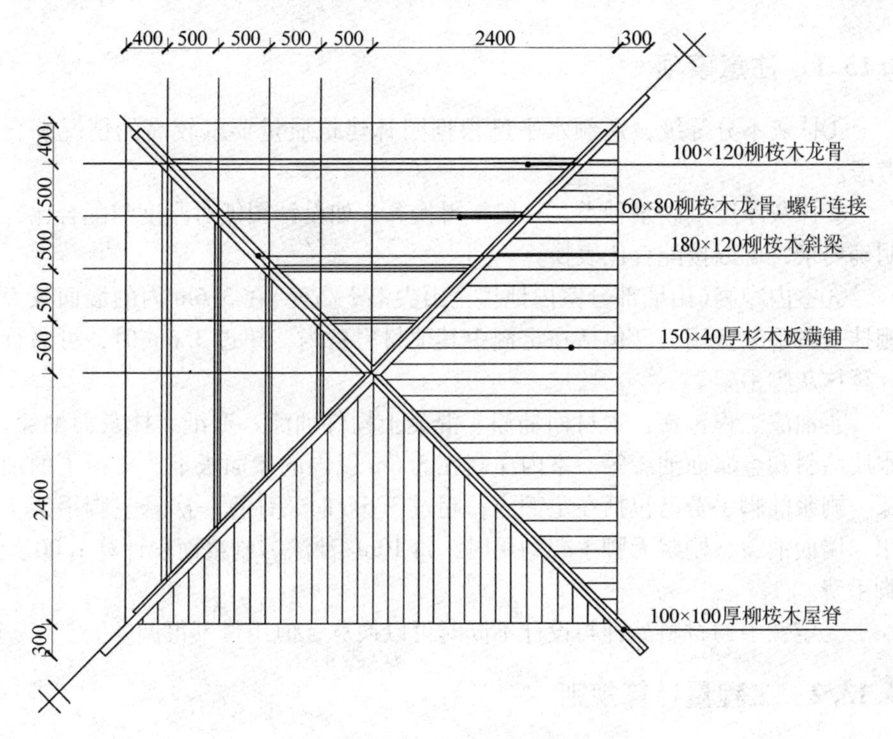


图 4-15 木亭顶平面图

$0.1\times0.1\times4=0.17\text{m}^2$

$$150\times40\text{厚杉木板}=(2.4\times2)\times\sqrt{(\sqrt{(2.4\times2)^2/2})^2+(5.33-3.71)^2}/2\times4=36.1\text{m}^2$$

清单计价方法计算工程量如下：

$$100\times100\text{柳桉木屋脊}=\sqrt{(\sqrt{(2.4\times2+0.3\times2)^2/2})^2+(5.33-3.71)^2}\times0.1\times0.1\times4=0.17\text{m}^2$$

$$150\times40\text{厚杉木板}=(2.4\times2)\times\sqrt{(\sqrt{(2.4\times2)^2/2})^2+(5.33-3.71)^2}/2\times4=36.1\text{m}^2$$

可见此案例中，定额计价法计算工程量与清单计价法计算工程量相同。

## 4.13 装饰工程

装饰工程包括建筑物外表面抹灰饰面、油漆涂料饰面和块料面层等。常见的有外墙(柱)面及构筑物表面涂料、贴花岗岩和做水刷石等。

## 4.13.1　注意事项

①抹灰不分等级，定额水平已根据园林建筑质量要求较高的情况综合考虑。

②抹灰厚度及砂浆种类，一般不得换算。如设计图纸对厚度与配合比有明确要求，可以按配合比表换算。

③室内净高（山墙部分室内地坪至山尖1/2高度）在3.6m内的墙面及天棚抹灰脚手架费用，已包括在定额中其他材料费内，超过3.6m时，可另行计算抹灰脚手架。

④油漆工程包括：木材面油漆、混凝土构件油漆、壁纸、抹灰面油漆、水质涂料和金属面油漆等。室内净高在3.6m以内的屋面板下、楼板下的油漆、刷浆的脚手费已包括在定额内；超过3.6m时，计算一次悬空脚手架费用，墙面油漆、刷浆无脚手架利用时，每$10m^2$油漆、刷浆面积计算1.00元脚手费。

⑤定额中的材料品种与设计不同时可以换算，但用量不得调整。

## 4.13.2　工程量计算规则

### 4.13.2.1　抹灰工程

（1）天棚抹灰

①天棚抹灰面积，以主墙间的净空面积计算，不扣除间壁墙、垛、柱所占的面积，带有钢筋混凝土梁的天棚，其梁的两侧面积应并入天棚抹灰工程量内计算。沿口的天棚抹灰并入相同的天棚抹灰工程量内计算。

②密肋梁和井字梁天棚抹灰面积，以展开面积计算（井字梁天棚指井内面积在$5m^2$以内者）。

③天棚抹灰定额包括小圆角工料在内。如带有装饰线脚，分别按三道线以内或五道线以内，以延长米计算。线脚的道数以每一个突出的棱角为一道线。

④斜天棚抹灰按斜面积计算。

（2）内墙面抹灰

①内墙面抹灰面积，应扣除门窗洞口和空圈所占的面积，不扣除踢脚板、挂镜线、$0.3m^2$以内的孔洞和墙与构件交接处的面积。洞口侧壁和顶面不增加，但垛的侧面抹灰应与内墙面抹灰工程量合并计算。内墙面抹灰长度，以主墙间的图示净尺寸计算，其高度确定如下：

——无墙裙的，其高度按室内地坪面或楼面至天棚底面。

——有墙裙的，其高度按墙裙顶点至天棚底面。

②内墙裙抹灰面积以长度乘高度计算，应扣除门窗洞口和空圈所占面积，但门窗洞口和空圈的侧壁与顶面的面积、垛的侧壁面积，并入墙裙内计算。

③砖墙中的钢筋混凝土梁、柱等的抹灰按墙面抹灰定额计算。

④柱和梁的抹灰按展开面积计算，柱与梁或梁与梁的接头面积不予扣除。

⑤护角线已包括在定额内，不另计算。

(3)外墙面抹灰

①外墙抹灰面积，应扣除门、窗洞口和空圈所占的面积，不扣除0.3$m^2$以内的孔洞面积。门窗洞口及空圈的侧壁、顶面和垛的侧面抹灰，并入相应的墙面抹灰中计算。

②独立柱和单梁等抹灰，应另列项目计算，其工程量按结构设计尺寸断面积计算。

③外墙裙抹灰，按展开面积计算，门口和空圈所占面积应予扣除，侧壁并入相应定额内计算。

④阳台、雨篷抹灰，可按水平投影面积计算，其中定额已包括底面、上面、侧面及牛腿的全部抹灰面积。单阳台的栏杆、栏板抹灰应另列项目，按相应定额计算。

⑤挑檐、天沟、腰线、栏杆、扶手、门窗套、窗台线、压顶等均以展开面积，以平方米计算，套用相应定额，每台线与腰线连接时，并入腰线内计算。

⑥外窗台抹灰长度如设计无规定，可按窗框外围宽度另加20cm计算，一砖墙厚窗台展开宽度按36cm计算，每增加半砖厚，其宽度增加12cm。

⑦栏板、遮阳板抹灰，以展开面积计算。

⑧墙面勾缝按垂直投影面积计算，应扣除墙裙及局部较大的抹灰面积，不扣除门窗洞口及腰线、窗套等的零星抹灰面积。但垛的侧面，门窗洞口侧壁和顶面的面积，亦不增加。

#### 4.13.2.2 油漆涂料工程

(1)天棚、墙、柱、梁面的喷涂料和抹灰面乳胶漆

工程量按实喷(刷)面积计算，但不扣除0.3$m^2$以内的孔洞面积。

(2)木材面油漆

不同油漆种类，均按刷油部位，分别采用系数乘工程量，以平方米或延长米计算。

①按单层木门窗项目，计算工程量系数(多面涂刷按单面计算工程量，表4-26)。

表4-26　单层木门窗工程量计算系数(一)

| 项　目 | 系　数 | 备　注 |
| --- | --- | --- |
| 单层木门窗 | 1.00 | |
| 双层木门窗 | 1.36 | |
| 三层木门窗 | 2.40 | |
| 百叶木门窗 | 1.40 | |
| 古式长窗(宫、葵、万、海棠、书条) | 1.43 | |
| 古式短窗(宫、葵、万、海棠、书条) | 1.45 | |
| 圆形多角形窗(宫、葵、万、海棠、书条) | 1.44 | |
| 古式长窗(冰、乱纹、龟六角) | 1.55 | 以框(扇)外围面积计算 |
| 古式短窗(冰、乱纹、龟六角) | 1.58 | |
| 圆形多角形窗(冰、乱纹、龟六角) | 1.56 | |
| 厂库大门 | 1.20 | |
| 石库门 | 1.15 | |
| 屏门 | 1.26 | |
| 贡式樘子门 | 1.26 | |
| 间壁、隔断 | 1.10 | |
| 木栅栏、木栏杆(带扶手) | 1.00 | 以长×宽(满外量、不展开)计算 |
| 古式木栏杆(带碰槛) | 1.32 | |
| 吴王靠(美人靠) | 1.46 | |
| 木挂落 | 0.45 | 以延长米计算 |
| 飞罩 | 0.50 | |
| 地罩 | 0.54 | 按框外围长度以米为单位 |

② 按单层组合窗项目，计算工程量系数(多面涂刷按单面计算工程量，表4-27)。

表4-27　单层组合窗工程量计算系数(二)

| 项　目 | 系　数 | 备　注 |
| --- | --- | --- |
| 单层组合窗 | 1.10 | 以框外围面积计算 |
| 多层组合窗 | 1.40 | |

③ 按木扶手(不带托板)项目，计算工程量系数(表4-28)。

**表4-28 按木扶手(不带托板)工程量计算系数**

| 项目 | 系数 | 备注 |
| --- | --- | --- |
| 木扶手(不带柢板) | 1.00 | 以延长米计算 |
| 木扶手工艺(带托板) | 2.50 | |
| 窗帘盒 | 2.00 | |
| 夹堂板、封檐板、博风板 | 2.20 | |
| 挂衣板、黑板框、生活园地框 | 0.50 | |
| 挂镜线、窗帘棍、天棚压条 | 0.40 | |
| 瓦口板、眼沿、勒望、里口木 | 0.45 | |
| 木座槛 | 2.39 | |

④ 按其他木材面项目，计算工程量系数(单面涂刷，按单面计算工程量，表4-29)。

**表4-29 其他木材面工程量计算系数**

| 项目 | 系数 | 备注 |
| --- | --- | --- |
| 木板、胶合板天棚 | 1.00 | 以长×宽计算 |
| 屋面板带桁条 | 1.10 | 以斜长×宽计算 |
| 清水板条檐口天棚 | 1.10 | 以长×宽计算 |
| 吸音板(墙面或天棚) | 0.87 | 以长×宽计算 |
| 鱼鳞板墙 | 2.40 | 以长×宽计算 |
| 暖气罩 | 1.30 | 以长×宽计算 |
| 出入口盖板、检查口 | 0.87 | 以长×宽计算 |
| 简子板 | 0.83 | 以长×宽计算 |
| 木护墙、墙裙 | 0.90 | 以长×宽计算 |
| 壁橱 | 0.83 | 以投影面积之和计算，不展开 |
| 船篷杆菌(带压条) | 1.06 | 以投影面积之和计算，不展开 |
| 竹片面 | 0.90 | 以长×宽计算 |
| 竹结构 | 0.83 | 以展开面积计算 |
| 望板 | 0.83 | 以扣除椽面后的净面积计算 |
| 疝填板 | 0.83 | 以扣除椽面后的净面积计算 |

⑤ 柱、梁、架、桁、枋、古式木构件，按展开面积计算工程量；斗拱、牌科、云头、戗角出沿及椽子等零星木构件，按古式构件定额人工(合计)×1.2计算，其余不变。零星构件工程量按展开面积计算。

⑥ 广漆(退光)工程量计算系数(表4-30)。

表 4-30　广漆(退光)工程量计算系数

| 项　目 | 系　数 | 备　注 |
| --- | --- | --- |
| 木门扇(单面) | 1.00 | 以长×宽计算 |
| 木扶手(不带托板) | 1.00 | 以延长米计算 |
| 木柱 | 1.00 | 以展开面积计算 |

⑦ 按木地板项目，计算工程量系数(表 4-31)。

表 4-31　木地板工程量计算系数

| 项　目 | 系　数 | 备　注 |
| --- | --- | --- |
| 木地板 | 1.00 | 以长×宽计算 |
| 木楼梯 | 2.30 | 以水平投影(不包括底面)计算 |
| 木踢脚板 | 0.16 | 以延长米计算 |

(3)金属面油漆

按平方米或吨计算，采用系数乘工程量，按油漆种类套用定额项目。

①按单层钢门窗项目，计算工程量系数(多面涂刷按单面计算工程量，表 4-32)。

表 4-32　单层钢门窗工程量计算系数

| 项　目 | 系　数 | 备　注 |
| --- | --- | --- |
| 单层钢门窗 | 1.00 | 以框(扇)外围面积计算 |
| 又层钢门窗 | 1.50 | 以框(扇)外围面积计算 |
| 半截百页钢门 | 2.20 | 以框(扇)外围面积计算 |
| 铁百页窗 | 2.70 | 以框(扇)外围面积计算 |
| 铁折叠门 | 2.30 | 以框(扇)外围面积计算 |
| 钢平开、推拉门 | 1.70 | 以框(扇)外围面积计算 |
| 铁丝网大门 | 0.80 | 以框(扇)外围面积计算 |
| 包镀锌铁皮门 | 1.63 | 以框(扇)外围面积计算 |
| 满钢板门 | 1.60 | 以框(扇)外围面积计算 |
| 间壁 | 1.90 | 以长×宽计算 |
| 平板屋面 | 0.74 | 以斜长×宽计算 |
| 瓦垄板屋面 | 0.88 | 以斜长×宽计算 |
| 排水、伸缩缝、盖板 | 0.78 | 以展开面积计算 |
| 吸气罩 | 1.63 | 以水平投影面积计算 |

②按其他油漆面项目，计算工程量系数(表 4-33)。

表 4-33 其他油漆面项目工程量计算系数

| 项目 | 系数 | 备注 |
| --- | --- | --- |
| 钢屋架、天窗架、挡风架、屋架梁、支撑、桁条 | 1.00 | 按重量以吨为单位 |
| 墙架空腹式 | 0.50 | |
| 墙架格板式 | 0.80 | |
| 钢柱、梁、花色梁柱、空花构件 | 0.60 | |
| 操作台、走台 | 0.70 | |
| 钢栅栏门、栏杆、窗栅、兽笼 | 1.70 | |
| 钢爬梯 | 1.20 | |
| 轻型屋架 | 1.40 | |
| 踏步式钢扶梯 | 1.10 | |
| 零星铁件 | 1.30 | |

③按水板屋面及镀锌铁皮面(涂刷磷化、锌黄底漆)项目，计算工程量的系数(单面涂刷按单面计算工程量，表 4-34)。

表 4-34 水板屋面及镀锌铁皮面(涂刷磷化、锌黄底漆)项目工程量计算系数

| 项目 | 系数 | 备注 |
| --- | --- | --- |
| 平板屋面 | 1.00 | 以斜长×宽计算 |
| 瓦垄板屋面 | 1.20 | 以斜长×宽计算 |
| 排水、伸缩缝盖板 | 1.05 | 以展开面积计算 |
| 吸气罩 | 2.20 | 以水平投影面积计算 |
| 包镀锌铁皮门 | 2.20 | 以框外围面积计算 |

④ 按过氯气烯防腐漆项目，计算工程量不考虑系数，直接套用相应项目。

(4)抹灰面油漆、涂料

可利用相应的抹灰工程量。

①以项目按长×宽×系数计算工程量(表 4-35)。

表 4-35 其他项目工程量计算系数

| 项目 | 系数 | 备注 |
| --- | --- | --- |
| 槽形底板、混凝土折瓦板 | 1.30 | 以长×宽计算 |
| 有梁板底 | 1.10 | 以长×宽计算 |
| 密肋、井字梁底板 | 1.50 | 以长×宽计算 |
| 混凝土楼梯底 | 1.30 | 以水平投影面积计算 |

②墙面贴壁纸，按图示尺寸的实铺面积计算工程量。

(5)混凝土仿古式构件油漆

按构件刷油展开面积计算工程量，直接套用相应项目。按混凝土仿古构件油漆项目，计算工程量系数(多面涂刷按单面计算工程量)，见表4-36。

**表4-36　混凝土仿古式构件油漆项目工程量计算系数**

| 项　目 | 系　数 | 备　注 |
|---|---|---|
| 柱、梁、架、桁、枋、仿古构件 | 1.00 | 以展开面积计算 |
| 古式栏杆 | 2.90 | 以长×宽(满外量、不展开)计算 |
| 吴王靠 | 3.21 | 以长×宽(满外量、不展开)计算 |
| 挂落 | 1.00 | 以延长米计算 |
| 封沿板、博风板 | 0.50 | 以延长米计算 |
| 混凝土座槛 | 0.55 | 以延长米计算 |

(6)展开构件油漆

按展开面积折算(表4-37)。

**表4-37　展开构件油漆展开面积折算参考表**

<table>
<tr><th>项　目</th><th>断面规格(mm)</th><th>展开面积($m^2$)</th><th>备　注</th></tr>
<tr><td rowspan="7">圆形、柱、梁、架、桁、梓桁</td><td>φ120</td><td>33.6</td><td rowspan="14">凡不符合规格者，应按实际油漆涂刷展开面积计算工程量</td></tr>
<tr><td>φ140</td><td>28.55</td></tr>
<tr><td>φ160</td><td>25.00</td></tr>
<tr><td>φ180</td><td>22.24</td></tr>
<tr><td>φ200</td><td>20.00</td></tr>
<tr><td>φ250</td><td>15.99</td></tr>
<tr><td>φ300</td><td>13.99</td></tr>
<tr><td rowspan="7">方形柱</td><td>边长120</td><td>33.33</td></tr>
<tr><td>边长140</td><td>28.57</td></tr>
<tr><td>边长160</td><td>25.00</td></tr>
<tr><td>边长180</td><td>22.22</td></tr>
<tr><td>边长200</td><td>20.00</td></tr>
<tr><td>边长250</td><td>16.00</td></tr>
<tr><td>边长300</td><td>13.33</td></tr>
</table>

<table>
<tr><th>项　目</th><th>断面规格(mm)</th><th>展开面积($m^2$)</th><th>备　注</th></tr>
<tr><td rowspan="4">矩形、梁、架、桁条、梓桁、枋子</td><td>120×200</td><td>21.67</td><td rowspan="9">凡不符合规格者，应按实际油漆涂刷展开面积计算工程量</td></tr>
<tr><td>200×300</td><td>13.33</td></tr>
<tr><td>240×300</td><td>11.67</td></tr>
<tr><td>240×400</td><td>10.83</td></tr>
<tr><td rowspan="5">半圆形椽子</td><td>φ60</td><td>67.29</td></tr>
<tr><td>φ80</td><td>50.04</td></tr>
<tr><td>φ100</td><td>40.26</td></tr>
<tr><td>φ120</td><td>33.35</td></tr>
<tr><td>φ150</td><td>26.67</td></tr>
</table>

### 4.13.2.3　块料面层

镶贴各种块料面层，均按设计图纸以展开面积计算。

#### 4.13.2.4 墙面贴壁纸

按图示尺寸的实铺面积计算。

下面以上面各个例子中的装饰工程为例进行说明。

特色种植槽中：30 厚黄色文化石饰面 $=0.2\times13+0.3\times13+0.2\times13$

$=9.1\text{m}^2$

特色凉亭中：台阶面油漆 $=2.7\times2.3$(系数) $=6.21\text{m}^2$

$100\times100$ 柳桉木屋脊油漆 $=0.1\times4.15\times4\times4=6.64\text{m}^2$

## 4.14 脚手架工程

脚手架工程包括砌墙脚手架、抹灰、悬空、挑脚手架和满堂脚手、斜道。在园林工程中的凉亭、大树栽植和假山工程中往往需要用到脚手架。

### 4.14.1 注意事项

①屋面软梯脚手架费用已综合考虑在铺屋面内，不另计算。

②屋脊高度在 1m 以内，不计算筑脊脚手费用，超过 1m，计算一次双排(高 12m 以内)砌墙脚手费用，另一方面因抹灰已包括 3.6m 内脚手费用，故不得计算抹灰脚手费用。

③外脚手架定额中已综合了斜道、上料平台。本章斜道子目，只适用单独搭设的斜道。

④各项脚手架定额中均不包括脚手架的基础加固，如需加固，加固费用按实际计算。

### 4.14.2 工程量计算规则

①外脚手架、里脚手架均按墙面垂直投影面积以平方米计算，门窗洞口及空洞面积均不扣除。凡砌筑高度，除定额注明外，在 1.5m 以上的各种砖石砌体均需计算脚手架。

②外墙脚手架的垂直投影面积以外墙的长度乘室外地面至墙中心线的顶面高度计算。内墙脚手架的垂直投影面积以内墙净长乘内墙净高计算，有山墙者以山尖高度的 1/2 为准。

③建筑物外墙沿高、内墙净高和围墙高度在 3.6m 以内的砖墙按里脚手架计算；建筑物沿高、内墙净高和围墙高度在 3.6m 以上的砌体，按外墙脚手架计算。山墙部分从室外地面(内墙以室内地面或楼层面层)至山尖的 1/2

处的高度超过3.6m时，其整个山墙部分按外脚手架计算；云墙部分从地面云墙突出部的1/2高度超过3.6m者，整个云墙按外墙脚手架计算。

④独立砖石柱高度在3.6m以内者，其脚手架以柱的外围长度乘实砌高度按里脚手架计算。高度在3.6m以上时，其脚手架以柱的外围周长加3.6m乘柱高，按单排外脚手架计算。

⑤现浇钢筋混凝土单梁，底层层高超过3.6m，按梁的净长乘地面或楼面至梁顶面的高度计算面积，套用抹灰脚手架定额。现浇钢筋混凝土独立柱高度超过3.6m，按柱的外围周长加3.6m乘柱高计算面积，按抹灰脚手架定额计算。

⑥内墙脚手架，室内高度在3.6m以内者已包括在相应定额内，超过3.6m时计算一次抹灰脚手费用，另一面的抹灰利用砌墙脚手架。钉天棚和天棚抹灰，室内地面在3.6m以内脚手架费已包括在定额的其他材料费内，超过3.6m时，按满堂脚手架计算，天棚高度在5.2m时，计算一个满堂脚手架的基本层，超过5.2m时，应计算增加层；增加层的高度在0.6m以内时，不计增加层；超过0.6m时，每1.2m按一个增加层计算。钉天棚和天棚抹灰，只能计算一次，计算了满堂脚手架后，不应再计算超过3.6m的抹灰脚手架。

⑦满堂脚手架及悬空脚手架，其面积按需搭脚手的水平投影面积计算，不扣除垛、柱所占的面积，满堂脚手架的高度以室内地坪至天棚面或屋面的底面为准(斜天棚或坡屋面的底部均按平均高度计算)。

⑧沿口高度超过3.6m时，安装古建筑的立柱、架、梁、木基层、挑檐，按屋面水平投影面积计算满堂脚手一次。沿高在3.6m以内时不计算脚手架；但沿高在3.6m以内的戗(翼)角安装，按戗(翼)角部分的投影面积计算一次满堂脚手架。

以图4-15特色木凉亭为例，满堂脚手架 $=4.2\times4.2=17.64\mathrm{m}^2$

## ➢ 思考题

1. 土方工程量的计算规则和方法有哪些？
2. 园林绿化工程计算方法有哪些？
3. 园路、园桥、假山工程工程量计算方法有哪些？
4. 园林景观工程量计算方法有哪些？

# 第5章　园林工程工程量清单编制与计价

【学习目标】熟悉工程量清单的编制方法；掌握园林工程量清单计价的基本方法。

## 5.1　工程量清单的编制

工程量清单是表现拟建工程的分部分项工程项目、措施项目、其他项目名称和相应数量的明细清单，是按照招标要求和施工设计图纸要求规定，将拟建招标工程的全部项目和内容，依据统一的工程量计算规则、统一的工程量清单项目编制规则要求，计算拟建招标工程的分部分项工程数量的表格。

### 5.1.1　分部分项工程量清单的编制

下面以第4章中××大学博爱广场中心景观工程为例进行说明。

(1)根据图纸确定工程项目

根据图纸可知，该项目的项目内容有：特色种植槽砌筑、特色木亭制作、20厚青灰色文化石碎拼、水池砌筑、绿化种植等。

(2)根据《计价规范》附录选定项目编码和名称

根据附录内容，该项目编码和名称可参见表5-1。

表5-1　项目编码和名称表

工程名称：××大学博爱广场中心景观工程　　　　第1页 共1页

| 序号 | 项目编号 | 项目名称 |
|---|---|---|
| 1 | 010302001 | 特色种植槽 |
| 2 | 010503004 | 特色木亭 |
| 3 | 050201001 | 20厚青灰色文化石碎拼 |
| 4 | 010415001 | 水池 |
| 5 | 050102001 | 栽植乔木 |
| 6 | 050102004 | 栽植灌木 |

（续）

| 序号 | 项目编号 | 项目名称 |
| --- | --- | --- |
| 7 | 050102009 | 栽植水生花卉 |
| 8 | 050102008 | 栽植花卉 |
| 9 | 050102010 | 铺种草皮 |

(3)计算工程量清单项目的工程量

根据上面所确定的清单项目内容，依据施工图纸所示尺寸计算各项目的工程量。

①特色种植槽　以设计室外地坪为准算其挖土深度，由于地面以下的砖基础挖地槽时要加上工作面的宽度，砖基础工作面每边各加 200mm，测得：特色种植槽的总长度 $=5.1\times2+1.4\times2=13$m。

②其他项目　特色木亭 4 个；20 厚青灰色文化石碎 28m$^2$；水池 207.38m$^2$。

(4)填写“分部分项工程量清单”(表 5-2)

**表 5-2　分部分项工程量清单**

工程名称：××大学博爱广场中心景观工程　　　　第 1 页 共 1 页

| 序号 | 项目编号 | 项目名称 | 单位 | 工程数量 |
| --- | --- | --- | --- | --- |
| 1 | 010302001 | 特色种植槽 | m | 13 |
| 2 | 010503004 | 特色木亭 | 个 | 4 |
| 3 | 050201001 | 20 厚青灰色文化石碎拼 | m$^2$ | 28 |
| 4 | 010415001 | 水池 | m$^2$ | 207.38 |
| 5 | 050102001 | 栽植乔木 | 株 | 124 |
| 6 | 050102004 | 栽植灌木 | 株 | 3145 |
| 7 | 050102009 | 栽植水生花卉 | 丛 | 4211 |
| 8 | 050102008 | 栽植花卉 | 株 | 26 740 |
| 9 | 050102010 | 铺种草皮 | m$^2$ | 337.1 |

## 5.1.2　措施项目清单的编制

措施项目清单指为完成工程项目施工，发生于该工程施工前和施工过程中的技术、生活、安全等方面的非工程实体项目的清单。

措施项目清单的编制应考虑多种因素，除工程本身的因素外，还涉及水文、气象、环境、安全和承包商的实际情况等。《计价规范》中的“措施项目一览表”只是作为清单编制人编制措施项目清单时的参考。因情况不同，出现表中没有的措施项目时，清单编制人可以自行补充。

由于措施项目清单中没有的项目，承包商可以自行补充填报。所以，措施项目清单对于清单编制人来说，压力并不大。一般情况，清单编制人可以不填写或只需要填写最基本的措施项目即可(表5-3)。

表5-3 措施项目清单

工程名称：××大学博爱广场中心景观工程 第1页 共1页

| 序号 | 项目名称 | 单位 | 数量 |
|---|---|---|---|
| | 通用项目 | | |
| 1 | 现场安全文明施工 | | |
| 1.1 | 基本费 | 项 | 1 |
| 1.2 | 考评费 | 项 | 1 |
| 1.3 | 奖励费 | | |
| 2 | 夜间施工 | | |
| 3 | 冬雨季施工 | | |
| 4 | 已完工程及设备保护 | | |
| 5 | 临时设施 | 项 | 1 |
| 6 | 材料与设备检验试验 | | |
| 7 | 赶工措施 | | |
| 8 | 工程按质论价 | | |
| 9 | 二次搬运 | | |
| 10 | 大型机械设备进出场及安拆 | | |
| 11 | 施工排水 | | |
| 12 | 施工降水 | | |
| 13 | 地上、地下设施，建筑物的临时保护设施 | | |
| 14 | 已完工程及设备保护 | | |
| | 园林工程专用项目 | | |
| 15 | 脚手架 | 项 | 1 |
| 16 | 模板 | 项 | 1 |
| 17 | 支撑与绕杆 | | |

### 5.1.3 其他项目清单的编制

其他项目清单指根据拟建工程的具体情况，在分部分项工程量清单和措施项目清单以外的项目。包括暂列金额、暂估价(包括材料暂估价、专业工程暂估价)、计日工和总承包服务费(表5-4)。

表5-4 措施项目清单

工程名称：××大学博爱广场中心景观工程　　　　第1页 共1页

| 序号 | 项目名称 |
| --- | --- |
| 1 | 暂列金额 |
| 2 | 暂估价(包括材料暂估价、专业工程暂估价) |
| 3 | 计日工 |
| 4 | 总承包服务费 |

### 5.1.4 封面与总说明的填写

(1)封面填写

工程量清单封面是体现工程量清单法律性和责任性的书面形式。封面应按规定的内容填写、签字、盖章，造价员编制的工程量清单应有负责审核的造价工程师签字、盖章。

××大学博爱广场中心景观工程

工 程 量 清 单

招　标　人：　(单位签字盖章)

法定代表人：　张泉(签字盖章)

中介机构：　(盖章)
造价工程师　李伟
及注册证号：　(签字盖执业专用章)

编制时间：　2009年10月18日

图5-1 工程量清单封面

(2)总说明的填写

总说明是交代所建工程的基本概况和工程施工要求的简单叙述，《计价规范》规定的总说明应按下列内容填写：

①工程概况　建设规模、工程特征、计划工期、施工现场实际情况、自然地理条件、环境保护要求等。

②工程招标和分包范围。

③工程量清单编制依据。

④工程质量、材料、施工等的特殊要求。

⑤其他需要说明的问题。

如上所述，该博爱广场中心景观工程(绿化部分)的说明内容如图5-2所示。

第　页共　页

**总　说　明**

1. 本工程量清单编制依据：《江苏省建筑工程工程量清单计价项目指引》《江苏省仿古建筑园林工程计价表(2007)》《江苏省市政工程计价表(2004)》招标文件、施工图纸、其他相关资料。

2. 工程概况：本工程为××大学博爱广场中心景观工程绿化部分，绿化面积约3569m$^2$，主要内容包括：绿化范围内的绿化种植、按图纸要求土方挖填(堆坡)整理等。

3. 规格注释：

高度：指苗木自地面至最高生长点之间的距离。

胸径：指苗木自地面至1.1m处树干的直径。

地径：指苗木自地面至0.3m处树干的直径。

冠幅：指苗木冠丛的最大幅度直径。

4. 所有种植苗木的规格不得小于设计描述规格中的下限规格数字；植物材料的质量要求、种植要求、养护管理的技术要求参见图纸设计及招标文件。

5. 绿化养护期养护按招标文件要求，列入分部分项报价中。

6. 乔木土球直径不小于胸径的8倍，灌木土球不小于地径的7倍，支撑符合清单要求。

7. 苗木种植修剪后的高度、冠幅应不小于清单项目特征要求。

8. 所有苗木施工单位确定苗源后应先通知甲方、监理，至苗源地确认认可规格树形后方可起挖进场种植，如进场种植苗木未先经甲方监理确认认可，则不予计量。

9. 回填种植土层厚度、种植穴开挖标准、植物栽植标准需达到设计和规范规定。

10. 各投标单位必须将本总说明附在投标书中，否则按废标论处。

11. 清单中的单位“株”与项目特征中的“丛”为同一计量单位。

图5-2　绿化工程总说明

### 5.1.5　工程量清单的装订

以一个单项工程或一个单位工程为对象，对编制完成的内容进行装订，装订顺序由前至后为：

①封面；

②填表须知；

③总说明；

④分部分项工程量清单；

⑤其他项目清单。

## 5.2　工程量清单计价的基本方法和程序

工程量清单计价的基本过程可以描述为：在统一的工程量计算规则的基础上，制定工程量清单项目设置规则，根据具体工程的施工图纸计算出各个清单项目的工程量，再根据各种渠道所获得的工程造价信息和经验数据计算得到工程造价。这一基本的计算过程如图 5-3 所示。

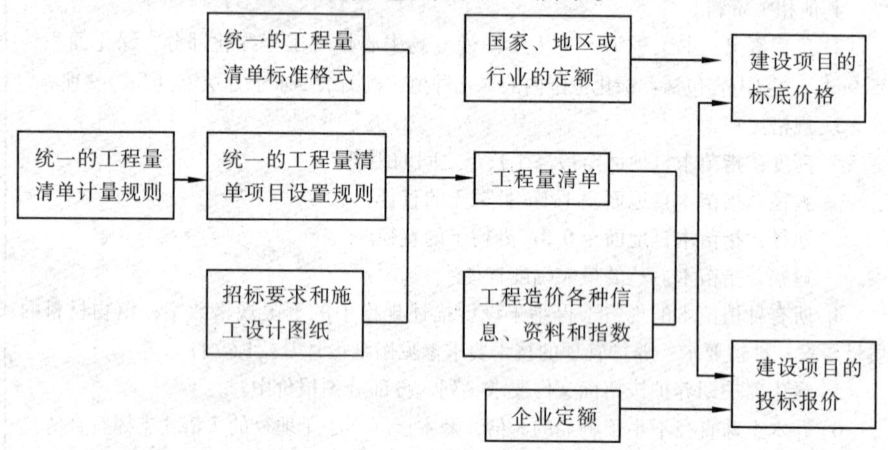


图 5-3　工程造价工程量清单计价过程示意

（引自江苏省建设工程造价管理总站，2005）

从工程量清单计价过程示意图中可以看出，其编制过程可以分为两个阶段：工程量清单格式的编制和利用工程量清单来编制投标报价。投标报价是在业主提供的工程量计算结果的基础上，根据企业自身所掌握的各种信息、资料，结合企业定额编制出来的。

## 5.2.1 工程量清单计价费用构成

工程量清单计价模式下的费用主要由分部分项工程费、措施项目费、其他项目费、规费和税金 5 部分构成，具体如图 5-4 所示。

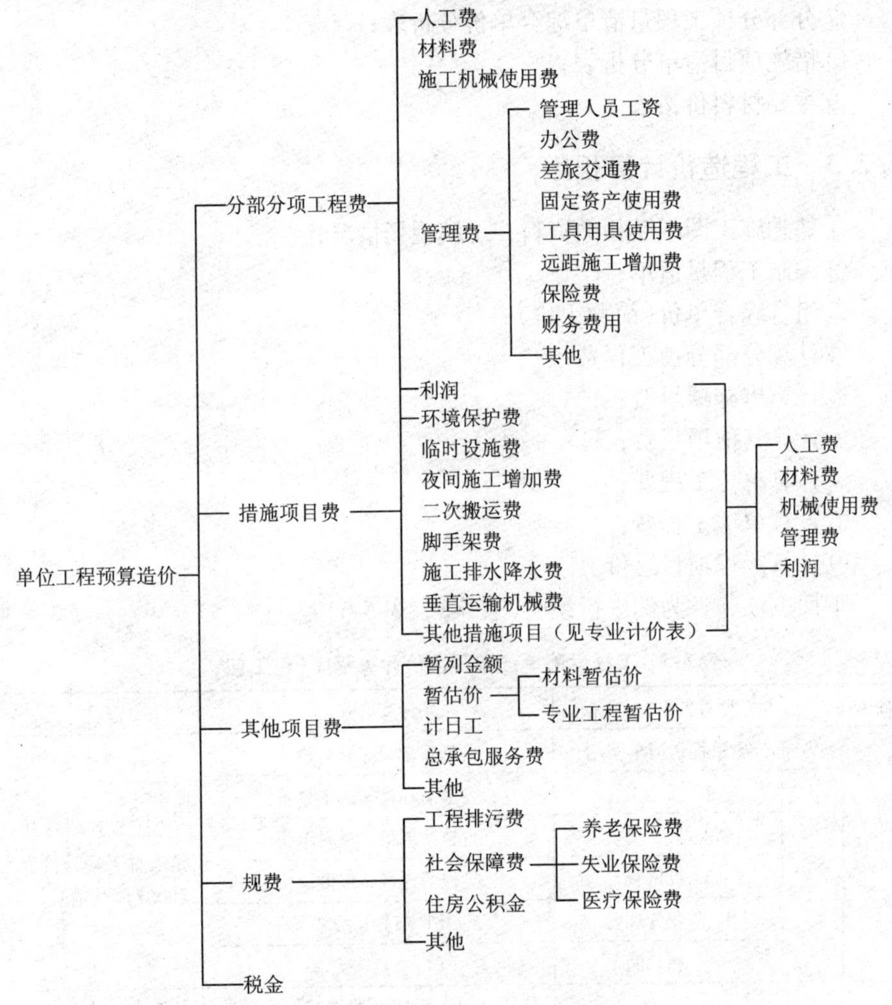


图 5-4 工程量清单计价费用构成

## 5.2.2 工程量清单计价的报价表的组成

①投标总价；

②单项工程费总表；

③分部分项工程量清单计价表；

④措施项目清单计价表；

⑤其他项目清单计价表；

⑥零星工程项目清单计价表；

⑦分部分项工程量清单综合单价分析表；

⑧措施项目清单分析表；

⑨主要材料价格表。

### 5.2.3　工程造价计算程序

①熟悉施工图纸及相关资料，了解现场情况；

②编制工程量清单；

③组合综合单价(简称组价)；

④计算分部分项工程费；

⑤计算措施项目费；

⑥计算其他项目费；

⑦计算单位工程费；

⑧计算单项工程费；

⑨计算工程项目总价。

下面以江苏省为例进行说明(表5-5，表5-6)：

表5-5　工程量清单法工程造价计算程序(包工包料)

<table>
<tr><th>序号</th><th colspan="2">费用名称</th><th>计算公式</th><th>备注</th></tr>
<tr><td rowspan="6">一</td><td colspan="2">分部分项工程量清单费用</td><td>工程量×综合单价</td><td rowspan="6">按《江苏省仿古建筑园林工程计价表(2007)》计取</td></tr>
<tr><td rowspan="5">其中</td><td>1. 人工费</td><td>人工消耗量×人工单价</td></tr>
<tr><td>2. 材料费</td><td>材料消耗量×材料单价</td></tr>
<tr><td>3. 机械费</td><td>机械消耗量×机械单价</td></tr>
<tr><td>4. 企业管理费</td><td>(1+3)×费率</td></tr>
<tr><td>5. 利　润</td><td>(1+3)×费率</td></tr>
<tr><td>二</td><td colspan="2">措施项目清单费用</td><td>分部分项工程费×费率或综合单价×工程量</td><td>按《计价表》或相关规定计取</td></tr>
<tr><td>三</td><td colspan="2">其他项目费用</td><td></td><td>双方约定</td></tr>
</table>

（续）

| 序号 | 费用名称 | | 计算公式 | 备注 |
|---|---|---|---|---|
| 四 | 规　费 | | | |
| | 其中 | 1. 工程排污费 | （一＋二＋三）×费率 | 按规定计取 |
| | | 2. 安全生产监督费 | | |
| | | 3. 社会保障费 | | |
| | | 4. 住房公积金 | | |
| 五 | 税　金 | | （一＋二＋三＋四）×费率 | 按当地规定计取 |
| 六 | 工程造价 | | 一＋二＋三＋四＋五 | |

表 5-6　工程量清单法工程造价计算程序（包工不包料）

| 序号 | 费用名称 | | 计算公式 | 备注 |
|---|---|---|---|---|
| 一 | 分部分项工程量清单人工费 | | 计价表人工消耗量×人工单价 | |
| 二 | 措施项目清单费用 | | （一）×费率或工程量×综合单价 | |
| 三 | 其他项目费用 | | | |
| 四 | 规　费 | | | |
| | 其中 | 1. 工程排污费 | （一＋二＋三）×费率 | 按规定计取 |
| | | 2. 建筑安全监督费 | | |
| | | 3. 社会保障费 | | |
| | | 4. 住房公积金 | | |
| 五 | 税　金 | | （一＋二＋三＋四）×费率 | 按当地规定计取 |
| 六 | 工程造价 | | 一＋二＋三＋四＋五 | |

## 5.2.4　工程费用取费标准及有关规定（以江苏省为例）

### 5.2.4.1　企业管理费、利润计取规定和标准

(1)企业管理费、利润计取规定

①企业管理费、利润计算基础按本定额执行；

②包工不包料、点工的管理费和利润包含在其工资单价中；

③意外伤害保险费在管理费中列支，费率不超过税前总造价的0.6%。

(2)仿古建筑及园林绿化工程类别划分的标准及有关规定

①仿古建筑及园林绿化工程类别划分（表5-7）

**表 5-7 仿古建筑及园林绿化工程类别划分表**

| 序号 | 项目(单位) \ 类别 | | | 一类 | 二类 | 三类 |
|---|---|---|---|---|---|---|
| 一 | 楼阁 | 单层 | 屋面形式 | 重檐或斗拱 | — | — |
| | 庙宇 | | 建筑面积(m²) | ≥500 | ≥150 | <150 |
| | 厅堂 | 多层 | 屋面形式 | 重檐或斗拱 | | |
| | 廊 | | 建筑面积(m²) | ≥800 | ≥300 | 300 |
| 二 | 古塔(高度 m) | | | ≥25 | <25 | — |
| 三 | 牌楼 | | | 有斗拱 | — | 无斗拱 |
| 四 | 城墙(高度 m) | | | ≥10 | ≥8 | <8 |
| 五 | 牌科墙门 | | | 有斗拱 | — | — |
| 六 | 砖细照墙 | | | 有斗拱 | — | — |
| 七 | 亭 | | | 重檐亭 | 其他亭、水榭 | — |
| | | | | 海棠亭 | | |
| 八 | 古戏台 | | | 有斗拱 | 无斗拱 | — |
| 九 | 船舫 | | | 船舫 | — | — |
| 十 | 桥 | | | ≥三孔拱桥 | ≥单孔拱桥 | 平桥 |
| 十一 | 园林工程 | 公园广场 | 占地面积(m²) | ≥20 000 | ≥10 000 | <10 000 |
| | | 庭园 | | ≥2000 | ≥1000 | <1000 |
| | | 屋顶 | | ≥500 | ≥300 | <300 |
| | | 道路及其他 | | ≥8000 | ≥4000 | <4000 |

②仿古建筑及园林绿化工程类别划分说明

——工程类别划分是根据不同的单位工程，按施工难易程度，结合江苏省建筑市场近年来施工项目的实际情况确定。

——仿古建筑工程指仿照古代式样而运用现代结构材料技术建造的建筑工程。如宫殿、寺庙、楼阁、厅堂、古戏台、古塔、牌楼(牌坊)、亭、船舫等。

——园林工程指公园、庭园、游览区、住宅小区、广场、厂区等处的园路、园桥、园林小品及绿化，市政工程项目中的景观及绿化工程等。本费用计算规则不适用大规模的植树造林以及苗圃内项目。

——古塔高度指设计室外地面标高至塔刹(宝顶)顶端的高度。

——城墙高度指设计室外地面标高至城墙墙身顶面的高度，不包括垛口(女儿墙)高度。

——园林工程的占地面积以设计图示范围为准，其中的园路、园桥、水面等面积应包含在内。

——市政道路工程中的景观绿化工程占地面积以绿地面积为准。

——预制构件制作工程类别划分按相应的仿古建筑工程标准执行。

——与仿古建筑物配套的零星项目，如围墙等按相应的主体仿古建筑工程类别标准确定。

——工程类别划分标准中未包括的仿古建筑按照三类工程标准执行。

——工程类别标准中，有两个指标控制的，只要满足其中一个指标即可按该指标确定工程类别。

——工程类别标准中未包括的特殊工程，由当地工程造价管理部门根据具体情况确定，报上级工程造价管理部门备案。

(3)企业管理费、利润标准(表5-8至表5-10)

**表5-8　建筑工程企业管理费和利润费率标准**

| 序号 | 项目名称 | 计算基础 | 企业管理费率(%) | | | 利润率(%) |
|---|---|---|---|---|---|---|
| | | | 一类工程 | 二类工程 | 三类工程 | |
| 一 | 建筑工程 | 人工费+机械费 | 35~40 | 28~33 | 22~26 | 12 |
| 二 | 预制构件制作 | 人工费+机械费 | 17 | 15 | 13 | 6 |
| 三 | 构件吊装 | 人工费+机械费 | 12 | 10.5 | 9 | 5 |
| 四 | 制作兼打桩 | 人工费+机械费 | 19 | 16.5 | 14 | 8 |
| 五 | 打预制桩 | 人工费+机械费 | 15 | 13 | 11 | 6 |
| 六 | 机械施工大型土石方工程 | 人工费+机械费 | 7 | 6 | 5 | 4 |

注：如计取意外伤害保险费，在原管理费费率基础上增加0.35%。

**表5-9　市政工程企业管理费、利润费率标准**

<table>
<tr><th rowspan="2">序号</th><th rowspan="2" colspan="2">项目名称</th><th rowspan="2">计算基础</th><th colspan="3">管理费费率(%)</th><th rowspan="2">利润率(%)</th></tr>
<tr><th>一类工程</th><th>二类工程</th><th>三类工程</th></tr>
<tr><td rowspan="4">一</td><td rowspan="4">通用项目</td><td>土石方工程</td><td rowspan="4">人工费+机械费</td><td>14</td><td>12</td><td>10</td><td>3.5</td></tr>
<tr><td>大型土石方</td><td colspan="3">5</td><td>3.5</td></tr>
<tr><td>拆除工程，护坡、挡土墙工程</td><td>40</td><td>36</td><td>32</td><td>15</td></tr>
<tr><td>其余项目</td><td>36</td><td>32</td><td>28</td><td>10</td></tr>
</table>

（续）

| 序号 | 项目名称 | | 计算基础 | 管理费费率(%) | | | 利润率（%） |
|---|---|---|---|---|---|---|---|
| | | | | 一类工程 | 二类工程 | 三类工程 | |
| 二 | 道路工程 | | 人工费 + 机械费 | 40 | 36 | 32 | 15 |
| 三 | 桥梁工程及水工构筑物 | | 人工费 + 机械费 | 36 | 32 | 28 | 10 |
| 四 | 隧道工程 | | 人工费 + 机械费 | 36 | 32 | 28 | 10 |
| 五 | 给水工程 | | 人工费 | 56 | 50 | 44 | 15 |
| 六 | 排水工程 | | 人工费 + 机械费 | 40 | 36 | 32 | 16 |
| | 其中 | 挖土方子目 | 人工费 + 机械费 | 12 | 10 | 8 | 3.5 |
| | | 给排水机械设备安装 | 人工费 | 50 | 45 | 40 | 14 |
| 七 | 燃气与集中供热 | | 人工费 | 50 | 45 | 40 | 14 |
| 八 | 路灯工程 | | 人工费 | 42 | | | 14 |

**表 5-10　仿古建筑及园林绿化工程企业管理费和利润费率标准**

| 序号 | 项目名称 | 计算基础 | 企业管理费率(%) | | | 利润率（%） |
|---|---|---|---|---|---|---|
| | | | 一类工程 | 二类工程 | 三类工程 | |
| 一 | 仿古建筑工程 | 人工费 + 机械费 | 47 | 42 | 37 | 12 |
| 二 | 园林工程 | 人工费 | 29 | 24 | 19 | 14 |

### 5.2.4.2　措施项目费取费标准及规定

①措施项目费分为两种计算形式：一种是以工程量乘以综合单价计算，另一种是以费率计算。

②部分以费率计算的措施项目费率标准见表 5-11 至表 5-13。

③二次搬运费、大型机械设备进出场及安拆费、施工排水、已完工程及设备保护费、特殊条件下施工增加费、地上地下设施与建筑物的临时保护设施费以及专业工程措施费，按工程量乘以综合单价计取。

**表 5-11 措施项目费费率标准**

| 项目 | 计算基础 | 费率(%) | | | | |
|---|---|---|---|---|---|---|
| | | 建筑工程 | 单独装饰 | 安装工程 | 市政工程 | 仿古(园林) |
| 安全文明施工措施费 | | 按照省相应文件计取(见表5-8) | | | | |
| 环境保护措施费 | | 0.05~0.1 | 0~0.1 | 约定 | 0.05~0.1 | 约定 |
| 临时设施费 | | 1.5~2.5 | 0.3~1.2 | 0.6~1.5 | 1~2 | 1.6~3.2<br>0.26~0.7 |
| 夜间施工增加费 | | 0.05~0.1 | 0~0.1 | 约定 | 0.05~0.1 | 约定 |
| 冬雨季施工增加费 | | 0~0.05 | — | | 0~0.5 | |
| 二次搬运费 | 分部分项工程费 | — | — | — | 0~0.05 | 1.1<br>(1.1) |
| 检验试验费 | | 0.18 | 0.18 | 0.15 | 0.3 | 0.3<br>(0.06) |
| 已完工程及设备保护 | | 0.0~0.1 | 0.2 | 约定 | 0~0.1 | |
| 赶工费 | | 0.0~0.1 | 2.5~4.5 | 约定 | 0~0.1 | |
| 按质论价 | | 0.0~0.1 | 1.0~2.0 | 约定 | 0~0.1 | 1.5~2.5<br>1.0~2.0 |
| 住宅分户验收 | | 0.08 | 0.08 | | | |

**表 5-12 安全文明施工措施费费率标准**

| 序号 | 项目名称 | 计算基础 | 基本费率(%) | 现场考评费率(%) | 奖励费(获市级文明工地/获省级文明工地)(%) |
|---|---|---|---|---|---|
| 一 | 建筑工程 | 分部分项工程费 | 2.2 | 1.1 | 0.4/0.7 |
| 二 | 构件吊装 | | 0.85 | 0.5 | — |
| 三 | 桩基工程 | | 0.9 | 0.5 | 0.2/0.4 |
| 四 | 大型土石方工程 | | 1 | 0.6 | — |
| 五 | 单独装饰工程 | | 0.9 | 0.5 | 0.2/0.4 |
| 六 | 安装工程 | | 0.8 | 0.4 | 0.2/0.4 |
| 七 | 市政工程 | | 1.1 | 0.6 | 0.2/0.4 |
| 八 | 仿古建筑工程 | | 1.5 | 0.8 | 0.3/0.5 |
| 九 | 园林绿化工程 | | 0.7 | 0.4 | — |
| 十 | 修缮工程 | | 0.8 | 0.4 | 0.2/0.4 |

表 5-13　按质论价奖罚系数表

| 项目 | | 一次核验不合格 | 二次核验不合格 | 优质 | 市优 | 省优 | 国优 |
|---|---|---|---|---|---|---|---|
| 建安工程 | 住宅工程 | -0.8~1.0 | -1.2~-2 | 1.5~2 | 2~2.4 | 2.4~2.7 | 2.7~3 |
| | 其他工程 | -0.5~-0.8 | -1~-1.7 | 1~1.5 | 1.5~1.9 | 1.9~2.2 | 2.2~2.5 |
| 市政工程 | 给排水工程 | -0.3~-0.6 | -0.5~-0.8 | 0.8~1.1 | 1.1~1.4 | 1.4~1.6 | 1.6~1.8 |
| | 道路 | -0.3~-0.6 | -0.5~-0.8 | 0.7~1 | 1~1.3 | 1.3~1.5 | 1.5~1.7 |
| | 桥梁 | 0.4~0.7 | -0.6~-1.0 | 0.9~1.3 | 1.3~1.6 | 1.6~1.8 | 1.8~2 |
| 仿古园林工程 | | 0.7~1.0 | -1.2~-1.5 | 1.4~1.8 | 1.8~2.2 | 2.2~2.5 | 2.5~2.8 |

### 5.2.4.3　其他项目费取费标准及规定

①暂列金额、暂估价按发包人的标准计取。

②计日工由发承包双方在合同中约定。

③招标人应根据招标文件列出的内容和向总承包人提出的要求，参照下列标准计算总承包服务费：

——招标人仅要求对分包的专业工程进行总承包管理和协调时，按分包的专业工程估算造价的1%计算。

——招标人要求对分包的专业工程进行总承包管理和协调，并同时要求提供配合服务时，根据招标文件中列出的配合服务内容和提出要求，按分包的专业工程估算造价的2%~3%计算。

### 5.2.4.4　规费取费标准及有关规定

①工程排污费按有关部门规定计取。

②建筑安全监督管理费按有关部门规定计取。

③社会保障费及住房公积金按表5-14计取。

表 5-14　社会保障费费率及公积金费率标准

| 项目名称 | | 计算基础 | 费率(%) |
|---|---|---|---|
| 社会保障费 | 养老保险费 | 分部分项工程费+措施项目费+其他项目费 | 2.8 |
| | 失业保险费 | | |
| | 医疗保险费 | | |
| | 工伤保险费 | | |
| | 生育保险费 | | |
| 住房公积金 | | | 0.8 |

注：1. 社会保障费包括养老保险费、失业保险费、医疗保险费、工伤保险费、生育保险费。
2. 点工和包工不包料的社会保障费和公积金已经包含在人工工资单价中。
3. 社会保障费费率和公积金费率将随着社保部门要求和建设工程实际参保率的增加，适时调整。

#### 5.2.4.5 税金计算标准及有关规定

建筑业的营业税率为3%；城市建设维护税率，城市7%，县城、镇5%，农村1%；教育费附加标准按当地税务部门的规定计算。应纳税额的计算基数为不含税工程造价。

税金＝不含税工程造价×不含税工程造价的税率

不含税工程造价的税率＝含税工程造价的税率/(1－含税工程造价的税率)

含税工程造价的税率＝营业税率＋营业税率×城市建设维护税率＋营业税率×教育费附加

## 5.3 工程量清单计价编制实例

下面按照前文例子对工程量清单计价的编制进行举例说明(参照《江苏省仿古建筑与园林工程计价表》)。

**工程量清单报价表**

投　标　人：＿＿＿＿＿＿＿＿＿＿＿＿＿＿＿＿＿(单位签字盖章)

法定代表人：＿＿＿＿＿＿＿＿＿＿＿＿＿＿＿＿＿(签字盖章)

中 介 机 构
法定代表人：＿＿＿＿＿＿＿＿＿＿＿＿＿＿＿＿＿(签字盖章)

造价工程师
及注册证号：＿＿＿＿＿＿＿＿＿＿＿＿＿＿＿＿＿(签字盖执业专用章)

编 制 时 间：＿＿＿＿＿＿＿＿＿＿＿＿

## 投标总价

建 设 单 位：

工 程 名 称：××大学博爱广场中心景观工程

投标总价(小写)：849 069.91

(大写)：捌拾肆万玖仟零陆拾玖元玖角壹分

## 单位工程费汇总表

工程名称：××大学博爱广场中心景观工程　　第1页共1页

| 序号 | 项目名称 | 金额(元) |
|---|---|---|
| 一 | 分部分项工程量清单费用 | 730 866.24 |
| 二 | 措施项目清单费用 | 61 673.7 |
| 三 | 其他项目费用 | |
| 四 | 规费 | 28 531.44 |
| 1 | 工程排污费 | |
| 2 | 安全生产监督费 | |
| 3 | 建筑管理费 | |
| 4 | 社会保险费 | 22 191.12 |
| 5 | 公积金 | 6340.32 |
| 五 | 税金 | 27 998.53 |
| 合　计 | | 849 069.91 |

## 分部分项工程量清单报价表

工程名称：××大学博爱广场中心景观工程　　第1页共1页

| 序号 | 项目编码 | 项目名称 | 计量单位 | 工程数量 | 金额(元) | |
|---|---|---|---|---|---|---|
| | | | | | 综合单价 | 合价 |
| 1 | 010302001001 | 特色种植槽 | m | 13 | 139.07 | 1805.91 |
| 2 | 010503004001 | 特色木亭 | 个 | 4 | 4153.93 | 16 615.72 |
| 3 | 050201001001 | 20厚青灰色文化石碎拼 | $m^2$ | 28 | 121.01 | 3388.28 |
| 4 | 010415001001 | 水池 | $m^2$ | 207.38 | 1622.35 | 336 442.94 |
| 5 | 050102001001 | 栽植乔木：乔木种类，红果冬青；地径，12～14cm；高度，300～400cm；冠幅，300cm | 株 | 9 | 586.76 | 5280.84 |

（续）

| 序号 | 项目编码 | 项目名称 | 计量单位 | 工程数量 | 金额(元) | |
|---|---|---|---|---|---|---|
| | | | | | 综合单价 | 合价 |
| 6 | 050102001002 | 栽植乔木：乔木种类，红果冬青；地径，10～12cm；高度，200～300cm；冠幅，200cm | 株 | 4 | 255.96 | 1023.84 |
| 7 | 050102001003 | 栽植乔木：乔木种类，红花木莲；地径，12～14cm；高度，400～500cm；冠幅，400cm | 株 | 7 | 586.76 | 4107.32 |
| 8 | 050102001004 | 栽植乔木：乔木种类，红花木莲；地径，10～12cm；高度，400～450cm；冠幅，300cm | 株 | 5 | 455.95 | 2279.75 |
| 9 | 050102001005 | 栽植乔木：乔木种类，香樟；胸径，32～34cm；高度，650～700cm；冠幅，400cm | 株 | 1 | 5153.45 | 5153.45 |
| 10 | 050102001006 | 栽植乔木：乔木种类，香樟；胸径，22～24cm；高度，600～650cm；冠幅，350cm | 株 | 18 | 3452.59 | 62 146.62 |
| 11 | 050102001007 | 栽植乔木：乔木种类，香樟；胸径，16～18cm；高度，500～550cm；冠幅，300cm | 株 | 48 | 1289.37 | 61 889.76 |
| 12 | 050102001008 | 栽植乔木：乔木种类，香樟；胸径，14～16cm；高度，450～500cm；冠幅，200cm | 株 | 5 | 776.27 | 3881.35 |
| 13 | 050102001009 | 栽植乔木：乔木种类，大叶女贞；胸径，14～15cm；高度，400～450cm；冠幅，300cm | 株 | 12 | 725.00 | 8700 |
| 14 | 050102001010 | 栽植乔木：乔木种类，大叶女贞；胸径，12～15cm；高度，400～450cm；冠幅，350cm | 株 | 15 | 495.00 | 7425 |
| 15 | 050102004003 | 栽植灌木：灌木种类，迎春；高度，80cm；冠幅，60cm；养护期，1年 | 株 | 6 | 8.08 | 48.48 |
| 16 | 050102004004 | 栽植灌木：灌木种类，八角金盘；高度，70cm；冠幅，70cm；要求，每丛6分支以上；养护期，1年 | 株 | 5 | 10.79 | 53.95 |

（续）

| 序号 | 项目编码 | 项目名称 | 计量单位 | 工程数量 | 金额（元） | |
|---|---|---|---|---|---|---|
| | | | | | 综合单价 | 合价 |
| 17 | 050102004005 | 栽植灌木：灌木种类，南天竹；高度，60cm；冠幅，80cm；养护期，1年 | 株 | 13 | 10.45 | 135.85 |
| 18 | 050102004006 | 栽植灌木：灌木种类，栀子花；高度，60cm；冠幅，80cm；养护期，1年 | 株 | 7 | 9.70 | 67.9 |
| 19 | 050102004007 | 栽植灌木：灌木种类，连翘；高度，100cm；冠幅，80cm；要求，每丛20分支以上；养护期，1年 | 株 | 7 | 9.95 | 69.65 |
| 20 | 050102004008 | 栽植灌木：灌木种类，金丝桃；高度，80cm；冠幅，80cm；要求，每丛20分支以上；养护期，1年 | 株 | 11 | 137.09 | 1507.99 |
| 21 | 050102004009 | 栽植灌木：灌木种类，小叶黄杨；高度，50cm；冠幅，40cm；要求，36株/$m^2$；养护期，1年 | 株 | 648 | 0.59 | 382.32 |
| 22 | 050102004010 | 栽植灌木：灌木种类，红叶石楠；高度，50cm；冠幅，40cm；要求，36株/$m^2$；养护期，1年 | 株 | 900 | 0.79 | 711 |
| 23 | 050102004011 | 栽植灌木：灌木种类，金叶女贞；高度，50cm；冠幅，50cm；要求，36株/$m^2$；养护期，1年 | 株 | 1548 | 0.59 | 913.32 |
| 24 | 050102009001 | 栽植水生植物：植物种类，香蒲；高度，70cm；要求，16丛/$m^2$；养护期，1年 | 丛 | 816 | 2.43 | 1982.88 |
| 25 | 050102009002 | 栽植水生植物：植物种类，灯心草；高度，90cm；要求，16丛/$m^2$；养护期，1年 | 丛 | 608 | 2.44 | 1483.52 |
| 26 | 050102009003 | 栽植水生植物：植物种类，再力花；高度，90cm；要求，25丛/$m^2$；养护期，1年 | 丛 | 825 | 6.62 | 5461.5 |
| 27 | 050102009004 | 栽植水生植物：植物种类，玉蝉花；高度，40cm；要求，36丛/$m^2$；养护期，1年 | 丛 | 1224 | 2.62 | 3206.88 |

（续）

| 序号 | 项目编码 | 项目名称 | 计量单位 | 工程数量 | 金额(元) | |
|---|---|---|---|---|---|---|
| | | | | | 综合单价 | 合价 |
| 28 | 050102009005 | 栽植水生植物：植物种类，花叶芦竹；高度，90cm；要求，9 丛/$m^2$；养护期，1 年 | 丛 | 297 | 3.36 | 997.92 |
| 29 | 050102009006 | 栽植水生植物：植物种类，芦苇；高度，150cm；要求，9 丛/$m^2$；养护期，1 年 | 丛 | 441 | 3.36 | 1481.76 |
| 30 | 050102008001 | 栽植花卉：花卉种类，马蔺；高度，30cm；要求，36 丛/$m^2$；养护期，1 年 | 株 | 15 840 | 1.23 | 19 483.2 |
| 31 | 050102008002 | 栽植花卉：花卉种类，紫萼；高度，30cm；要求，25 丛/$m^2$；养护期，1 年 | 株 | 9025 | 0.73 | 6588.25 |
| 32 | 050102008003 | 栽植花卉：花卉种类，丛生福禄考；高度，15cm；要求，25 丛/$m^2$；养护期，1 年 | 株 | 1225 | 1.09 | 1335.25 |
| 33 | 050102008004 | 栽植花卉：花卉种类，玉簪；高度，30cm；要求，25 丛/$m^2$；养护期，1 年 | 株 | 650 | 0.97 | 630.5 |
| 34 | 050102010001 | 铺种草皮：草皮种类，阔叶麦冬；高度，30cm；要求，25 丛/$m^2$；养护期，1 年 | $m^2$ | 86 | 14.12 | 1214.32 |
| 35 | 050102010002 | 铺种草皮：草皮种类，细茎针茅；高度，20cm；要求，25 丛/$m^2$；养护期，1 年 | $m^2$ | 122 | 17.10 | 2086.2 |
| 36 | 050102010003 | 铺种草皮：草皮种类，白花三叶草；高度，30cm；要求，36 丛/$m^2$；养护期，1 年 | $m^2$ | 119.1 | 9.56 | 1138.596 |
| 37 | 050102010004 | 铺种草皮：草皮种类，柔穗狼尾草；高度，40cm；要求，9 丛/$m^2$；养护期，1 年 | $m^2$ | 10 | 10.55 | 105.5 |
| 38 | 050102010005 | 铺种草皮：草皮种类，矮生百慕大和多年生黑麦草；要求，2∶1 混播 | $m^2$ | 14 569 | 11.18 | 162 881.42 |
| 本页小计 | | | | | | 730 866.24 |
| 合 计 | | | | | | 730 866.24 |

## 措施项目清单与计价表(一)

工程名称：××大学博爱广场中心景观工程　　　　第1页 共1页

| 序号 | 项目名称 | 计算基础 | 费　率(%) | 金　额(元) |
|---|---|---|---|---|
| | 通用措施项目 | | | |
| 1 | 现场安全文明施工 | | | 8039.52 |
| 1.1 | 基本费 | 730 866.24 | 0.7 | 5116.06 |
| 1.2 | 考评费 | 730 866.24 | 0.4 | 2923.46 |
| 1.3 | 奖励费 | | | |
| 2 | 夜间施工 | | | |
| 3 | 冬雨季施工 | | | |
| 4 | 已完工程及设备保护 | | | |
| 5 | 临时设施 | 730 866.24 | 0.7 | 5116.06 |
| 6 | 材料与设备检验试验 | 730 866.24 | 0.6 | 4385.20 |
| 7 | 赶工措施 | | | |
| 8 | 工程按质论价 | | | |
| | 专业工程措施项目 | | | |
| 9 | 各专业工程以“费率”计价的措施项目 | | | |
| | | | | |
| | | | | |
| | | | | |
| | | | | |
| | | | | |
| 合　计 | | | | 17 540.78 |

## 措施项目清单与计价表(二)

工程名称：××大学博爱广场中心景观工程　　　　第1页 共1页

| 序号 | 项目名称 | 金　额(元) |
|---|---|---|
| | 通用措施项目 | |
| 1 | 二次搬运 | |
| 2 | 大型机械设备进出场及安拆 | |
| 3 | 施工排水 | |
| 4 | 施工降水 | |
| 5 | 地上、地下设施，建筑物的临时保护设施 | |

（续）

| 序号 | 项目名称 | 金　额(元) |
|---|---|---|
| 6 | 特殊条件下施工增加 | |
| | 专业工程措施项目 | |
| 7 | 各专业工程以“项”计价的措施项目 | |
| 7.1 | 模板费 | 43 994.45 |
| 7.2 | 脚手架 | 138.47 |
| | | |
| | | |
| | | |
| | | |
| 合　计 | | 44 132.92 |

## 材料暂估价格表

工程名称：××大学博爱广场中心景观工程　　　　第1页 共1页

| 序号 | 材料编码 | 材料名称 | 规格、型号等要求 | 单位 | 数量 | 单价(元) | 合价(元) | 备注 |
|---|---|---|---|---|---|---|---|---|
| | | | | | | | | |
| | | | | | | | | |
| | | | | | | | | |
| | | | | | | | | |
| | | | | | | | | |
| | | | | | | | | |
| | | | | | | | | |
| | | | | | | | | |
| | | | | | | | | |
| | 合　计 | | | | | | | |

注：1. 此表前五栏与第七栏由招标人填写，投标人应填写“数量”、“合价”与“合计”栏，并在工程量清单综合单价报价中按上述材料暂估单价计入。

2. 材料包括原材料、燃料、构配件以及按规定应计入建筑安装工程造价的设备。

3. 此表中的暂估价材料均为由承包人供应的材料。

## 分部分项工程量清单综合单价分析表

工程名称：××大学博爱广场中心景观工程

| 序号 | 项目编号 | 定额号 | 子目名称 | 单位 | 工程量 | 定额费用 | | | | | 综合单价 |
|---|---|---|---|---|---|---|---|---|---|---|---|
| | | | | | | 人工费 | 材料费 | 机械费 | 管理费 | 利润 | |
| 1 | 010302001001 | | 特色种植槽 | m | 13 | 27.93 | 99.67 | 0.83 | 7.19 | 3.45 | 139.07 |
| | | 1－15 | 人工挖地槽 | $m^3$ | 3.74 | 1.76 | | | 0.44 | 0.21 | |
| | | 1－100 | 素土夯实 | $10m^2$ | 0.832 | 0.26 | | 0.1 | 0.09 | 0.04 | |
| | | 2－108 | 100 厚碎石垫层 | $m^3$ | 0.572 | 0.9 | 2.8 | 0.05 | 0.24 | 0.11 | |
| | | 2－120 | 100 厚 C10 混凝土垫层 | $m^3$ | 0.572 | 2.23 | 6.22 | 0.19 | 0.61 | 0.29 | |
| | | 3－1 | 砖基础 | $m^3$ | 0.48 | 1.56 | 6.03 | 0.1 | 0.41 | 0.2 | |
| | | 3－29 换 | 砖砌体 | $m^3$ | 0.39 | 1.53 | 4.99 | 0.08 | 0.4 | 0.19 | |
| | | 13－80 | 30 厚黄色文化石饰面 | $10m^2$ | 0.91 | 18.9 | 79.63 | 0.3 | 4.8 | 2.3 | |
| | | 1－103 | 回填土 | $m^3$ | 1.89 | 0.79 | | | 0.2 | 0.09 | |
| 2 | 010503004001 | | 特色木亭 | 个 | 4 | 584.28 | 3325.59 | 18.89 | 150.79 | 72.38 | 4153.93 |
| | | 1－55 | Φ250 柱人工挖地坑 | $m^3$ | 8.83 | 38.28 | | | 9.57 | 4.59 | |
| | | 1－100 | 素土夯实 | $10m^2$ | 0.841 | 0.86 | | 0.34 | 0.3 | 0.15 | |
| | | 2－108 | 100 厚碎石垫层 | $m^3$ | 0.441 | 2.25 | 5.03 | 0.13 | 0.6 | 0.28 | |
| | | 5－7 | C20 柱基基础 | $m^3$ | 1.49 | 10.34 | 59.84 | 5.87 | 4.05 | 1.95 | |
| | | 1－103 | 回填土 | $m^3$ | 6.45 | 8.77 | | | 2.19 | 1.05 | |
| | | 1－55 | Φ200 矮柱人工挖地坑 | $m^3$ | 5.82 | 25.23 | | | 6.31 | 3.03 | |
| | | 1－100 | 素土夯实 | $10m^2$ | 1.058 | 1.08 | | 0.43 | 0.38 | 0.18 | |

（续）

| 序号 | 项目编号 | 定额号 | 子目名称 | 单位 | 工程量 | 定额费用 | | | | | 综合单价 |
|---|---|---|---|---|---|---|---|---|---|---|---|
| | | | | | | 人工费 | 材料费 | 机械费 | 管理费 | 利润 | |
| | | 2-108 | 100 厚碎石垫层 | $m^3$ | 0.45 | 2.3 | 5.17 | 0.13 | 0.61 | 0.29 | |
| | | 5-7 | C20 柱基基础 | $m^3$ | 0.363 | 2.52 | 14.58 | 1.43 | 0.99 | 0.48 | |
| | | 1-103 | 回填土 | $m^3$ | 4.92 | 6.69 | | | 1.67 | 0.8 | |
| | | 8-64 | Φ250 柳桉木立柱 | $m^3$ | 0.834 | 25.24 | 622.03 | 2.36 | 5.4 | 3.55 | |
| | | 8-64 | Φ200 柳桉木矮柱 | $m^3$ | 0.15 | 4.9 | 111.88 | 0.43 | 1.33 | 0.64 | |
| | | 8-62 | 柳桉木梁 | $m^3$ | 0.45 | 11.03 | 335.71 | 1.27 | 3.08 | 1.48 | |
| | | 12-127 | 150×50 柳桉木地板铺设 | $10m^2$ | 1.764 | 66.33 | 654.83 | 0.97 | 16.82 | 8.07 | |
| | | 8-42 | 柳桉木座凳 | $m^3$ | 0.043 | 1.54 | 31.83 | | 0.39 | 0.19 | |
| | | 12-164 | 木栏杆带木扶手 | 10m | 0.99 | 95.54 | 243.36 | | 23.89 | 11.47 | |
| | | 12-127 | 木台阶 | $10m^2$ | 0.27 | 10.15 | 100.23 | 0.15 | 2.58 | 1.24 | |
| | | 8-63 | 150×150 柳桉木矮柱 | $m^3$ | 0.03 | 1.27 | 25.47 | 0.15 | 0.36 | 0.17 | |
| | | 8-61 | 180×120 柳桉木梁 | $m^3$ | 0.26 | 8.24 | 204.04 | 0.99 | 2.31 | 1.11 | |
| | | 8-61 | 150×150 柳桉竖木梁 | $m^3$ | 0.06 | 1.9 | 45.09 | 0.23 | 0.53 | 0.26 | |
| | | 8-61 | 180×120 柳桉斜梁 | $m^3$ | 0.32 | 10.14 | 251.13 | 1.22 | 2.84 | 1.36 | |
| | | 8-42 | 柳桉木龙骨 | $m^3$ | 0.307 | 10.99 | 225.25 | | 2.75 | 1.32 | |
| | | 8-44 | 150×40 厚杉木板 | $10m^2$ | 2.777 | 2.57 | 208.7 | 2.82 | 1.35 | 0.65 | |
| | | 8-42 | 100×100 柳桉木屋脊 | $m^3$ | 0.15 | 5.37 | 111.03 | | 1.34 | 0.65 | |
| | | 16-56 | 木柱油漆 | $10m^2$ | 1.234 | 15.28 | 4.87 | | 4.32 | 2.07 | |

（续）

| 序号 | 项目编号 | 定额号 | 子目名称 | 单位 | 工程量 | 定额费用 | | | | | 综合单价 |
|---|---|---|---|---|---|---|---|---|---|---|---|
| | | | | | | 人工费 | 材料费 | 机械费 | 管理费 | 利润 | |
| | | 16-56 | 木梁油漆 | $10m^2$ | 1.264 | 15.7 | 4.98 | | 4.43 | 2.12 | |
| | | 16-56 | 木地板油漆 | $10m^2$ | 1.764 | 24.7 | 6.96 | | 6.18 | 2.96 | |
| | | 16-56 | 台阶面油漆 | $10m^2$ | 0.621 | 8.7 | 2.45 | | 2.17 | 1.04 | |
| | | 16-56 | 木凳油漆 | $10m^2$ | 0.974 | 13.64 | 3.84 | | 3.41 | 1.64 | |
| | | 16-56 | 栏杆油漆 | $10m^2$ | 1.065 | 14.91 | 4.2 | | 3.73 | 1.79 | |
| | | 16-56 | 150×150 木矮柱油漆 | $10m^2$ | 0.0948 | 1.33 | 0.37 | | 0.33 | 0.16 | |
| | | 16-56 | 180×120 柳桉木梁油漆 | $10m^2$ | 0.72 | 10.08 | 2.84 | | 2.52 | 1.21 | |
| | | 16-56 | 150×150 竖木梁油漆 | $10m^2$ | 0.1692 | 2.37 | 0.67 | | 0.59 | 0.28 | |
| | | 16-56 | 180×120 柳桉木斜梁油漆 | $10m^2$ | 0.9024 | 12.63 | 3.56 | | 3.16 | 1.52 | |
| | | 16-56 | 柳桉木龙骨油漆 | $10m^2$ | 1.376 | 19.27 | 5.43 | | 4.82 | 2.31 | |
| | | 16-56 | 150×40 杉木板油漆 | $10m^2$ | 5.554 | 75.76 | 21.9 | | 19.44 | 9.33 | |
| | | 16-56 | 100×100 柳桉木屋脊油漆 | $10m^2$ | 0.602 | 8.43 | 2.37 | | 2.11 | 1.01 | |
| 3 | 050201001001 | | 20 厚青灰色文化石碎拼 | $m^2$ | 28 | 27.6 | 81.58 | 1.18 | 7.2 | 3.45 | 121.01 |
| | | 1-3 | 人工挖土方 | $m^3$ | 8.4 | 3.16 | | | 0.79 | 0.38 | |
| | | 1-99 | 素土夯实 | $10m^2$ | 2.8 | 0.34 | | 0.1 | 0.11 | 0.05 | |
| | | 12-9 | 150 厚碎石垫层 | $m^3$ | 4.2 | 3.11 | 9.56 | 0.15 | 0.81 | 0.39 | |
| | | 12-11 | 100 厚混凝土垫层 | $m^3$ | 2.8 | 5.03 | 14.69 | 0.45 | 1.37 | 0.66 | |
| | | 12-48 | 20 厚青灰色文化石碎拼 | $10m^2$ | 2.8 | 15.96 | 57.32 | 0.48 | 4.11 | 1.97 | |

（续）

| 序号 | 项目编号 | 定额号 | 子目名称 | 单位 | 工程量 | 定额费用 | | | | | 综合单价 |
|---|---|---|---|---|---|---|---|---|---|---|---|
| | | | | | | 人工费 | 材料费 | 机械费 | 管理费 | 利润 | |
| 4 | 010415001001 | | 水池 | $m^2$ | 207.38 | 211.84 | 1317.05 | 11.01 | 55.71 | 26.74 | 1622.35 |
| | | 1－3 | 人工挖土方 | $m^3$ | 51.845 | 2.64 | | | 0.66 | 0.32 | |
| | | 1－100 | 素土夯实 | $10m^2$ | 20.738 | 0.41 | | 0.16 | 0.14 | 0.07 | |
| | | 2－120 | 100 厚 C10 混凝土基础垫层 | $m^3$ | 20.74 | 5.07 | 14.15 | 0.44 | 1.38 | 0.66 | |
| | | 5－134 换 | C20 钢筋混凝土池底 | $m^3$ | 31.107 | 8.44 | 26.43 | 2.36 | 2.7 | 1.3 | |
| | | 5－136 换 | C20 钢筋混凝土池壁 | $m^3$ | 51.98 | 16.51 | 43.56 | 4.62 | 5.28 | 2.54 | |
| | | 4－1 | 钢筋 | t | | | | | | | |
| | | 12－15 换 | 20 厚 1:2.5 水泥砂浆 | $10m^2$ | 107.685 | 13.45 | 18.76 | 1.17 | 3.66 | 1.75 | |
| | | 9－106 | 聚氨酯防水涂料 | $10m^2$ | 107.685 | 15.37 | 86.22 | | 3.84 | 1.84 | |
| | | 13－81 | 黑色亮面花岗岩饰池壁、池底 | $10m^2$ | 107.685 | 149.96 | 1127.95 | 2.25 | 38.05 | 18.27 | |
| 5 | 050102001001 | | 栽植乔木：乔木种类，红果冬青；地径，12～14cm；高度，300～400cm；冠幅，300cm；要求，全冠，形态优美；养护期，1年；支撑形式，杉木支撑，草绳绕树干 | 株 | 9 | 75.69 | 468.25 | 18.28 | 13.94 | 10.60 | 586.76 |

（续）

| 序号 | 项目编号 | 定额号 | 子目名称 | 单位 | 工程量 | 定额费用 | | | | | 综合单价 |
|---|---|---|---|---|---|---|---|---|---|---|---|
| | | | | | | 人工费 | 材料费 | 机械费 | 管理费 | 利润 | |
| | | 3－108换 | 苗木栽植：栽植乔木(带土球)，土球直径在120cm内 | 10株 | 0.9 | 62.92 | 45.34 | 13.73 | 11.33 | 8.81 | |
| | | 3－246 | 栽植技术措施：树棍桩，三脚桩 | 10株 | 0.9 | 2.64 | 10.13 | 0.00 | 0.79 | 0.37 | |
| | | 3－256 | 栽植技术措施：草绳绕树干，胸径在15cm以内 | 10m | 1.8 | 4.40 | 2.28 | 0.00 | 0.79 | 0.62 | |
| | | 3－409 | Ⅲ级养护：常绿乔木，胸径20cm以内 | 10株 | 0.9 | 5.73 | 2.47 | 4.55 | 1.03 | 0.80 | |
| 6 | 050102001002 | | 栽植乔木：乔木种类，红果冬青；地径，10～12cm；高度，200～300cm；冠幅，200cm；要求，全冠，形态优美；养护期，1年；支撑形式，杉木支撑，草绳绕树干 | 株 | 4 | 56.78 | 167.22 | 13.48 | 10.54 | 7.95 | 255.96 |
| | | 3－107换 | 苗木栽植：栽植乔木(带土球)，土球直径在100cm内 | 10株 | 0.4 | 44.00 | 152.34 | 8.92 | 7.92 | 6.16 | |
| | | 3－246 | 栽植技术措施：树棍桩，三脚桩 | 10株 | 0.4 | 2.64 | 10.13 | 0.00 | 0.79 | 0.37 | |
| | | 3－256 | 栽植技术措施：草绳绕树干，胸径在15cm以内 | 10m | 0.8 | 4.40 | 2.28 | 0.00 | 0.79 | 0.62 | |
| | | 3－409 | Ⅲ级养护：常绿乔木，胸径20cm以内 | 10株 | 0.4 | 5.73 | 2.47 | 4.55 | 1.03 | 0.80 | |

（续）

| 序号 | 项目编号 | 定额号 | 子目名称 | 单位 | 工程量 | 定额费用 | | | | | 综合单价 |
|---|---|---|---|---|---|---|---|---|---|---|---|
| | | | | | | 人工费 | 材料费 | 机械费 | 管理费 | 利润 | |
| 7 | 050102001003 | | 栽植乔木：乔木种类，红花木莲；地径，12～14cm；高度，400～500cm；冠幅，400cm；要求，全冠，形态优美；养护期，1年；支撑形式，杉木支撑，草绳绕树干 | 株 | 7 | 75.69 | 468.25 | 18.28 | 13.94 | 10.60 | 586.76 |
| | | 3－108换 | 苗木栽植：栽植乔木（带土球），土球直径在120cm内 | 10株 | 0.7 | 62.92 | 453.37 | 13.73 | 11.33 | 8.81 | |
| | | 3－246 | 栽植技术措施：树棍桩，三脚桩 | 10株 | 0.7 | 2.64 | 10.13 | 0.00 | 0.79 | 0.37 | |
| | | 3－256 | 栽植技术措施：草绳绕树干，胸径在15cm以内 | 10m | 1.4 | 4.40 | 2.28 | 0.00 | 0.79 | 0.62 | |
| | | 3－409 | Ⅲ级养护：常绿乔木，胸径20cm以内 | 10株 | 0.7 | 5.73 | 2.47 | 4.55 | 1.03 | 0.80 | |
| 8 | 050102001004 | | 栽植乔木：乔木种类，红花木莲；地径，10～12cm；高度，400～450cm；冠幅，300cm；要求，全冠，形态优美；养护期，1年；支撑形式，杉木支撑，草绳绕树干 | 株 | 5 | 56.77 | 367.22 | 13.48 | 10.54 | 7.95 | 455.95 |

（续）

| 序号 | 项目编号 | 定额号 | 子目名称 | 单位 | 工程量 | 定额费用 | | | | | 综合单价 |
|---|---|---|---|---|---|---|---|---|---|---|---|
| | | | | | | 人工费 | 材料费 | 机械费 | 管理费 | 利润 | |
| | | 3－107换 | 苗木栽植：栽植乔木（带土球），土球直径在100cm内 | 10株 | 0.5 | 44.00 | 352.34 | 8.92 | 7.92 | 6.16 | |
| | | 3－246 | 栽植技术措施：树棍桩，三脚桩 | 10株 | 0.5 | 2.64 | 10.13 | 0.00 | 0.79 | 0.37 | |
| | | 3－256 | 栽植技术措施：草绳绕树干，胸径在15cm以内 | 10m | 1 | 4.40 | 2.28 | 0.00 | 0.79 | 0.62 | |
| | | 3－409 | Ⅲ级养护：常绿乔木，胸径20cm以内 | 10株 | 0.5 | 5.73 | 2.47 | 4.55 | 1.03 | 0.80 | |
| 9 | 050102001005 | | 栽植乔木：乔木种类，香樟；胸径，32～34cm；高度，650～700cm；冠幅，400cm；要求，全冠，形态优美；养护期，1年；支撑形式，杉木支撑，草绳绕树干 | 株 | 1 | 620.63 | 4198.02 | 135.90 | 112.02 | 86.88 | 5153.45 |
| | | 3－114换 | 苗木栽植：栽植乔木（带土球），土球直径在280cm内 | 10株 | 0.1 | 593.96 | 41 76.52 | 129.08 | 106.91 | 83.15 | |
| | | 3－246 | 栽植技术措施：树棍桩，三脚桩 | 10株 | 0.1 | 2.64 | 10.13 | 0.00 | 0.79 | 0.37 | |
| | | 3－260 | 栽植技术措施：草绳绕树干，胸径在35cm以内 | 10m | 0.2 | 13.75 | 6.84 | 0.00 | 2.47 | 1.92 | |
| | | 3－411 | Ⅲ级养护：常绿乔木，胸径40cm以内 | 10株 | 0.1 | 10.28 | 4.53 | 6.82 | 1.85 | 1.44 | |

（续）

| 序号 | 项目编号 | 定额号 | 子目名称 | 单位 | 工程量 | 定额费用 | | | | | 综合单价 |
|---|---|---|---|---|---|---|---|---|---|---|---|
| | | | | | | 人工费 | 材料费 | 机械费 | 管理费 | 利润 | |
| 10 | 050102001006 | | 栽植乔木：乔木种类，香樟；胸径，22～24cm；高度，600～650cm；冠幅，350cm；要求，全冠，形态优美；养护期，1年；支撑形式，杉木支撑，草绳绕树干 | 株 | 18 | 351.35 | 2920.18 | 67.39 | 64.49 | 49.19 | 3452.59 |
| | | 3－112换 | 苗木栽植：栽植乔木（带土球），土球直径在200cm内 | 10株 | 1.8 | 332.20 | 2902.02 | 61.86 | 59.80 | 46.51 | |
| | | 3－246 | 栽植技术措施：树棍桩，三脚桩 | 10株 | 1.8 | 2.64 | 10.13 | 0.00 | 0.79 | 0.37 | |
| | | 3－258 | 栽植技术措施：草绳绕树干，胸径在25cm以内 | 10m | 3.6 | 8.80 | 4.56 | 0.00 | 1.58 | 1.23 | |
| | | 3－410 | Ⅲ级养护：常绿乔木，胸径30cm以内 | 10株 | 1.8 | 7.71 | 3.48 | 5.53 | 2.31 | 1.08 | |
| 11 | 050102001007 | | 栽植乔木：乔木种类，香樟；胸径，16～18cm；高度，500～550cm；冠幅，300cm；要求，全冠，形态优美；养护期，1年；支撑形式，杉木支撑，草绳绕树干 | 株 | 48 | 177.77 | 1022.38 | 32.01 | 32.32 | 24.89 | 1289.37 |

（续）

| 序号 | 项目编号 | 定额号 | 子目名称 | 单位 | 工程量 | 定额费用 | | | | | 综合单价 |
|---|---|---|---|---|---|---|---|---|---|---|---|
| | | | | | | 人工费 | 材料费 | 机械费 | 管理费 | 利润 | |
| | | 3－110换 | 苗木栽植：栽植乔木(带土球)，土球直径在160cm内 | 10株 | 4.8 | 162.80 | 1006.74 | 27.46 | 29.30 | 22.79 | |
| | | 3－246 | 栽植技术措施：树棍桩，三脚桩 | 10株 | 4.8 | 2.64 | 10.13 | 0.00 | 0.79 | 0.37 | |
| | | 3－257 | 栽植技术措施：草绳绕树干，胸径在20cm以内 | 10m | 9.6 | 6.6 | 3.04 | 0.00 | 1.19 | 0.92 | |
| | | 3－409 | Ⅲ级养护：常绿乔木，胸径20cm以内 | 10株 | 4.8 | 5.73 | 2.47 | 4.55 | 1.03 | 0.80 | |
| 12 | 050102001008 | | 栽植乔木：乔木种类，香樟；胸径，14～16cm；高度，450～500cm；冠幅，200cm；要求，全冠，形态优美；养护期，1年；支撑形式，杉木支撑，草绳绕树干 | 株 | 5 | 112.65 | 600.04 | 27.21 | 20.59 | 15.77 | 776.27 |
| | | 3－109换 | 苗木栽植：栽植乔木(带土球)，土球直径在140cm内 | 10株 | 0.5 | 97.68 | 584.40 | 22.65 | 17.58 | 13.68 | |
| | | 3－246 | 栽植技术措施：树棍桩，三脚桩 | 10株 | 0.5 | 2.64 | 10.13 | 0.00 | 0.79 | 0.37 | |
| | | 3－257 | 栽植技术措施：草绳绕树干，胸径在20cm以内 | 10m | 1 | 6.60 | 3.04 | 0.00 | 1.19 | 0.92 | |
| | | 3－409 | Ⅲ级养护：常绿乔木，胸径20cm以内 | 10株 | 0.5 | 5.73 | 2.47 | 4.55 | 1.03 | 0.80 | |

（续）

| 序号 | 项目编号 | 定额号 | 子目名称 | 单位 | 工程量 | 定额费用 | | | | | 综合单价 |
|---|---|---|---|---|---|---|---|---|---|---|---|
| | | | | | | 人工费 | 材料费 | 机械费 | 管理费 | 利润 | |
| 13 | 050102001009 | | 栽植乔木：乔木种类，大叶女贞；胸径，14~15cm；高度，400~450cm；冠幅，300cm；养护期，1年；支撑形式，杉木支撑，草绳绕树干 | 株 | 12 | 75.69 | 598.25 | 18.28 | 22.18 | 10.60 | 725.00 |
| | | 3-108换 | 苗木栽植：栽植乔木（带土球），土球直径在120cm内 | 10株 | 1.2 | 62.92 | 583.37 | 13.73 | 18.88 | 8.81 | |
| | | 3-246 | 栽植技术措施：树棍桩，三脚桩 | 10株 | 1.2 | 2.64 | 10.13 | 0.00 | 0.79 | 0.37 | |
| | | 3-256 | 栽植技术措施：草绳绕树干，胸径在15cm以内 | 10m | 2.4 | 4.40 | 2.28 | 0.00 | 0.79 | 0.62 | |
| | | 3-409 | Ⅲ级养护：常绿乔木，胸径20cm以内 | 10株 | 1.2 | 5.73 | 2.47 | 4.55 | 1.72 | 0.80 | |
| 14 | 050102001010 | | 栽植乔木：乔木种类，大叶女贞；胸径，12~15cm；高度，400~450cm；冠幅，350cm；养护期，1年；支撑形式，杉木支撑，草绳绕树干 | 株 | 15 | 75.69 | 368.25 | 18.28 | 22.18 | 10.60 | 495.00 |
| | | 3-108换 | 苗木栽植：栽植乔木（带土球），土球直径在120cm内 | 10株 | 1.5 | 62.92 | 353.37 | 13.73 | 18.88 | 8.81 | |
| | | 3-246 | 栽植技术措施：树棍桩，三脚桩 | 10株 | 1.5 | 2.64 | 10.13 | 0.00 | 0.79 | 0.37 | |
| | | 3-256 | 栽植技术措施：草绳绕树干，胸径在15cm以内 | 10m | 3 | 4.40 | 2.28 | 0.00 | 0.79 | 0.62 | |
| | | 3-409 | Ⅲ级养护：常绿乔木，胸径20cm以内 | 10株 | 1.5 | 5.73 | 2.47 | 4.55 | 1.72 | 0.80 | |

（续）

| 序号 | 项目编号 | 定额号 | 子目名称 | 单位 | 工程量 | 定额费用 | | | | | 综合单价 |
|---|---|---|---|---|---|---|---|---|---|---|---|
| | | | | | | 人工费 | 材料费 | 机械费 | 管理费 | 利润 | |
| 15 | 050102004003 | | 栽植灌木：灌木种类，迎春；高度，80cm；冠幅，60cm；养护期，1年 | 株 | 6 | 3.86 | 1.72 | 1.27 | 0.70 | 0.54 | 8.08 |
| | | 3-138换 | 苗木栽植：栽植灌木（带土球），土球直径在30cm内 | 10株 | 0.6 | 2.69 | 0.96 | 0.00 | 0.48 | 0.38 | |
| | | 3-419 | Ⅲ级养护：灌木，蓬径100cm以内 | 10株 | 0.6 | 1.17 | 0.76 | 1.27 | 0.21 | 0.16 | |
| 16 | 050102004004 | | 栽植灌木：灌木种类，八角金盘；高度，70cm；冠幅，70cm；要求，每丛6分支以上；养护期，1年 | 株 | 5 | 3.86 | 4.42 | 1.27 | 0.70 | 0.54 | 10.79 |
| | | 3-138换 | 苗木栽植：栽植灌木（带土球），土球直径在30cm内 | 10株 | 0.5 | 2.69 | 3.66 | 0.00 | 0.48 | 0.38 | |
| | | 3-419 | Ⅲ级养护：灌木，蓬径100cm以内 | 10株 | 0.5 | 1.17 | 0.76 | 1.27 | 0.21 | 0.16 | |
| 17 | 050102004005 | | 栽植灌木：灌木种类，南天竹；高度，60cm；冠幅，80cm；养护期，1年 | 株 | 13 | 5.18 | 2.35 | 1.27 | 0.93 | 0.72 | 10.45 |
| | | 3-139换 | 苗木栽植：栽植灌木（带土球），土球直径在40cm内 | 10株 | 1.3 | 4.00 | 1.59 | 0.00 | 0.72 | 0.56 | |
| | | 3-419 | Ⅲ级养护：灌木，蓬径100cm以内 | 10株 | 1.3 | 1.17 | 0.76 | 1.27 | 0.21 | 0.16 | |
| 18 | 050102004006 | | 栽植灌木：灌木种类，栀子花；高度，60cm；冠幅，80cm；养护期，1年 | 株 | 7 | 5.18 | 1.60 | 1.27 | 0.93 | 0.73 | 9.70 |

（续）

| 序号 | 项目编号 | 定额号 | 子目名称 | 单位 | 工程量 | 定额费用 | | | | | 综合单价 |
|---|---|---|---|---|---|---|---|---|---|---|---|
| | | | | | | 人工费 | 材料费 | 机械费 | 管理费 | 利润 | |
| | | 3－139 换 | 苗木栽植：栽植灌木（带土球），土球直径在40cm 内 | 10 株 | 0.7 | 4.00 | 0.84 | 0.00 | 0.72 | 0.56 | |
| | | 3－419 | Ⅲ级养护：灌木，蓬径 100cm 以内 | 10 株 | 0.7 | 1.17 | 0.76 | 1.27 | 0.21 | 0.16 | |
| 19 | 050102004007 | | 栽植灌木：灌木种类，连翘；高度，100cm；冠幅，80cm；要求，每丛 20 分支以上；养护期，1 年 | 株 | 7 | 5.18 | 1.85 | 1.27 | 0.93 | 0.73 | 9.95 |
| | | 3－139 换 | 苗木栽植：栽植灌木（带土球），土球直径在40cm 内 | 10 株 | 0.7 | 4.00 | 1.09 | 0.00 | 0.72 | 0.56 | |
| | | 3－419 | Ⅲ级养护：灌木，蓬径 100cm 以内 | 10 株 | 0.7 | 1.17 | 0.76 | 1.27 | 0.21 | 0.16 | |
| 20 | 050102004008 | | 栽植灌木：灌木种类，金丝桃；高度，80cm；冠幅，80cm；要求，每丛20 分支以上；养护期，1 年 | 株 | 11 | 46.94 | 28.52 | 46.60 | 8.45 | 6.57 | 137.09 |
| | | 3－139 换 | 苗木栽植：栽植灌木（带土球），土球直径在40cm 内 | 10 株 | 1.1 | 40.04 | 7.90 | 0.00 | 7.21 | 5.61 | |
| | | 3－419 | Ⅲ级养护：灌木，蓬径 100cm 以内 | 10 株 | 1.1 | 6.90 | 20.62 | 46.60 | 1.24 | 0.96 | |
| 21 | 050102004009 | | 栽植灌木：灌木种类，小叶黄杨；高度，50cm；冠幅，40cm；要求，36 株/m$^2$；养护期，1 年 | 株 | 648 | 0.15 | 0.38 | 0.01 | 0.03 | 0.02 | 0.59 |

（续）

| 序号 | 项目编号 | 定额号 | 子目名称 | 单位 | 工程量 | 定额费用 | | | | | 综合单价 |
|---|---|---|---|---|---|---|---|---|---|---|---|
| | | | | | | 人工费 | 材料费 | 机械费 | 管理费 | 利润 | |
| | | 3-133 换 | 苗木栽植：栽植灌木（带土球），土球直径在20cm内，不超过36株/$m^2$ | $10m^2$ | 1.8 | 0.12 | 0.36 | 0.00 | 0.02 | 0.02 | |
| | | 3-433 | Ⅲ级养护：片植绿篱类，高度50cm以内 | $10m^2$ | 1.8 | 0.03 | 0.02 | 0.01 | 0.01 | 0.00 | |
| 22 | 050102004010 | | 栽植灌木：灌木种类，红叶石楠；高度，50cm；冠幅，40cm；要求，36株/$m^2$；养护期，1年 | 株 | 900 | 0.15 | 0.58 | 0.01 | 0.03 | 0.02 | 0.79 |
| | | 3-133 换 | 苗木栽植：栽植灌木（带土球），土球直径在20cm内，不超过36株/$m^2$ | $10m^2$ | 2.5 | 0.12 | 0.56 | 0.00 | 0.02 | 0.02 | |
| | | 3-433 | Ⅲ级养护：片植绿篱类，高度50cm以内 | $10m^2$ | 2.5 | 0.03 | 0.02 | 0.01 | 0.01 | 0.00 | |
| 23 | 050102004011 | | 栽植灌木：灌木种类，金叶女贞；高度，50cm；冠幅，50cm；要求，36株/$m^2$；养护期，1年 | 株 | 1548 | 0.15 | 0.38 | 0.01 | 0.03 | 0.02 | 0.59 |
| | | 3-133 换 | 苗木栽植：栽植灌木（带土球），土球直径在20cm内，不超过36株/$m^2$ | $10m^2$ | 4.3 | 0.12 | 0.16 | 0.00 | 0.02 | 0.02 | |
| | | 3-433 | Ⅲ级养护：片植绿篱类，高度50cm以内 | $10m^2$ | 4.3 | 0.03 | 0.02 | 0.01 | 0.01 | 0.00 | |
| 24 | 050102009001 | | 栽植水生植物：植物种类，香蒲；高度，70cm；要求，16丛/$m^2$；养护期，1年 | 丛 | 816 | 1.12 | 0.91 | 0.04 | 0.20 | 0.16 | 2.43 |
| | | 3-192 换 | 苗木栽植：栽植水生植物，塘植不超过25丛/$m^2$ | 10丛 | 81.6 | 0.35 | 0.89 | 0.00 | 0.06 | 0.05 | |
| | | 3-444 | Ⅲ级养护：水生植物类，塘植 | 10丛 | 81.6 | 0.77 | 0.02 | 0.04 | 0.14 | 0.11 | |

（续）

| 序号 | 项目编号 | 定额号 | 子目名称 | 单位 | 工程量 | 定额费用 | | | | | 综合单价 |
|---|---|---|---|---|---|---|---|---|---|---|---|
| | | | | | | 人工费 | 材料费 | 机械费 | 管理费 | 利润 | |
| 25 | 050102009002 | | 栽植水生植物：植物种类，灯心草；高度，90cm；要求，16 丛/$m^2$；养护期，1年 | 丛 | 608 | 1.12 | 0.92 | 0.04 | 0.20 | 0.16 | 2.44 |
| | | 3-192 换 | 苗木栽植：栽植水生植物，塘植 25 丛/$m^2$ | 10 丛 | 60.8 | 0.35 | 0.90 | 0.00 | 0.06 | 0.05 | |
| | | 3-444 | Ⅲ级养护：水生植物类，塘植 | 10 丛 | 60.8 | 0.77 | 0.02 | 0.04 | 0.14 | 0.11 | |
| 26 | 050102009003 | | 栽植水生植物：植物种类，再力花；高度，90cm；要求，25 丛/$m^2$；养护期，1年 | 丛 | 825 | 1.12 | 5.10 | 0.04 | 0.20 | 0.16 | 6.62 |
| | | 3-192 换 | 苗木栽植：栽植水生植物，塘植 25 丛/$m^2$ | 10 丛 | 82.5 | 0.35 | 5.08 | 0.00 | 0.06 | 0.05 | |
| | | 3-444 | Ⅲ级养护：水生植物类，塘植 | 10 丛 | 82.5 | 0.77 | 0.02 | 0.04 | 0.14 | 0.11 | |
| 27 | 050102009004 | | 栽植水生植物：植物种类，玉蝉花；高度，40cm；要求，36 丛/$m^2$；养护期，1年 | 丛 | 1224 | 1.12 | 1.10 | 0.04 | 0.20 | 0.16 | 2.62 |
| | | 3-192 换 | 苗木栽植：栽植水生植物，塘植 25 丛/$m^2$ | 10 丛 | 122.4 | 0.35 | 1.08 | 0.00 | 0.06 | 0.05 | |
| | | 3-444 | Ⅲ级养护：水生植物类，塘植 | 10 丛 | 122.4 | 0.77 | 0.02 | 0.04 | 0.14 | 0.11 | |
| 28 | 050102009005 | | 栽植水生植物：植物种类，花叶芦竹；高度，90cm；要求，9 丛/$m^2$；养护期，1年 | 丛 | 297 | 1.77 | 0.99 | 0.04 | 0.32 | 0.25 | 3.36 |

（续）

| 序号 | 项目编号 | 定额号 | 子目名称 | 单位 | 工程量 | 定额费用 | | | | | 综合单价 |
|---|---|---|---|---|---|---|---|---|---|---|---|
| | | | | | | 人工费 | 材料费 | 机械费 | 管理费 | 利润 | |
| | | 3－193 换 | 苗木栽植：栽植水生植物，塘植 11 丛/m$^2$ | 10 丛 | 29.7 | 1.00 | 0.97 | 0.00 | 0.18 | 0.14 | |
| | | 3－444 | Ⅲ级养护：水生植物类，塘植 | 10 丛 | 29.7 | 0.77 | 0.02 | 0.04 | 0.14 | 0.11 | |
| 29 | 050102009006 | | 栽植水生植物：植物种类，芦苇；高度，150cm；要求，9 丛/m$^2$；养护期，1 年 | 丛 | 441 | 1.77 | 0.99 | 0.04 | 0.32 | 0.25 | 3.36 |
| | | 3－193 换 | 苗木栽植：栽植水生植物，塘植 11 丛/m$^2$ | 10 丛 | 44.1 | 1.00 | 0.97 | 0.00 | 0.18 | 0.14 | |
| | | 3－444 | Ⅲ级养护：水生植物类，塘植 | 10 丛 | 44.1 | 0.77 | 0.02 | 0.04 | 0.14 | 0.11 | |
| 30 | 050102008001 | | 栽植花卉：花卉种类，马蔺；高度，30cm；要求，36 丛/m$^2$；养护期，1 年 | 株 | 15 840 | 0.14 | 1.03 | 0.03 | 0.02 | 0.02 | 1.23 |
| | | 3－199 换 | 苗木栽植：露地花卉栽植，普通花坛不超过 49 株/m$^2$ | 10m$^2$ | 44 | 0.13 | 1.01 | 0.00 | 0.02 | 0.02 | |
| | | 3－454 | Ⅲ级养护：露地花卉，草本类 | 10m$^2$ | 44 | 0.01 | 0.02 | 0.03 | 0.00 | 0.00 | |
| 31 | 050102008002 | | 栽植花卉：花卉种类，紫萼；高度，30cm；要求，25 丛/m$^2$；养护期，1 年 | 株 | 9025 | 0.22 | 0.39 | 0.04 | 0.04 | 0.03 | 0.73 |
| | | 3－198 换 | 苗木栽植：露地花卉栽植，普通花坛不超过 25 株/m$^2$ | 10m$^2$ | 36.1 | 0.20 | 0.37 | 0.00 | 0.04 | 0.03 | |
| | | 3－454 | Ⅲ级养护：露地花卉，草本类 | 10m$^2$ | 36.1 | 0.02 | 0.02 | 0.04 | 0.00 | 0.00 | |
| 32 | 050102008003 | | 栽植花卉：花卉种类，丛生福禄考；高度，15cm；要求，25 丛/m$^2$；养护期，1 年 | 株 | 1225 | 0.22 | 0.75 | 0.04 | 0.04 | 0.03 | 1.09 |

（续）

| 序号 | 项目编号 | 定额号 | 子目名称 | 单位 | 工程量 | 定额费用 | | | | | 综合单价 |
|---|---|---|---|---|---|---|---|---|---|---|---|
| | | | | | | 人工费 | 材料费 | 机械费 | 管理费 | 利润 | |
| | | 3－198 换 | 苗木栽植：露地花卉栽植，普通花坛不超过 25 株/$m^2$ | $10m^2$ | 4.9 | 0.20 | 0.73 | 0.00 | 0.04 | 0.03 | |
| | | 3－454 | Ⅲ级养护：露地花卉，草本类 | $10m^2$ | 4.9 | 0.02 | 0.02 | 0.04 | 0.00 | 0.00 | |
| 33 | 050102008004 | | 栽植花卉：花卉种类，玉簪；高度，30cm；要求，25 丛/$m^2$；养护期，1 年 | 株 | 650 | 0.22 | 0.63 | 0.04 | 0.04 | 0.03 | 0.97 |
| | | 3－198 换 | 苗木栽植：露地花卉栽植，普通花坛不超过 25 株/$m^2$ | $10m^2$ | 2.6 | 0.20 | 0.61 | 0.00 | 0.04 | 0.03 | |
| | | 3－454 | Ⅲ级养护：露地花卉，草本类 | $10m^2$ | 2.6 | 0.02 | 0.02 | 0.04 | 0.00 | 0.00 | |
| 34 | 050102010001 | | 铺种草皮：草皮种类，阔叶麦冬；高度，30cm；要求，25 丛/$m^2$；养护期，1 年 | $m^2$ | 86 | 4.60 | 6.91 | 1.13 | 0.83 | 0.64 | 14.12 |
| | | 3－212 换 | 苗木栽植：铺种草皮，栽种（书带草等）不超过 25 株/$m^2$ | $10m^2$ | 8.6 | 3.96 | 6.91 | 0.00 | 0.71 | 0.55 | |
| | | 3－459 | Ⅲ级养护：草坪类（割灌机修剪）杂草型 | $10m^2$ | 8.6 | 0.64 | 0.00 | 1.13 | 0.12 | 0.09 | |
| 35 | 050102010002 | | 铺种草皮：草皮种类，细茎针茅；高度，20cm；要求，25 丛/$m^2$；养护期，1 年 | $m^2$ | 122 | 4.41 | 10.48 | 0.79 | 0.79 | 0.62 | 17.10 |
| | | 3－212 换 | 苗木栽植：铺种草皮，栽种（书带草等）不超过 25 株/$m^2$ | $10m^2$ | 12.2 | 3.96 | 10.48 | 0.00 | 0.71 | 0.55 | |
| | | 3－459 | Ⅲ级养护：草坪类（割灌机修剪）杂草型 | $10m^2$ | 8.6 | 0.45 | 0.00 | 0.79 | 0.08 | 0.07 | |
| 36 | 050102010003 | | 铺种草皮：草皮种类，白花三叶草；高度，30cm；要求，36 丛/$m^2$；养护期，1 年 | $m^2$ | 119.1 | 4.27 | 3.46 | 0.46 | 0.77 | 0.60 | 9.56 |

（续）

| 序号 | 项目编号 | 定额号 | 子目名称 | 单位 | 工程量 | 定额费用 | | | | | 综合单价 |
|---|---|---|---|---|---|---|---|---|---|---|---|
| | | | | | | 人工费 | 材料费 | 机械费 | 管理费 | 利润 | |
| | | 3 - 208 换 | 苗木栽植：铺种草皮，播种(膜覆盖) | $10m^2$ | 11.91 | 3.56 | 3.17 | 0.00 | 0.64 | 0.50 | |
| | | 3 - 456 | Ⅲ级养护：草坪类(割草机修剪)暖季型 | $10m^2$ | 11.91 | 0.71 | 0.30 | 0.46 | 0.13 | 0.10 | |
| 37 | 050102010004 | | 铺种草皮：草皮种类，柔穗狼尾草；高度，40cm；要求，9 丛/$m^2$；养护期，1 年 | $m^2$ | 10 | 4.60 | 3.34 | 1.13 | 0.83 | 0.64 | 10.55 |
| | | 3 - 212 换 | 苗木栽植：铺种草皮，栽种(书带草等)不超过 25 株/$m^2$ | $10m^2$ | 1 | 3.96 | 3.34 | 0.00 | 0.71 | 0.55 | |
| | | 3 - 459 | Ⅲ级养护：草坪类(割灌机修剪)杂草型 | $10m^2$ | 1 | 0.64 | 0.00 | 1.13 | 0.12 | 0.09 | |
| 38 | 050102010005 | | 铺种草皮：草皮种类，矮生百慕大和多年生黑麦草；要求，2:1 混播 | $m^2$ | 14 569 | 4.27 | 4.99 | 0.46 | 0.85 | 0.60 | 11.18 |
| | | 3 - 208 换 | 苗木栽植：铺种草皮，播种(膜覆盖) | $10m^2$ | 1456.9 | 3.56 | 4.70 | 0.00 | 0.64 | 0.50 | |
| | | 3 - 456 | Ⅲ级养护：草坪类(割草机修剪)暖季型 | $10m^2$ | 1456.9 | 0.71 | 0.30 | 0.46 | 0.21 | 0.10 | |

## 措施项目费单价分析表

工程名称：××大学博爱广场中心景观工程　　　　第1页共1页

| 序号 | 措施项目名称 | 定额编号 | 子目名称 | 单位 | 数量 | 综合单价分析 | | | | | |
|---|---|---|---|---|---|---|---|---|---|---|---|
| | | | | | | 人工费 | 材料费 | 机械费 | 管理费 | 利润 | 小计 |
| 1 | 临时设施费 | | | 项 | 1.000 | 5116.06 | | | | | 5116.06 |
| 2 | 模板 | | 模板 | 项 | 1.000 | 14 025.25 | 23 313.32 | 1070.58 | 3773.95 | 1811.49 | 43 994.45 |
| | | 20-1 | 现浇混凝土垫层基础组合钢模板(2-120) | $10m^2$ | 0.057 | 154.66 | 85.54 | 5.64 | 40.58 | 19.48 | |
| | | 20-11 | 现浇各种柱基、桩承台复合木模板(5-7) | $10m^2$ | 0.262 | 93.61 | 76.51 | 8.07 | 25.42 | 12.20 | |
| | | 20-11 | 现浇各种柱基、桩承台复合木模板(5-7) | $10m^2$ | 0.064 | 93.61 | 76.51 | 8.07 | 25.42 | 12.20 | |
| | | 20-1 | 现浇混凝土垫层基础组合钢模板(2-120) | $10m^2$ | 0.415 | 154.66 | 85.54 | 5.64 | 40.58 | 19.48 | |
| | | 20-223 | 贮水(油)池钢筋混凝土平池底模板(5-134) | $10m^2$ | 1.649 | 216.77 | 462.21 | 16.31 | 58.27 | 25.97 | |
| | | 20-224 | 贮水(油)池钢筋混凝土圆形池壁模板(5-136) | $10m^2$ | 80.049 | 169.45 | 280.89 | 12.96 | 45.60 | 21.89 | |
| | | | | 项 | 1.000 | 65.46 | 34.03 | 10.78 | 19.06 | 9.15 | 138.47 |
| 3 | 满堂脚手架 | 19-7 | | $10m^2$ | 1.764 | 35.11 | 19.29 | 6.11 | 10.81 | 5.19 | |
| 4 | 材料与设备检验试验 | | | 项 | 1.000 | 4385.20 | | | | | 4385.20 |

## 规费、税金项目清单与计价表

工程名称：××大学博爱广场中心景观工程　　　　第1页共1页

| 序号 | 项目名称 | 计算基础 | 费　率(%) | 金　额(元) |
|---|---|---|---|---|
| 1 | 规费 | | | 28 531.44 |
| 1.1 | 工程排污费 | | | |
| 1.2 | 安全生产监督费 | | | |
| 1.3 | 社会保障费 | 792 539.94 | 2.8 | 22 191.12 |
| 1.4 | 住房公积金 | 792 539.94 | 0.8 | 6340.32 |
| 2 | 税金 | 821 071.38 | 3.41 | 27 998.53 |
| 合　计 | | | | 56 529.97 |

## 乙供材料、设备表

工程名称：××大学博爱广场中心景观工程　　　　第1页共1页

| 序号 | 材料编码 | 材料名称 | 规格型号等特殊要求 | 单位 | 数量 | 单价 |
|---|---|---|---|---|---|---|
| 1 | 101022 | 中砂 | | t | 166.35 | 37 |
| 2 | 102040 | 碎石 | 5～16mm | t | 0.68 | 36 |
| 3 | 102041 | 碎石 | 5～20mm | t | 99.35 | 36 |
| 4 | 102042 | 碎石 | 5～40mm | t | 39.00 | 36 |
| 5 | 104001－1 | 30厚黄色文化石 | | $m^2$ | 9.28 | 100 |
| 6 | 104001－2 | 20厚青灰色文化石碎拼 | | $m^2$ | 28.56 | 50 |
| 7 | 104001－3 | 黑色亮面花岗岩 | | $m^2$ | 1098.39 | 200 |
| 8 | 201008 | 标准砖 | 240mm×115mm×53mm | 百块 | 4.60 | 26 |
| 9 | 301002 | 白水泥 | | kg | 165.69 | 0.5 |
| 10 | 301023 | 水泥 | 32.5级 | kg | 59 896.10 | 0.24 |
| 11 | 401029－1 | 柳桉木 | | $m^3$ | 1.26 | 2800 |
| 12 | 401029－2 | 杉木 | | $m^3$ | 0.52 | 1599 |
| 13 | 401031－1 | 柳桉木 | | $m^3$ | 0.35 | 2800 |
| 14 | 401035 | 周转木材 | | $m^3$ | 13.03 | 1249 |
| 15 | 402005－1 | 柳桉木 | | $m^3$ | 1.51 | 2800 |
| 16 | 405015 | 复合木模板 | 18mm | $m^2$ | 0.72 | 24 |
| 17 | 405117－1 | 150×50柳桉木地板 | | $m^2$ | 21.36 | 140 |

（续）

| 序号 | 材料编码 | 材料名称 | 规格型号等特殊要求 | 单位 | 数量 | 单价 |
| --- | --- | --- | --- | --- | --- | --- |
| 18 | 407007 | 锯（木）屑 |  | $m^3$ | 0.17 | 10.45 |
| 19 | 501114 | 型钢 |  | t | 0.08 | 3600 |
| 20 | 504098 | 钢支撑（钢管） |  | kg | 1.53 | 3.1 |
| 21 | 504177 | 脚手钢管 |  | kg | 2.49 | 3.1 |
| 22 | 507042 | 底座 |  | 个 | 0.02 | 6 |
| 23 | 507108 | 扣件 |  | 个 | 0.35 | 3.4 |
| 24 | 509006 | 电焊条 | 结422 | kg | 2.22 | 3.6 |
| 25 | 510103 | 地板钉 | 40 | kg | 3.23 | 9 |
| 26 | 510122 | 镀锌铁丝 | 8# | kg | 21.46 | 3.55 |
| 27 | 510127 | 镀锌铁丝 | 22# | kg | 0.04 | 3.9 |
| 28 | 511205 | 对拉螺栓（止水螺栓） |  | kg | 1299.20 | 4.75 |
| 29 | 511366 | 零星卡具 |  | kg | 0.21 | 3.8 |
| 30 | 511533 | 铁钉 |  | kg | 115.35 | 3.6 |
| 31 | 513287 | 组合钢模板 |  | kg | 2.55 | 4 |
| 32 | 601036 | 防锈漆（铁红） |  | kg | 0.22 | 6 |
| 33 | 601041 | 酚醛清漆各色 |  | kg | 21.08 | 8 |
| 34 | 601043 | 酚醛无光调和漆（底漆） |  | kg | 0.82 | 6.65 |
| 35 | C105020401.1 | 种植土 |  | $m^3$ | 107.78 | 9.000 |
| 36 | C800000000 | 八角金盘：高度，70cm；冠幅，70cm |  | 株 | 5.00 | 3.500 |
| 37 | C800000000 | 大叶女贞：胸径，12～15cm；高度，400～450cm；冠幅，350cm |  | 株 | 15.00 | 350.000 |
| 38 | C800000000 | 大叶女贞：胸径，14～15cm；高度，400～450cm；冠幅，300cm |  | 株 | 12.00 | 580.000 |
| 39 | C800000000 | 红果冬青：地径，10～12cm；高度，200～300cm；冠幅，200cm |  | 株 | 4.00 | 150.000 |
| 40 | C800000000 | 红果冬青：地径，12～14cm；高度，300～400cm；冠幅，300cm |  | 株 | 9.00 | 450.000 |
| 41 | C800000000 | 红花木莲：地径，10～12cm；高度，400～450cm；冠幅，300cm |  | 株 | 5.00 | 350.000 |
| 42 | C800000000 | 红花木莲：地径，12～14cm；高度，400～500cm；冠幅，400cm |  | 株 | 7.00 | 450.000 |
| 43 | C800000000 | 连翘：高度，100cm；冠幅，80cm |  | 株 | 7.00 | 0.800 |

（续）

| 序号 | 材料编码 | 材料名称 | 规格型号等特殊要求 | 单位 | 数量 | 单价 |
|---|---|---|---|---|---|---|
| 44 | C800000000 | 南天竹：高度，60cm；冠幅，80cm | | 株 | 13.00 | 1.300 |
| 45 | C800000000 | 香樟：胸径，14～16cm；高度，450～500cm；冠幅，200cm | | 株 | 5.00 | 580.000 |
| 46 | C800000000 | 香樟：胸径，16～18cm；高度，500～550cm；冠幅，300cm | | 株 | 48.00 | 1000.000 |
| 47 | C800000000 | 香樟：胸径，22～24cm；高度，600～650cm；冠幅，350cm | | 株 | 18.00 | 2800.000 |
| 48 | C800000000 | 香樟：胸径，32～34cm；高度，650～700cm；冠幅，400cm | | 株 | 1.00 | 4000.000 |
| 49 | C800000000 | 迎春：高度，80cm；冠幅，60cm | | 株 | 6.00 | 0.800 |
| 50 | C800000000 | 栀子花：高度，60cm；冠幅，80cm | | 株 | 7.00 | 0.550 |
| 51 | C800000001 | 丛生福禄考：高度，15cm；要求，25丛/$m^2$ | | $m^2$ | 49.00 | 18.000 |
| 52 | C800000001 | 红花檵木：高度，40cm；要求，36丛/$m^2$；双面红 | | $m^2$ | 383.00 | 59.400 |
| 53 | C800000001 | 红叶石楠：高度，40cm；要求，36丛/$m^2$ | | $m^2$ | 591.00 | 20.000 |
| 54 | C800000001 | 金叶女贞：高度，50cm；要求，36丛/$m^2$ | | $m^2$ | 109.00 | 11.000 |
| 55 | C800000001 | 玉簪：高度，30cm；要求，25丛/$m^2$ | | $m^2$ | 26.00 | 15.000 |
| 56 | C800000001 | 紫萼：高度，30cm；要求，25丛/$m^2$ | | $m^2$ | 361.00 | 9.000 |
| 57 | C800000002 | 灯心草：高度，90cm | | 丛 | 608.00 | 0.820 |
| 58 | C800000002 | 花叶芦竹：高度，90cm | | 丛 | 297.00 | 0.890 |
| 59 | C800000002 | 香蒲：高度，70cm | | 丛 | 816.00 | 0.810 |
| 60 | C800000002 | 玉蝉花：高度，40cm | | 丛 | 1224.00 | 1.000 |
| 61 | C800000002 | 再力花：高度，90cm | | 丛 | 825.00 | 5.000 |
| 62 | C806041001.1 | 白花三叶草：高度，30cm；要求，36丛/$m^2$ | | $m^2$ | 121.48 | 2.000 |
| 63 | C806041301.1 | 白茅：高度，30cm；要求，16丛/$m^2$ | | $m^2$ | 9.18 | 10.000 |
| 64 | C806041301.1 | 阔叶麦冬：高度，30cm；要求，25丛/$m^2$ | | $m^2$ | 87.72 | 6.500 |
| 65 | C806041301.1 | 柔穗狼尾草：高度，40cm；要求，9丛/$m^2$ | | $m^2$ | 10.20 | 3.000 |

（续）

| 序号 | 材料编码 | 材料名称 | 规格型号等特殊要求 | 单位 | 数量 | 单价 |
|---|---|---|---|---|---|---|
| 66 | C806041301.1 | 细茎针茅：高度，20cm；要求，25丛/$m^2$ | | $m^2$ | 124.44 | 10.000 |
| 67 | C807012401.1 | 基肥 | | kg | 65.54 | 1.500 |
| 68 | C105020501 | 细土 | | $m^3$ | 9.76 | 9.000 |
| 69 | C305010101 | 水 | | $m^3$ | 40.84 | 2.800 |
| 70 | C508130201 | 镀锌铁丝；8# | | kg | 5.50 | 6.500 |
| 71 | C508130202 | 镀锌铁丝；12# | | kg | 160 | 6.500 |
| 72 | C605120102 | 塑料薄膜 | | $m^2$ | 4896 | 0.860 |
| 73 | C606020602 | 胶管 | | m | 640 | 11.510 |
| 74 | C608011501 | 草绳 | | kg | 86.00 | 0.380 |
| 75 | C807012401 | 基肥 | | kg | 4.95 | 1.500 |
| 76 | C807012901 | 肥料 | | kg | 1069.04 | 1.500 |
| 77 | C807013001 | 药剂 | | kg | 63.14 | 26.000 |
| 78 | C808020401 | 树棍；长1200内 | | 根 | 372.00 | 3.050 |

## 思考题

1. 简述工程量清单的编制方法。
2. 工程量清单计价的编制程序是什么？

# 第6章　园林工程施工招标

【学习目标】熟悉园林工程施工招标的程序；掌握园林工程招标文件的编制方法。

## 6.1　园林工程施工招标的程序和方法

### 6.1.1　我国园林工程施工招标的程序

园林工程施工招标的程序如图6-1所示。

我国园林工程施工招标工作，一般分为3个阶段，即准备工作阶段、招标工作阶段和开标中标阶段，各阶段的一般工作有：

①园林建设单位向政府有关部门提出招标申请；

②组建招标工作机构开展招标工作；

③编制招标文件；

④标底的编制和审定；

⑤发布招标公告和招标邀请书；

⑥组织投标单位报名并接受投标申请；

⑦审查投标单位的资质；

⑧发售招标文件；

⑨踏查现场及答疑；

⑩接受投标书；

⑪召开开标会议并公布投标单位的标书；

⑫评标并确定中标单位。

### 6.1.2　无效标书的认定与处理

按我国现行规定，有下列情况之一者，投标书为无效标书：

①未按招标文件规定标志、密封的；

②无单位和法定代表人或其指定代理人的印鉴或印章不全的；

③标书打印实质性内容不全、字迹模糊、辨认不清的，实质性内容修改

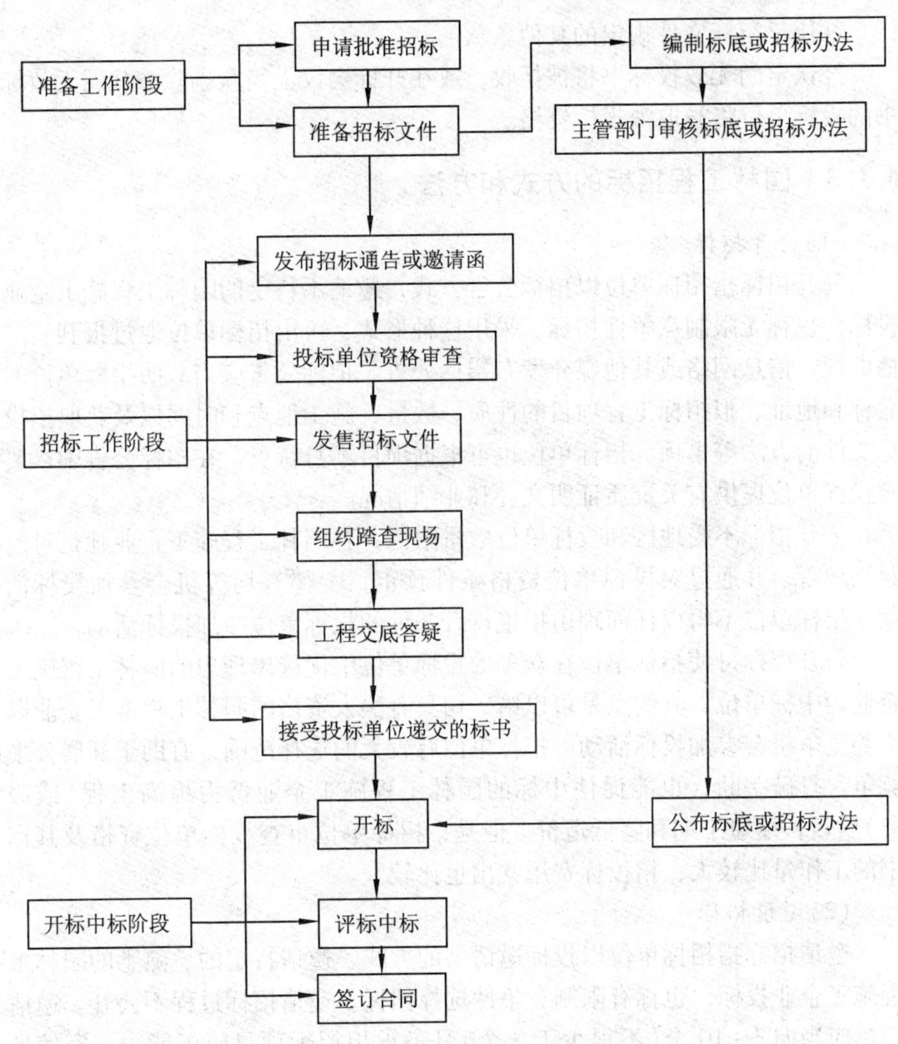


图 6-1 园林工程施工招标的一般程序

后未加盖法定代表人印章的(所谓实质性内容是指投标书投标报价中涉及单价和费用的内容);

④经鉴定认为未按规定的格式填写标书，投标书实质上不响应招标文件要求的;

⑤隐瞒真相、弄虚作假的;

⑥法定代表人或授权代理人未参加开标会议的;

⑦未按规定缴纳投标保证金的;

⑧超过标书递交截止日期的;

⑨违反招标文件规定的其他条款的。

经认定的无效投标书将被拒收，或在开标会议上当众剔除，凡属无效标书的投标单位将被取消投标资格。

## 6.1.3　园林工程招标的方式和方法

(1)公开招标

公开招标指招标单位以招标公告方式，邀请不特定的园林工程施工企业投标，也称无限制竞争性招标。采用这种形式，可由招标单位通过报刊、广播电视、信息网络或其他媒介发布招标公告。招标公告应当载明招标单位的名称和地址、拟招标工程项目的性质、数量、施工地点和时间以及获取招投标文件的方法等事项。招标单位也可根据项目本身特点，在招标公告中，要求投标单位提供有关资质证明文件和业绩情况。

公开招标不受地区和投标单位数量限制，各园林工程施工企业凡是对此感兴趣者，并通过对投标单位资格条件预审，一律有均等机会参加投标活动。招标单位不得以任何理由拒绝符合条件的投标单位参加投标活动。

公开招标可使招标单位在众多的投标单位中优选出理想的园林工程施工企业为中标单位，其优点是可以给一切具有法人资格的园林工程施工企业以平等竞争机会参加投标活动。招标单位有较大的选择范围，有助于开展公平竞争，打破垄断，也能促使中标的园林工程施工企业努力提高工程(或服务)质量，缩短工期和降低造价。但是，招标单位审查投标单位资格及其标书的工作量比较大，招投标费用支出也比较大。

(2)邀请招标

邀请招标指招标单位以投标邀请书的方式，邀请特定的、熟悉的园林工程施工企业投标，也称有限制竞争性选择招标。邀请招标过程不公开。邀请招标应当向 3～10 个(不得少于 3 个)具备承担招标项目施工能力、资信良好的园林工程施工企业发出投标邀请书。投标邀请书的内容与招标公告相同。

采用邀请招标的方式，由于被邀请参加竞争的投标单位数量有限，不仅可以节省招标费用，而且能提高每个投标单位的中标几率，所以对招投标双方都有利。不过，这种招标方式限制了竞争范围，把许多可能的竞争者排除在外，被认为不完全符合自由、公平、公开、竞争机会均等的原则。

一般而言，符合下述情况者，可以考虑邀请招标：

①由于工程性质特殊，要求有专门施工经验的技术人员和熟练技工以及专用技术设备，只有少数施工单位能够胜任；

②公开招标使招标、投标单位支出的费用过多，与工程投资不成比例；

③公开招标的结果未能产生中标单位；

④由于工程紧迫或保密的要求等其他原因，而不宜公开招标。

(3)议标招标

议标招标也称非竞争性招标，是由招标单位直接选定某一园林工程施工企业，双方通过协商达成协议，将工程项目施工任务委托给该园林工程施工企业来完成。议标招标方式比较适合小型园林工程施工项目。

## 6.2 园林工程招标文件的编制

### 6.2.1 园林工程招标文件的主要内容

园林工程招标文件是招标单位向投标单位详细阐明园林工程项目建设意图的一系列文件，它既是招标单位招标工作的指南，也是投标单位投标和编制投标书的主要客观依据和必须遵循的准则。

根据建设部1996年12月颁布的《建设施工招标文件范本》的规定，对于公开招标的招标文件，分为四卷共十章，通常包括下列内容：

第一卷　投标须知、合同条件及合同格式

　第一章　投标须知

　第二章　施工合同通用条款

　第三章　施工合同专用条款

　第四章　合同格式

第二卷　技术规范

　第五章　技术规范

第三卷　投标文件

　第六章　投标书及投标书附录

　第七章　工程量清单及报价表

　第八章　辅助资料表

　第九章　资格审查表

第四卷　图纸

　第十章　图纸

### 6.2.2 园林工程招标文件的编制

园林工程招标文件的编制，由园林建设单位组建的招标工作机构在招标准备阶段负责完成。下面结合招标文件的主要内容，说明其编制的具体要求。

(1)投标须知

内容包括总则、招标文件、投标报价说明、投标文件的编制、投标文件的递交、开标、评标、授予合同等。投标单位在编制投标书和投标时，必须仔细阅读理解，必须按投标须知的要求进行。

投标须知还要对拟招标的工程进行综合说明，内容主要包括工程名称、规模、地址、发包范围和标段、设计单位、场地和地基土质条件(可附工程地质勘察报告和土壤检测报告)、给排水、供电、道路与通讯情况以及工期要求等。

关于施工企业的资质，根据建设部《建筑业企业资质等级标准》的规定，城市园林绿化工程施工企业资质分为一、二、三级，古建筑工程施工企业资质分为一、二、三、四级。

(2)设计图纸和技术说明书

设计图纸和技术说明书作用在于使投标单位能够较详细地了解工程的具体内容和技术要求，能据此编制投标书，制定施工方案和进度计划。施工招标方应提供满足施工需要的全部图纸，其中包括总平面图，园林用地竖向设计图，给排水管线图，供电设计图，种植设计总平面图，园林建筑物、构筑物及小品单体平面、立面、剖面图和主要结构图，以及装修、设备的做法说明等。技术说明书应满足下列要求：

①必须对工程的施工要求作出清楚而详尽的说明，使各投标单位能有共同的理解，能比较有把握地估算或预算出造价；

②明确拟招标工程适用的施工验收技术规范，保修养护期及保修养护期内投标单位应承担的责任；

③明确投标单位应提供的其他服务，诸如监督分承包商的工作，防止自然灾害的特别保护措施、安全保护措施等；

④有关专门施工方法及指定材料品牌、规格、产地或来源及其代用品的说明；

⑤有关施工机械设备、临时设施、现场清理及其他特殊要求的说明。

(3)工程量清单和报价表

工程量清单和报价表是投标单位计算标价和招标单位评标的依据。工程量清单和报价表通常以每一个单位工程为对象，按分部、分项工程列出工程数量和报价表。

在招标文件中，应对工程量清单和报价表做以下说明：工程量清单应与投标须知、合同条件、技术规范和设计图纸一起使用；工程量清单中所列的工程量系招标单位估算或根据设计图纸预算所得，临时作为各投标单位报价的共同基础，工程的付款则以由施工单位计算、监理工程师和招标单位代表共同核准的实际完成工程量为准；工程量清单中所填入的单价和合价，对于综合单价，应说明包括人工费、材料费、机械费、其他直接费、间接费、有关文件规定的调价、利润、税金、现行取费中的有关费用、材料差价以及采用固定价格的工程所测算的风险等全部费用。

工程量清单和报价表由封面、内容目录、前言或说明、工程量表和报价表几部分组成。

(4)合同主要条件

合同主要条件作为招标文件的重要组成部分，其作用一是使投标单位事先明确理解中标后作为施工单位应承担的义务、责任及应享有的权利；二是作为洽商签订正式合同的基础。

(5)技术规范

技术规范指国家、地方和专业颁布的有关建设工程施工、质量验收所采用的技术标准、规程和规范，也包括施工图中规定的施工技术和要求。国家有统一的标准规范时，施工中必须使用。国家没有统一的标准规范时，可以使用地方或专业的标准规范。地方和专业的标准规范不一致时，应写明使用的标准规范的名称，并按照工程的部位和项目分别填写适用标准规范的名称和编号。

(6)投标书及其附录

指由投标单位授权的代表签署的一份投标文件，是对招投标双方均具有约束力的合同的重要组成部分。投标书还包括附录，内容包括投标保证书、投标单位法人代表资格证书、授权委托书等。

(7)辅助资料图表

在投标书中，一般以施工方案或施工组织设计为主要内容，列出的辅助资料表，其中包括：完成本次工程施工所组建的组织机构；项目经理简历表；主要施工管理人员表；主要施工机械设备表；拟分包工程项目情况表；劳动力计划表；施工机械进场计划表；工程材料进场计划表；计划开工、竣工日期和施工进度表；施工现场平面布置及施工道路平面图；完成工程施工方案，保证质量的技术、组织措施；冬季、雨季施工的技术、组织措施；地下管线及其他地上设施的加固措施；保证安全生产、文明施工、降低环境污染的技术、组织措施。

(8)资格审查表

内容主要有投标单位企业的基本概况，还包括企业法人证书、营业执照、税务登记证、组织机构代码证、资质等级证书、项目经理证、技术人员的职称证书和优良工程获奖证书。

## 6.3　园林工程招标标底的编制

标底是园林招标工程的预期价格，凡是准备招投标的园林工程必须编制标底。标底由招标单位自行编制，或经主管部门认定，委托具有编制能力的设计、咨询、监理单位编制。编制的标底必须经招标工作机构审定，并报主管部门批准。标底一经审定批准应密封保存至开标时，所有接触过标底的人员负有保密的责任，不得泄漏。

### 6.3.1　园林工程招标标底的作用

①使建设单位预先明确自己在拟建的园林工程上应承担的财务义务；

②为上级主管部门提供核实投资规模的依据；

③作为衡量投标报价的准绳或参照系，也就是评标的主要尺度之一。

### 6.3.2　园林工程招标标底编制的依据和要求

①根据拟建园林工程的设计图纸及有关资料、招标文件，参照国家规定的技术、经济标准定额及规范，确定工程量和编制标底；

②标底价格应由成本、利润、税金三部分组成，一般应控制在批准的总概算及投资包干的限额内；

③标底价格作为建设单位的期望计划价，应力求与市场的实际变化相吻合，实事求是，既要有利于竞争，节省投资，又要保证工程质量；

④标底价格中的成本应充分考虑人工、材料、机械台班、不可预见费、包干费和措施费等价格变动因素；

⑤一个工程只能编制一个标底。

### 6.3.3　园林工程招标标底文件的主要内容

主要内容与园林工程概、预算基本相同，但应根据招标工程的具体情况，尽可能考虑下列因素：

①根据不同的承包方式，考虑适当的包干系数和风险系数；

②根据现场施工条件及工期要求，考虑必要的技术措施费；

③对建设单位提供的以暂估价计算但可按实调整的材料、设备，要列出数量和估价清单；

④主要材料数量可在定额用量基础上加以调整，使其反映实际情况。

### 6.3.4 园林工程招标标底文件的编制方法

①以施工图预算为基础，根据设计图纸和技术说明，按相应的估价表或预算定额，计算出工程预期总造价，即标底。

②以最终成品单位造价包干为基础。例如，植草工程、喷灌工程可按每平方米面积实行造价包干，植树工程按照每株或每一百株实行整个过程造价包干。具体工程的标底即以此为基础，并根据现场条件、工期要求等因素来确定。

③复合标底。就是招标单位不做标底，在参加投标工程或其中某一标段的所有投标单位的标值(即投标工程或其中某一标段的总报价)中，根据投标单位多少，去掉一至两个最高和最低值，然后取其平均值作为标底。如果招标单位事先做有标底，在复合标底计算时将其纳入，作为一个标值对待。还有一种做法是将投标单位所报标值的平均值，与招标单位做的标底相加，再取平均值作为复合标底。复合标底是在开标后计算得出的，事先具有不确定性，不会出现泄密或人为因素干扰，比较公正、公平、公开，同时也比较符合园林绿化建设的市场行情，近几年在园林绿化工程招投标活动中经常采用。

## 6.4 园林工程招标的开标、评标和决标

### 6.4.1 开标

园林工程开标会议的时间和地点应在招标文件中预先确定，并按时进行，若有变动，应预先通知所有投标单位。一般开标会议是在递交投标文件截止时间的同时公开进行。开标会议由招标单位的法定代表人或其指定的代理人主持，参加人员有招标工作机构的成员、评标委员会的成员、所有投标单位的法定代表人或其指定的代理人，也可邀请上级主管部门及银行等有关单位派员参加，有的还邀请公证机关派公证员到场监督公证。开标会议的一般议程是：

(1)签到

会议开始前，所有与会人员都应履行签到手续，并交验各投标单位法定

代表人或其指定代理人的证件、委托书，确认无误。

(2) 确定开标(唱标或述标)次序

按投标书递交时间前后或以抽签方式排列投标单位唱标次序。

(3) 由招标工作机构的人员介绍参加开标会议的各方到场人员

(4) 宣布评标委员会成员名单和评标办法

(5) 宣布参加开标会议的投标单位及其开标次序

(6) 按次序开标

开标时，先由投标单位法定代表人或代表检查投标文件的密封情况，也可由招标单位委托公证员检查并公证，经确认无误后，由工作人员当众拆封，主持人当众检验已启封的标书，如发现无效标书，须经评标委员会半数以上人员确认，并当场宣布。

标书启封后，对有效标书由工作人员或投标单位法定代表人或代表宣读投标单位名称、投标价格和投标文件的其他主要内容。

(7) 公布标底或计算复合标底

所有投标单位开标结束后，当众公布标底或计算复合标底。如全部有效标书的报价都超过标底规定的上下限幅度时，招标单位可宣布全部报价为无效报价，招标失败，另行组织招标或邀请协商。此时则暂不公布标底。

开标过程应当记录，并存档备查。有些地方或根据工程情况，在开标过程中采用依次进场、单独开标的形式，让其他投标单位法定代表人或代表回避。

(8) 评标

(9) 决标

### 6.4.2 评标

评标是对各投标单位的报价、工期、主要材料用量、施工方案、工程质量标准和保证措施以及企业信誉等进行综合评价，为择优确定中标单位提供依据。

根据评标内容的繁简，评标工作可在开标会议上开标结束后立即进行，也可在会后单独进行。招标单位应采取必要的措施，保证评标在严格保密的情况下进行，任何单位和个人不得非法干预、影响评标的过程和结果。

评标的原则是保护公平竞争，保证公正合理，对所有投标单位一视同仁。

评标工作由招标单位依法组建的评标委员会负责，评标委员会由招标单位的代表和有关技术、经济方面的专家组成，成员人数为 5 人以上单数，其中技术、经济等方面的专家不得少于成员总数的2/3。专家应当由招标单位从国务院有关部门或者省(自治区、直辖市)人民政府提供的专家名册或者招标代理机构的专家库内的相关专业名单中确定；一般招标项目可以采取随机抽取方式，特殊招标项目可以由招标单位直接确定。评标委员会主任或召集人一般由招标单位法定代表人或其指定代理人担任。

与投标单位有利害关系的人不得进入评标委员会，已经进入的应当更换。

评标委员会成员的名单在开标会议前应当严格保密。

评标委员会成员应当客观、公正地履行职责，遵守职业道德，对所提出的评审意见承担个人责任，不得私下接触投标单位的任何人，不得收受投标单位的财物或其他好处。

评标委员会成员和参与评标的工作人员不得对外透露对投标文件的评审和比较、中标候选单位的推荐以及与评标有关的其他情况。

在评标过程中，评标委员会可以要求投标单位法定代表人或代表对投标文件中含义不明确的内容作必要的澄清或说明，但不得超出投标文件的范围或者改变投标文件的实质性内容。

评标委员会应当按照招标文件确定的评标标准和方法，对投标文件进行评审和比较，有标底的，应当参考标底。评标结束后，应当向招标单位提出书面评标报告，并推荐合格的中标候选单位。一般每一标段推荐3个中标候选单位。中标候选单位的标书应当能最大限度地满足招标文件中规定的各项综合评价标准，或能够满足招标文件的实质性要求，并且经评审的投标价格最低，但投标价格低于成本的除外。

招标单位根据评标委员会提出的书面评标报告和推荐的中标候选单位确定中标单位，也可以授权评标委员会直接确定中标单位。

评标委员会经评审，认为所有投标都不符合招标文件要求的，可以否决所有投标。所有投标被否决的，招标单位应当重新组织招标。

在确定中标单位之前，招标单位不得与任何投标单位就投标价格、投标方案等实质性内容进行谈判。

常用的评标标准和方法有：

(1)加权综合评分法

先确定各项评标指标的权重，例如报价40%，工期15%，质量标准15%，施工方案、主要材料用量、企业实力及社会信誉各10%，合计100%；再根据每一投标单位标书中的主要数据评定各项指标的评分系数；以各项指标的权重和评分系数相乘，然后合计，即得加权综合评分。得分最高者为中标单位。这种方法可用下式表示：

$$WT = \sum_{i=1}^{n} B_i W_i$$

式中　$WT$——每一投标单位的加权综合评分；

$B_i$——第 $i$ 项指标的评分系数；

$W_i$——第 $i$ 项指标的权重。

评分系数可分两种情况确定：

①定量指标　如报价、工期、主要材料用量，可通过标书数值与标底数值之比求得。令标底数值为 $B_{io}$，标书数值为 $B_{it}$，则

$$B_i = B_{io} / B_{it}$$

②定性指标　如质量标准、施工方案、投标单位实力及社会信誉，可由评标委员会根据各投标单位的具体情况，逐项审议，分别确定评分系数，使定性指标量化。评分系数可在一定范围内（如 0.9～1.1）浮动。

(2) 接近标底法

接近标底法指以报价为主要尺度，选报价最接近标底者为中标单位。这种方法比较简单，但要以标底详尽、正确为前提。

(3) 加减综合评分法

加减综合评分法指以报价为主要指标，以标底为评分基数，例如，定为 50 分，合理报价范围为标底的 ±5%，报价比标底每增减 1% 扣 2 分或加 2 分，超过合理标价范围的，不论上下浮动，每增加或减少 1% 都扣 3 分；以工期、质量标准、施工方案、投标单位实力与社会信誉为辅助指标，每一辅助指标再划分若干档次，例如各辅助指标满分分别为 15 分、15 分、10 分、10 分，每低一档次，降 5 分，缺项的不得分。将每一投标单位的各项指标分值相加，总计得综合评分，得分最高者为中标单位。

(4) 定性评议法

定性评议法指以报价为主要尺度，综合考虑其他因素，由评标委员会作出定性评价，选出中标单位。这种方法除报价是定量指标外，其他因素没有定量分析，标准难以确切掌握，往往需要评标委员会协商，主观性、随意性较大，现已少有运用。

(5) 最低中标法

最低中标法指以报价为主要尺度，同一标段所有投标单位报价最低者为中标单位。这种方法虽然能节省投资，但应强调是合理最低价，否则施工单位会偷工减料，质量难以保证。

### 6.4.3 决标

决标又称定标。评标委员会按评标标准和办法对所有投标单位的标书进行评审后，提出书面评标报告，并推荐中标候选单位，经招标单位法定代表人或其指定代理人认定，报上级主管部门和当地招标投标管理部门审批后，由招标单位发出中标和未中标通知书，要求中标单位在规定期限内签订合同，未中标单位退还招标文件，领回投标信誉保证金，招标即告圆满结束。

从开标至决标的期限，小型园林建设工程一般不超过10d，大、中型工程不超过30d，特殊情况可适当延长。

中标单位确定后，招标单位应于7d内发出中标通知书。中标通知书发出30d内，中标单位应与招标单位签订工程承发包合同。

## 6.5 园林工程招标书编写案例

以某市迎宾大道等8条道路绿化工程施工招标文件为例，说明园林工程施工招标文件的主要内容和编制方法。

某市迎宾大道等8条道路绿化工程招标文件如下：

**招标工作时间计划安排表**

| 序号 | 内容 | 时间 | 地点 |
|---|---|---|---|
| 1 | 发售招标文件 | 2009年11月5日9时 | 中山中路13号1112房间 |
| 2 | 现场踏查 | 2009年11月5日 | 投标单位自行安排 |
| 3 | 招标答疑会 | 2009年11月9日9时 | 中山中路13号三楼会议室 |
| 4 | 投标截止日期 | 2009年11月27日8时30分前 | 中山中路13号三楼会议室 |
| 5 | 开标会议 | 2009年11月27日8时30分整 | 中山中路13号三楼会议室 |

**目　录**

## 一、投标邀请书

__________：

1. 某市迎宾大道等8条道路绿化工程，已经某市人民政府批准建设，某市公用事业局决定采用公开招标形式，选择本工程施工单位。现邀请贵单位进行密封投标，为本工程的建设提供必要的劳务、材料、施工机械和服务。

2. 本次招标工程共划分5个施工标段，以工程量清单为基础。投标单位在购买招标文件后，必须同时对5个标段进行投标。

3. 被邀请的投标单位须具有二级以上(含二级)园林绿化工程施工资质。被邀请的投标单位需由专人携带有效证明文件，于2009年11月5日9：00～17：00到中山中路13号1112房间购买招标文件。招标文件每份售价人民币壹仟元(RMB￥：1000元)，售后不退。

4. 本次招标，招标单位不统一组织现场踏查，该项工作由各投标单位自行安排。

5. 招标答疑会议定于2009年11月9日9时在中山中路13号三楼会议室举行。

6. 投标书递交的截止日期为2009年11月27日8时30分。投标书必须由专人按时送达(送达地点：中山中路13号三楼会议室)，不得以其他方式递交，否则，由此引发的错投或时间延误，其责任由投标单位自负。

7. 开标会议定于2009年11月27日8时30分在某市中山中路13号三楼会议室举行，具体议程安排，将另行通知，投标单位必须派代表参加。

联系方式(联系人、联系电话、地址、邮政编码)

招标单位：某市公用事业局市政工程建设项目招投标管理办公室

2009年11月1日

## 二、投标须知

(一)总则

1　工程名称

某市迎宾大道等8条道路绿化工程(以下简称本工程)。

2　招标单位

某市公用事业局(以下简称招标人)。

3　资金来源

某市城建资金。

4　招标依据

4.1 《中华人民共和国招标投标法》;

4.2 某市迎宾大道等8条道路绿化工程量清单(以A路绿化工程量清单为例)。

5 工程概况

A路：道路长827m，红线宽45m，断面为45-7-31m。

(工程概况略)。

6 招标范围

本次招标工程范围为迎宾大道等8条道路设计范围内的全部绿化工程，包括树池、花坛换土等附属工程。

7 招标合同段划分

招标范围内工程共划分5个合同段：

| 序号 | 工程范围及内容 | 要求工期(日历天数) |
|---|---|---|
| I | A路绿化工程 | 20 |
| II | B路绿化工程 | 20 |
| III | C路绿化工程 | 20 |
| IV | D绿化工程 | 20 |
| V | 其他道路绿化工程 | 20 |

8 招标开、竣工时间

工程计划于2009年11月28日开工，工期由各施工单位依据招标单位规定的工期总体要求和自身施工能力竞投。

9 工程质量要求和验收评定标准

本工程要求按施工图纸或设计变更要求进行施工，并创建优良工程。否则，将按工程造价的3%予以罚款。返工、种植等造成的一切经济损失，均由中标单位负责。植物种植、养护保活期为一年。验收标准按照GB50220—95执行。

10 合格条件和资格要求

10.1 本次招标采用公开招标投标方式，凡符合公开招投标条件并参加投标的施工单位，均为本工程的有效投标单位。

10.2 本次招标，为证明投标单位具有足够的资源和能力来有效履行合同，使招标单位相信满意，所有投标单位的投标书必须提供下列资料：

10.2.1 投标单位及其拟投入本合同工程施工的组织机构及具有法律地位的原始文件的复印件，包括营业执照、企业法人证书、资质等级证书等。

10.2.2　投标单位必须对整个标段投标，如果只对一个标段的部分工程投标，招标单位将拒绝接收其投标书。

10.2.3　本工程不接受任何形式的联营体参加投标。

10.2.4　招标单位只和中标的投标单位签订其中标标段的施工承发包合同。未经招标单位同意，投标单位不得将其中标工程的任何项目转包给其他施工单位。

11　投标费用

投标单位应承担包括标书编制、递交等投标活动所涉及的一切费用，不论招投标进程如何，中标与否，招标单位对投标费用不负任何责任。

12　投标保证金

投标单位自购买招标文件后，三日内须向招标单位缴纳人民币壹万元(RMB ￥：10 000 元)的投标保证金，中标后转为施工信誉保证金，在施工过程中，由招标单位根据工程进度、质量、文明施工、安全等综合因素，进行考核使用。未中标的投标单位缴纳的投标保证金，在定标后三日内退还给投标单位。

13　现场踏查

13.1　投标单位应对投标标段工程施工现场和周围环境进行详细踏查，以获取标书编制、合同签署和工程施工所需的有关资料。踏查中，对与设计图纸不符之处应如实报告。凡不属于隐蔽性的工程项目，投标单位因自身疏忽原因而没有提出，以致以后增加的施工费用，由投标单位自行负担。

13.2　本次招投标活动，招标单位不统一组织现场踏查，而由各投标单位自行进行，费用也各自承担。

13.3　投标单位在现场踏查中一旦出现人身伤害、财产等损失和费用，均自行承担。

14　招标答疑会议

14.1　招标答疑会议定于 2009 年 11 月 9 日 9 时在中山中路 13 号三楼会议室举行，具体议程安排将另行通知。投标单位应派代表于规定日期、时间和地点出席招标答疑会议。并将现场踏查及图纸会审中发现的问题提前一天汇总打印后送达招标单位。

14.2　招标答疑会上，本工程设计单位—某园林设计院将就工程设计情况进行必要的介绍和说明，招标单位将就各投标单位所提问题进行答复。

14.3　招标答疑会议纪要(答疑材料)将迅速提供给所有购买招标文件的投标单位及招标单位委托的标底制作单位。

(二)招标文件

15 招标文件的组成

15.1 用于本次工程而发售的招标文件由以下部分组成:

(1)投标邀请书

(2)投标须知

(3)投标书及授权书格式

(4)施工技术规范

(5)设计有关资料

(6)工程量报价单位及工程量清单

15.2 投标单位应认真阅读本招标文件,如果投标书不能满足本须知的要求,责任自负。根据本须知的规定,不符合招标文件要求的投标书将被拒收或作无效标书处理。

15.3 凡购买招标文件的投标单位,不论投标与否,均应对本工程项目和所有资料保密。

16 招标文件的澄清

投标单位对招标文件中要求澄清的问题,应在不晚于投标截止日期前一天,按投标邀请书中的地址、联系人的电话,以书面、传真和电报的方式通知招标单位。招标单位也将以书面、传真和电报的方式予以答复,并将书面答复在开标之日一天前抄送所有购买招标文件的投标单位。

17 招标文件的修改

17.1 招标单位在投标截止日前的任何时候,可因任何原因,以修改书的形式对招标文件进行修改,修改书将以书面、传真和电报的方式发给所有购买招标文件的投标单位,并对其起约束作用。投标单位在收到修改书后,也应立即以书面、传真和电报的方式通知招标单位,以确认已收到修改书。

17.2 为保证投标单位有充足的时间,在编制投标书时充分考虑修改意见,招标单位在发出修改书的同时,可以酌情延长投标截止日期,招投标单位的权利和义务也将相应延长至新的投标截止日期。

(三)投标书的编制

18 投标书的组成

18.1 投标书的语言:投标书以及招投标单位之间来往的通知、信函等文件均使用中文。

18.2 投标书应包括下列各项内容:

(1)法定代表人资格证明书;

(2)授权委托书;

(3)投标标段的工程数量清单及报价表；

(4)施工组织设计；

(5)承诺及优惠条件；

(6)连续施工能力；

(7)企业综合业绩表；

(8)降低工程造价、缩短工期的组织措施和合理化建议。

19 工程预算编制依据

19.1 某省园林工程单位估价表、仿古建筑与园林工程预算定额及相关费率等；

19.2 主材价格由各投标单位自行考察某市场苗木及草皮草籽价格后确定，但该价格必须是进入工地后的价格加上保养期的补损费用。

20 承诺及优惠条件

20.1 承诺中标后，招标单位根据工程进度有权对标段的部分施工任务进行统筹安排。

20.2 承诺中标后，投入本工程的主要人员(项目经理及技术主管)若需调整，必须事先征得招标单位同意。

20.3 承诺中标后，赋予项目经理必要的职权，以使其能确保项目实施顺利和有效履行合同。

20.4 承诺中标后，投标单位必须确保工程资金专款专用。

20.5 承诺中标后，无偿清运工程垃圾，并对施工中新产生的垃圾日产日清。

21 投标书有效期

21.1 自投标截止日期算起，投标书有效期为30个日历日。

21.2 在上述投标书有效期满之前，如果出现特殊情况，招标单位可要求延长投标书有效期，并以书面、传真和电报的方式通知投标单位。同意延期的投标单位，不得以任何理由索要和修改其投标书。

22 投标书的份数和签署

22.1 投标单位应向招标单位提供投标书一份正本和五份副本，并明确标注“正本”和“副本”字样，正副本如有不一致之处，以正本为准。

22.2 投标书的正副本均应用擦不掉的墨水书写或打印，并由投标单位的正式授权人签署。授权书应以书面形式出具。全套投标书尽量无涂改或行间插字，不可避免的涂改或行间插字处，必须加盖投标单位法定代表人印章。

22.3 每个投标单位对每个合同段只能提交一套投标书。任何投标单位都不允许以任何方式参与同一合同段的其他投标单位的投标。

22.4 投标书必须打印页码。

(四)投标书的递交

23 投标书的密封与标志

23.1 投标单位应将投标书正本、副本分别密封在内、外两层档案袋中，并在内外两层档案袋上都正确标明正本、副本。

23.2 在内外两层档案袋上都正确标明：

(1)招标单位的全称和详细地址；

(2)具有下列识别标志：

A. 投标建设______________(填入所投标段号及名称)；

B. ______________前不得开封(填入开标日期和时间)。

在内层档案袋上还应标明投标单位的全称和详细地址，以便成为无效标书时，能原封退回。

如果外层档案袋上没有按上述规定书写标志，由此造成标书误投或提前开封，招标单位将不承担任何责任。提前开封的投标书，将予以拒收，并退还给投标单位。

在外层档案袋上不能有投标单位的任何标志，否则拒收。

24 投标书的修改与撤回

24.1 投标单位在递交投标书后，可以修改与撤回其标书，但必须在标书递交截止日期之前，并以书面形式报送投标单位。在投标书递交截止日期之后，不得修改或撤回其标书。

24.2 投标单位修改或撤回其标书的要求，应按递交投标书的有关规定备制、密封、标志和递交，并在内层档案袋上标明“修改”或“撤回”字样。

25 无效投标书的认定和处理

25.1 未按招标文件规定标志、密封的；

25.2 未加盖印章或印章不全的；

25.3 标书打印实质性内容字迹模糊不清，实质性内容修改后未加盖法定代表人印章的(所谓实质性内容是指投标书投标报价中涉及单价和费用的内容)；

25.4 经鉴定认为投标书实质上不响应招标文件要求的；

25.5 隐瞒真相、弄虚作假的；

25.6 法定代表人或授权代理人未参加开标会议的；

25.7 未按规定缴纳投标保证金的；

25.8 超过标书递交截止日期的；

25.9 违反招标文件规定的其他条款的。

认定的无效投标书将被拒收，或在开标会议上剔除。

（五）开标与评标

26 开标

26.1 投标单位的法定代表人或授权代理人，应于规定的时间和地点参加开标会议，并办理签到手续。

26.2 会议开始前，先由投标单位的法定代表人或授权代理人抽签，以确定开标、唱标的顺序。

26.3 开标会议上，除按照规定提交了合格的撤回要求的投标书，将不予开封之外，按照抽签顺序，在其他标书开封前后，招标单位和评标委员会的人员，将详细检查投标书是否完整，是否正确地签署了文件，以及是否按规定编制，以确定标书是否有效。

26.4 标书开封后，有效标书将由投标单位的法定代表人或授权代理人唱标宣布，内容包括投标单位的名称、投标报价、包干费用、工期、组织措施、质量安全目标、优惠条件以及投标单位认为应当宣布的内容。

26.5 开标会议上，招标单位和评标委员会的人员，将认真做好记录，包括上述公开宣布的内容。

26.6 唱标过程中，其他投标单位的法定代表人或授权代理人可以在场，也可以退场。

27 保密措施

27.1 为保证招投标工作公平、公正、公开，整个招投标过程将采取严格的保密措施。

27.2 公开开标后，评标、议标、定标过程要严格保密。凡属于审查、询问、澄清、评价、比较以及与施工合同有关的建议等资料，都不得向其他投标单位和与此无关的人员泄露。

27.3 在评标、议标、定标过程中，对招标单位和评标委员会的人员施加影响的任何企图和行为，取消其投标、中标资格。

28 投标书的澄清

28.1 在评标、议标、定标过程中，为了有助于对投标书的审查、评价和比较，确定合适的中标单位，招标单位和评标委员会的人员可以个别地要求投标单位的法定代表人或授权代理人澄清其投标书，包括投标报价、施工组织设计、承诺及优惠条件、资格与信誉等，但不允许更改投标书的任何内容。

28.2 为确保工程项目顺利实施，在评标、议标、定标过程中，招标单位和评标委员会的人员可以对投标单位所拟定的项目经理等有关事宜进行质疑，这些质疑将在评标时予以考虑。

29 错误修正

29.1 招标单位和评标委员会应对实质上响应招标文件要求的、拟确定为候选中标单位的投标书进行校核，以检查计算是否有错误。修正此类错误的原则如下：

(1)数字数额与文字数额不一致时，应以文字数额为准。

(2)单价和工程量的乘积与金额不一致时，应以标出的单价为准；单价数字有明显的小数点错位的，应以标出的金额为准，并修改单价。

29.2 按以上原则进行错误修正、调整后的投标书的投标报价，经投标单位确认后，将对投标单位起约束作用，投标保证金转为施工信誉保证金。若投标单位不接受修正后的投标报价，取消其中标资格，投标保证金不予退还。

30 评标

30.1 招标单位和评标委员会的人员将对符合招标文件要求的投标书进行评价与比较。

30.2 评标的原则是以投标报价为基础，重点评价比较施工组织设计的合理性与有效性，同时兼顾投标单位的资质、信誉与业绩。

(六)合同签订

31 中标通知书

31.1 在投标有效期截止前，招标单位将以书面、传真、电报的形式通知中标的投标单位。

31.2 中标通知书将成为合同的主要组成部分，在正式合同签订之前，它还是约束招投标单位的法律文件。

32 合同签订

32.1 投标单位接到中标通知书后，应按中标通知书通知的时间、地点派代表协商和签订合同。

32.2 如果中标的投标单位没能按约协商、签订合同，招标单位即认定其自动弃权，并以候补的中标单位替之。

**三、投标书及授权书格式**

(一)投标书

__________(招标单位)：

1. 根据已收到的编号为2009—8的工程招标文件，我单位经施工现场踏查，并认真分析研究了上述工程招标文件等有关图纸资料，愿以人民币__

__________元(大写)的总价，按招标文件规定，承包上述工程的施工和养护管理。

2. 一旦我方中标，保证在20日历天内竣工，并养护管理一年。工程质量达到优良标准。

3. 我方同意所递交的投标书在招标文件规定的投标有效期内有效，在此期间，如果我方中标，愿意受此约束。

4. 贵方的中标通知书和我方的投标书将构成我们双方合同的主要组成部分，并约束我们双方的行为。

投标单位(公章)：

法定代表人(签字、盖章)：

________年____月____日

(二)法定代表人资格证明

单位名称：______________________________

地址：__________________________________

姓名：______ 性别：______年龄：______职务：______

系______________________工程的法定代表人。负责上述工程投标文件的签署、中标后合同的谈判和签署以及处理工程施工和养护管理的一切事务。

投标单位(公章)：

______年____月____日

(三)授权委托书

本授权委托书声明：我(姓名)系(投标单位)的法定代表人，现授权委托(单位名称)的(姓名)为我单位代理人，以本单位的名义参加(招标单位)工程的投标活动，该代理人在投标、开标、评标、中标后合同谈判乃至工程施工养护过程中，所签署的一切文件和处理的与之有关的一切事务，我单位均予以承认，并承担责任。(注：该代理人无转让与委托权)

代理人：__________性别：________ 年龄：______

单位：____________部门：________ 职务：______

投标单位(公章):

法定代表人(签字、盖章): ______年____月____日

(四)投标辅助资料

1. 项目经理简历表

<table>
<tr><td>姓名</td><td colspan="2"></td><td>性别</td><td></td><td>年龄</td><td></td></tr>
<tr><td>职务</td><td colspan="2"></td><td>职称</td><td></td><td>学历</td><td></td></tr>
<tr><td colspan="2">参加工作时间</td><td colspan="2"></td><td colspan="2">从事项目经理级别</td><td></td></tr>
<tr><td colspan="7">已完成工程项目情况</td></tr>
<tr><td colspan="2">建设单位</td><td colspan="2">工程项目名称</td><td>建设规模</td><td>开、竣工日期</td><td>工程质量</td></tr>
<tr><td colspan="2"></td><td colspan="2"></td><td></td><td></td><td></td></tr>
<tr><td colspan="2"></td><td colspan="2"></td><td></td><td></td><td></td></tr>
</table>

2. 主要施工管理人员表

| 岗位名称 | 姓名 | 职务 | 职称 | 主要施工管理经历 |
|---|---|---|---|---|
| | | | | |
| | | | | |

3. 主要施工机械设备表

| 序号 | 机械设备名称 | 型号规格 | 数量 | 国别产地 | 制造年份 | 定额功率(kW) | 生产能力 |
|---|---|---|---|---|---|---|---|
| | | | | | | | |
| | | | | | | | |

**四、施工技术规范**

按现行有关技术规范执行，本文件不另行提供。

**五、设计有关资料**

**六、工程量报价单及工程量清单**(见附件2)

**附件1：某市迎宾大道等8条道路绿化工程招标答疑会议纪要**

1. 一年内行道树及花坛内花木随缺随补，并且最后一次补栽时间距交工不少于2个月。

2. 行道树及花坛内环保措施切实可行，1年内有专人管养，并且一直与项目部保持联系，随叫随到。

3. 养护用拉水车应符合城市有关要求。

4. 投标书综合报价单必须加盖单位公章及预算员印章，并且预算员印章所在单位名称应与单位公章的名称保持一致。

5. 标段内的草坪为冷季型混播草坪。

6. 施工、养护用水用电，投标单位联系水源、电源，费用自理。

7. 若报价单数量与工程量清单数量不一致，以报价单数量为准。

某市公用事业局市政工程建设项目招投标管理办公室

2009年11月9日

**附件2　工程量报价单及工程量清单**

工程名称：某市迎宾大道等8条道路绿化工程施工工程量综合报价单

第Ⅰ标段

| 序号 | 材料名称 | 规　格 | 单　位 | 数　量 | 单价(元) | 金额(元) | 备　注 |
|---|---|---|---|---|---|---|---|
| 1 | 法　桐 | 胸径8cm，干高3m | 株 | 400 | | | |
| 2 | 紫　薇 | 胸径3～4cm | 株 | 276 | | | |
| 3 | 金叶女贞 | 冠径20cm以上 | 株 | 18 630 | | | |
| 4 | 红叶小檗 | 冠径20cm以上 | 株 | 9260 | | | |
| 5 | 小叶女贞 | 冠径20cm以上 | 株 | 22 799 | | | |
| 6 | 高干黄杨球 | 冠径80～100cm，干高1m | 株 | 22 799 | | | |
| 7 | 红花酢浆草 | 丛植20×20cm | $m^2$ | 1620 | | | |
| 8 | 垃圾清运 | | $m^3$ | 2860 | | | |
| 9 | 换　土 | | $m^3$ | 2860 | | | 中性种植土 |
| | 合　计 | | | | | | |

## ➢ 思考题

1. 园林工程施工招标的程序分为哪几个阶段？各阶段需要做哪些工作？
2. 园林工程招标有哪些方式和方法？
3. 园林工程招标文件有哪些主要内容？
4. 园林工程招标标底的作用、编制的原则和依据、主要内容和方法有哪些？
5. 在园林工程招标中，开标会议的一般议程有哪些？如何评标？

# 第7章　园林工程施工投标

【学习目标】通过园林工程施工投标的学习，了解园林工程投标的内容、程序和投标的策略；掌握园林工程投标的报价技巧和编制要求；结合实例掌握投标书编制的方法。

## 7.1　园林工程投标程序和内容

### 7.1.1　园林工程投标程序

从投标人的角度看，园林工程投标的一般程序，用图7-1表示如下：

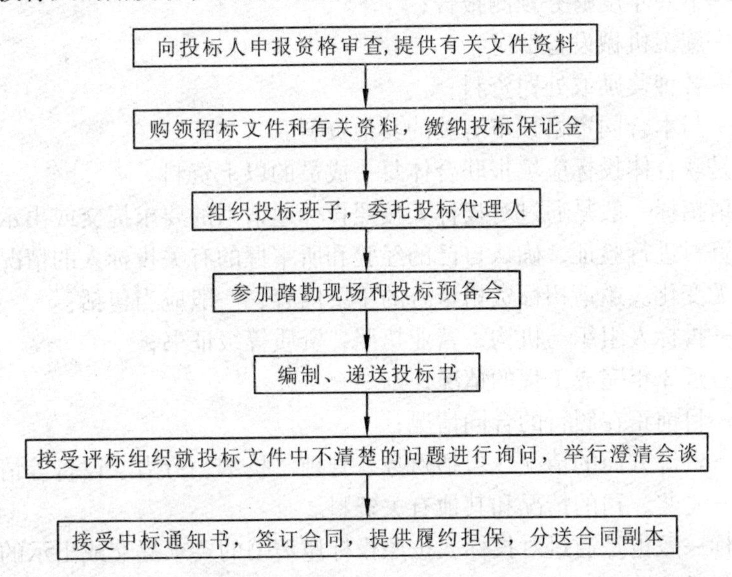


图7-1　园林工程投标的一般程序

(1)向招标人申报资格审查，提供有关文件资料

投标人在获悉招标公告或投标邀请后，应当按照招标公告或投标邀请书中所提出的资格审查要求，向招标人申报资格审查。资格审查是投标人投标过程中的第一关。

采用不同的招标方式，对潜在投标人资格审查的时间和要求不一样。如在国际工程无限竞争性招标中，通常在投标前进行资格审查，称之为资格预审。只有资格预审合格的承包商才可能参加投标；也有些国际工程无限竞争性招标不在投标前而在开标后进行资格审查，称之为资格后审。在国际工程有限竞争招标中，通常则是在开标后进行资格审查，并且这种资格审查往往作为评标的一个内容，与评标结合起来进行。

我国建设工程招标中，在允许投标人参加投标前一般都要进行资格审查，但资格审查的具体内容和要求有所区别。公开招标一般要按照招标人编制的资格预审文件进行资格审查。资格预审文件应包括的主要内容有：

——投标人组织与机构；

——近 3 年完成工程的情况；

——目前正在履行的合同情况；

——过去 2 年经审计过的财务报表；

——过去 2 年的资金平衡表和负债表；

——下一年度财务预测报告；

——施工机械设备情况；

——各种奖励或处罚资料；

——与本合同资格预审有关的其他资料。

如是联合体投标应填报联合体每一成员的以上资料。

邀请招标一般是通过对投标人按照投标邀请书的要求提交或出示的有关文件和资料进行验证，确认自己的经验和所掌握的有关投标人的情况是否可靠、有无变化。邀请招标资格审查的主要内容，一般应当包括：

——投标人组织与机构，营业执照，资质等级证书；

——近 3 年完成工程的情况；

——目前正在履行的合同情况；

——资源方面的情况，包括财务、管理、技术、劳力、设备等情况；

——受奖、罚的情况和其他有关资料。

议标一般也是通过对投标人按照投标邀请书的要求提交或出示的有关文件和资料进行验证，确认自己的经验和所掌握的有关投标人的情况是否可靠、有无变化。议标资格审查的主要内容，一般是查验投标人是否有相应的资质等级。

投标人申报资格审查，应当按招标公告或投标邀请书的要求，向招标人提供有关资料。经招标人审查后，招标人应将符合条件的投标人的资格审查资料，报建设工程招标投标管理机构复查。经复查合格的，即具备参加投标的资格。

(2)购领招标文件和有关资料，缴纳投标保证金

投标人经资格审查合格后，便可向招标人申购招标文件和有关资料，同时要缴纳投标保证金。

投标保证金是为防止投标人对其投标活动不负责任而设定的一种担保形式，是招标文件中要求投标人向招标人缴纳的一定数额的金钱。投标保证金的收取和缴纳办法，应在招标文件中说明，并按招标文件的要求进行。一般来说，投标保证金可以采用现金，也可以采用支票、银行汇票，还可以是银行出具的银行保函。银行保函的格式应符合招标文件提出的格式要求。投标保证金的额度，根据工程投资大小由业主在招标文件中确定。国际上投标保证金的数额较高，一般设定在投资总额的1%~5%。而我国的投标保证金数额，则普遍较低。如有的规定最高不超过1000元，有的规定不超过5000元，有的规定不超过投标总价的2%等。投标保证金有效期为直到签订合同或提供履约保函为止，通常为3~6个月，一般应超过投标有效期的28d。

(3)组织投标班子，委托投标代理人

投标人在通过资格审查、购领了招标文件和有关资料之后，就要按招标文件确定的投标准备时间着手开展各项投标准备工作。投标准备时间是指从开始发放招标文件之日起至投标截止时间为止的期限，它由招标人根据工程项目的具体情况确定，一般为28d之内。而为按时进行投标，并尽最大可能使投标获得成功，投标人在购领招标文件后需要有一个懂行的投标班子，以便对投标的全部活动进行通盘筹划、多方沟通和有效组织实施。承包商的投标班子一般都是常设的，但也有的是针对特定项目临时设立的。

投标人参加投标，是一场激烈的市场竞争。这场竞争不仅比报价的高低，而且比技术、质量、经验、实力、服务和信誉。特别是随着现代科技的快速发展，工程越来越多的是技术密集型项目，势必要求承包商具有现代先进的科学技术水平和组织管理能力，能够完成高、新、尖、难工程，能够以较低价中标，靠管理和索赔获利。因此，承包商组织什么样的投标班子，对投标成败有直接影响。承包商的投标班子一般应包括经营管理、专业技术和商务金融等3类人员。

投标人如果没有专门的投标班子或有了投标班子还不能满足投标工作的需要，就可以考虑雇佣投标代理人，即在工程所在地区找一个能代表自己利益而开展某些投标活动的咨询中介机构。充当投标代理人的咨询中介机构，通常都很熟悉代理业务，他们拥有一批经济、技术、管理等方面的专家，经常搜集、积累各种信息资料，有较广的社会关系，较强的社会活动能力，在

当地有一定的影响，因而能比较全面、快捷地为投标人提供决策所需要的各种服务和信息资料。雇佣代理人是一项十分重要的工作。在某些国家，规定外国承包商必须有代理人才能开展业务，这时选雇投标代理人的意义自不待言。即使在未规定必须有投标代理人的情况下，投标人到一个新的地区去投标，如能选到一个声誉较好的代理人，充当自己的帮手，为自己提供情报、出谋划策、协助编制投标文件等，无疑也是很重要的，将会大大提高中标机会。

投标人委托投标代理人必须签订代理合同，办理有关手续，明确双方的权利和义务关系。投标代理人的一般职责主要有：①向投标人传递并帮助分析招标信息，协助投标人办理招标文件所要求的资格审查；②以投标人名义参加招标人组织的有关活动，传递投标人与招标人之间的对话；③提供当地物资、劳动力、市场行情及商业活动经验，提供当地有关政策法规咨询服务，协助投标人做好投标书的编制工作，帮助递交投标文件；④在投标人中标时，协助投标人办理各种证件申领手续，做好有关承包工程的准备工作；⑤按照协议的约定收取代理费用。通常，如代理人协助投标人中标，所收的代理费用会高些，一般为合同总价的1%～3%。

(4)参加踏勘现场和投标预备会

投标人拿到招标文件后，应进行全面细致的调查研究。若有疑问或不清楚的问题需要招标人予以澄清和解答的，应在收到招标文件后的7d内以书面形式向招标人提出。为获取与编制投标文件有关的必要信息，投标人要按照招标文件中注明的现场踏勘（亦称现场勘察、现场考察）和投标预备会的时间与地点，积极参加现场踏勘和投标预备会。按照国际惯例，投标人递交的投标文件一般认为是在现场检查、踏勘的基础上编制的。投标书递交之后，投标人无权因为现场踏勘不周、情况了解不细或因素考虑不全而提出修改投标书、调整报价或提出补偿等要求。因此，现场踏勘是投标人正式编制、递交投标文件前必须经过的重要的准备工作，投标人必须予以高度重视。

投标人在去现场踏勘之前，应先仔细研究招标文件有关概念的含义和各项要求，特别是招标文件中的工作范围、专用条款以及设计图纸和说明等，然后有针对性地拟订出踏勘提纲，确定重点需要澄清和解答的问题，做到心中有数。

投标人参加现场踏勘的费用，一般由投标人自己承担。招标人一般在招标文件发出后，就着手考虑安排投标人进行现场踏勘等准备工作，并在现场踏勘中对投标人给予必要的协助。

投标人进行现场踏勘的内容，主要包括以下几个方面：

①工程的范围、性质以及与其他工程之间的关系；

②投标人参与投标的那一部分工程与其他承包商或分包商之间的关系；

③现场地貌，地质、水文、气候、交通、电力、水源等情况，有无障碍物等；

④进出现场的方式，现场附近有无食宿条件、料场开采条件、其他加工条件、设备维修条件等；

⑤现场附近治安情况。

投标预备会(又称答疑会、标前会议)，一般在现场踏勘之后的1~2d内举行。答疑会的目的是解答投标人对招标文件和在现场中所提出的各种问题，并对图纸进行交底和解释。

(5)编制和递交投标文件

经过现场踏勘和投标预备会后，投标人可以着手编制投标文件。投标人着手编制和递交投标文件的具体步骤和要求主要有：

①结合现场踏勘和投标预备会的结果，进一步分析招标文件　招标文件是编制投标文件的主要依据。因此，必须结合已获取的有关信息认真细致地加以分析研究，特别是要重点研究其中的投标须知、专用条款、设计图纸、工程范围以及工程量表等，要弄清到底有没有特殊要求或有哪些特殊要求。

②校核招标文件中的工程量清单　投标人是否校核招标文件中的工程量清单或校核得是否准确，直接影响到投标报价和中标机会。因此，投标人应认真对待。通过认真校核工程量，投标人在大体确定了工程总报价之后，估计某些项目工程量可能增加或减少的，就可以相应地提高或降低单价。如发现工程量有重大出入的，特别是漏项的，可以找招标人核对，要求招标人认可，并给予书面确认。这对于总价固定合同来说，尤其重要。

③根据工程类型编制施工规划或施工组织设计　施工规划和施工组织设计都是关于施工方法、施工进度计划的技术经济文件，是指导施工生产全过程组织管理的重要设计文件，是确定施工方案、施工进度计划和进行现场科学管理的主要依据之一。但两者相比，施工规划的深度和范围没有施工组织设计的详尽、精细，施工组织设计的要求比施工规划的要求详细得多，编制起来要比施工规划复杂些。所以，在投标时，投标人一般只要编制施工规划即可，施工组织设计可以在中标以后再编制。这样，就可避免未中标的投标人因编制施工组织设计而造成人力、物力、财力上的浪费。但有时在实践中，招标人为了让投标人更充分地展示实力，常常要求投标人在投标时就要编制施工组织设计。

施工规划或施工组织设计的内容，一般包括施工程序、方案、施工方法、施工进度计划、施工机械、材料、设备的选定和临时生产、生活设施的安排，劳动力计划，以及施工现场平面和空间的布置。施工规划或施工组织设计的编制依据，主要是设计图纸、技术规范、已复核的工程量、招标文件要求的开工竣工日期，以及对市场材料、机械设备、劳动力价格的调查。编制施工规划或施工组织设计，要在保证工期和工程质量的前提下，尽可能使成本最低、利润最大。具体要求是，根据工程类型编制出最合理的施工程序，选择和确定技术上先进、经济上合理的施工方法，选择最有效的施工设备、施工设施和劳动组织，均衡地安排人力、物力和生产，正确编制施工进度计划，合理布置施工现场的平面和空间。

④根据工程价格构成进行工程估价，确定利润方针，计算和确定报价　在园林工程投标过程中，投标报价是最关键的一步。报价过高，可能因为超出"最高限价"而丢失中标机会；报价过低，则可能因为低于"合理低价"而废标，或者即使中标，也会给企业带来亏本的风险。因此投标单位应针对工程的实际情况，凭借自己的实力，正确运用投标策略和报价方法来达到中标的目的，从而给企业带来较好的经济效益。

⑤形成、制作投标文件　投标文件应完全按照招标文件的各项要求编制。投标文件应当对招标文件提出的实质性要求和条件作出响应，一般不能带任何附加条件，否则将导致投标无效。投标文件一般应包括以下内容：

投标书；投标书附录；投标保证书(银行保函、担保书等)；法定代表人资格证明书；授权委托书；具有标价的工程量清单和报价表；施工规划或施工组织设计；施工组织机构表及主要工程管理人员人选及简历、业绩；拟分包的工程和分包商的情况；其他必要的附件及资料，如投标保函、承包商营业执照和能确认投标人财产经济状况的银行或其他金融机构的名称及地址等。

⑥递送投标文件　递送投标文件，也称递标，是指投标人在招标文件要求提交投标文件的截止时间前，将所有准备好的投标文件密封送达投标地点。招标人收到投标文件后，应当签收保存，不得开启。投标人在递交投标文件以后，投标截止时间之前，可以对所递交的投标文件进行补充、修改或撤回，并书面通知招标人，但所递交的补充、修改或撤回通知必须按招标文件的规定编制、密封和标志。补充、修改的内容为投标文件的组成部分。

(6)出席开标会议，参加投标期间的澄清会谈

投标人在编制、递交了投标文件后，要积极准备出席开标会议。参加开标会议对投标人来说，既是权利也是义务。按照国际惯例，投标人不参加开

标会议的，视为弃权，其投标文件将不予启封，不予唱标，不允许参加评标。投标人参加开标会议，要注意其投标文件是否被正确启封、宣读，对于被错误地认定为无效的投标文件或唱标出现的错误，应当场提出异议。

在评标期间，评标组织要求澄清投标文件中不清楚问题的，投标人应积极予以说明、解释、澄清。澄清招标文件一般可以采用向投标人发出书面询问，由投标人书面作出说明或澄清的方式，也可以采用召开澄清会的方式。澄清会是评标组织为有助于对投标文件的审查、评价和比较，而个别地要求投标人澄清其投标文件(包括单价分析表)而召开的会议。在澄清会上，评标组织有权对投标文件中不清楚的问题，向投标人提出询问。有关澄清的要求和答复，最后均应以书面形式进行。所说明、澄清和确认的问题，经招标人和投标人双方签字后，作为投标书的组成部分。在澄清会谈中，投标人不得更改标价、工期等实质性内容，开标后和定标前提出的任何修改声明或附加优惠条件，一律不得作为评标的依据。但评标组织按照投标须知规定，对确定为实质上响应招标文件要求的投标文件进行校核时发现的计算上或累计上的计算错误，不在此列。

(7)接受中标通知书，签订合同，提供履约担保，分送合同副本

经评标，投标人被确定为中标人后，应接受招标人发出的中标通知书。未中标的投标人有权要求招标人退还其投标保证金。中标人收到中标通知书后，应在规定的时间和地点与招标人签订合同。在合同正式签订之前，应先将合同草案报招标投标管理机构审查。经审查后，中标人与招标人在规定的期限内签订合同。结构不太复杂的中小型工程一般应在7d以内，结构复杂的大型工程一般应在14d以内，按照约定的具体时间和地点，根据《合同法》等有关规定，依据招标文件、投标文件的要求和中标的条件签订合同。同时，按照招标文件的要求，提交履约保证金或履约保函，招标人同时退还中标人的投标保证金。中标人如拒绝在规定的时间内提交履约担保和签订合同，招标人报请招标投标管理机构批准同意后取消其中标资格，并按规定不退还其投标保证金，并考虑在其余投标人中重新确定中标人，与之签订合同，或重新招标。中标人与招标人正式签订合同后，应按要求将合同副本分送有关主管部门备案。

### 7.1.2 园林工程投标书的内容

投标人应当按照招标文件的要求编制投标文件，所编制的投标文件应当对招标文件提出的实质性要求和条件作出响应。投标文件的组成，应根据工程所在地建设市场的常用文本确定，招标人应在招标文件中作出明确的规

定。通常包括商务标编制和技术标编制两方面的内容。

#### 7.1.2.1　商务标编制内容

商务标的格式文本较多，各地都有自己的文本，《计价规范》规定商务标应包括下列各项内容：

①投标书及投标书附录；

②投标担保或投标银行保函，投标授权委托书；

③投标总价及工程项目总价表；

④单项工程费汇总表；

⑤单位工程费汇总表；

⑥分部分项工程量清单计价表；

⑦措施项目清单计价表；

⑧其他项目清单计价表；

⑨零星工程项目计价表；

⑩分部分项工程量清单综合单价分析表；

⑪项目措施费分析表和主要材料价格表。

#### 7.1.2.2　技术标编制内容

技术标的内容要完整，重点要突出技术标的内容，通常在招标文件中会有明确的规定，但也有由投标企业自行编制的。技术标通常由施工组织设计，项目管理班子配备情况、项目拟分包情况、替代方案及报价四部分组成，具体内容如下：

(1)施工组织设计

施工组织设计是工程施工不可或缺的重要组成部分，是施工单位在施工前期关于该工程应投入的人力、物力、财力以及需要占用的时间的合理计划和组织，是该工程实施的纲领性内容。施工组织设计是工程施工的重要组成部分，是工程施工正常进行的重要保证。良好的施工组织设计，体现了施工单位在管理和技术上的实力；有效的施工组织设计，是保证工程质量及进度的前提。

投标前施工组织设计的内容有主要施工方法，拟在该工程投入的施工机械设备情况、主要施工机械配备计划、劳动力安排计划、确保工程质量的技术组织措施、确保安全生产的技术组织措施、确保工期的技术组织措施、确保文明施工的技术组织措施等，并包括以下附表：①拟投入本合同工程的主要施工机械表；②拟配备本合同工程主要的材料试验、测量、质检仪器设备表；③劳动力计划表；④计划开、竣工日期和施工进度网络图；⑤施工总平面布置图及临时用地表。

主要施工方法是技术标书中的核心内容，它应体现施工企业的施工技术水平及管理能力。首先，要制定出工程的施工流程，施工流程的安排要科学，合理、可操作性强；其次，根据施工流程，制定出详细的施工操作方案，进一步阐述各道程序应掌握的技术要点和注意事项。所表述的内容一定要有针对性，决不能照搬照抄，搞形式主义。

施工进度计划通常是以表格的形式加以表达，在表中要具体列出每项内容所需的施工时间，哪些内容的施工可同时进行，或交叉进行；如果没有特殊情况，那么该表所列的时间也就是完成整个工程所需的时间。制作该表时，既要注意听取投资方的意见，也要考虑到客观的施工条件以及实际的工程量，切不可为了一味满足投资方的要求而违背科学和客观可能性地盲目制定。

主要施工机械配备计划、劳动力安排计划通常可用文字或表格两种方式表达，要科学地安排劳动力和机械设备。劳动力的配备既不能太多，以免人浮于事，造成劳动力成本增加，也不能过少而影响工期的进展。劳动力配备时还要注意技能的搭配；同样，机械设备也不仅要准备充分，而且要检查其完好及运行状况，只有如此才能保质保量，如期完成向投资方所作出的工期承诺。

施工质量的保证措施主要是强调如何从技术和管理两方面来保证工程的质量，通常应包括现场技术管理人员的配备、管理网络、做好设计交底、保证按图施工、建立质量检查和验收制度等。

安全文明施工是关系到人员生命安全，保证招、投标方财产不受损失的一个重要环节，应建立安全管理网络，落实安全责任制、杜绝无证操作现象。施工企业在施工期间，必须严格遵守文明施工的管理条例，根据工程的实际情况，制定相应的文明管理措施，如工地材料堆放整齐，认真搞好施工区域、生活区域的环境卫生，注意确保工地食品采购渠道的安全可靠等。

(2)项目管理班子配备情况

主要包括项目管理班子配备情况表、项目经理简历表、项目技术负责人简历表和项目管理班子配备情况辅助说明等资料，并包括以下附表：①拟为承包本合同工程设立的组织机构图；②拟在本合同工程任职的主要人员简历表；③项目拟分包情况表、分包人表、指定分包人表；④替代方案及其相应的报价、调价公式的近似权重系数表、材料基期价格指数表；⑤工程质量保证体系；⑥资格预审的更新资料或资格后审资料。

# 7.2　园林工程投标策略及报价

## 7.2.1　园林工程投标策略

园林工程投标策略，是指园林工程承包商为了达到中标目的而在投标进程中所采用的手段和方法。其主要方法有：知彼知己，把握形势；以长制短，以优胜劣；随机应变，争取主动。

投标策略是能否中标的关键，也是提高中标效益的基础。投标企业首先根据企业的内外部情况及项目情况慎重考虑，作出是否参与投标的决策，然后选用合适的投标策略。

常见投标策略有以下几种：

①做好施工组织设计，采取先进的工艺技术和机械设备；优选各种植物及其他造景材料；合理安排施工进度；选择可靠的分包单位，力求最大限度地降低工程成本，以技术与管理优势取胜。

②尽量采用新技术、新工艺、新材料、新设备、新施工方案，以降低工程造价，提高施工方案的科学性，赢得投标。

③投标报价是投标策略的关键。在保证企业相应利润的前提下，实事求是地以低报价取胜。

④为争取未来的市场空间，宁可目前少赢利或不赢利，以成本报价在招标中获胜，为今后占领市场打下基础。

## 7.2.2　园林工程投标报价

（1）园林工程投标决策

园林工程投标决策是指园林工程承包商为实现其生产经营目标，针对园林工程招标项目，而寻求并实现最优化的投标行动方案的活动，是园林工程承包经营决策的重要组成部分，是园林工程投标过程中的一个十分重要的问题，它直接关系到能否中标和中标后的效益。因此，园林工程承包商必须高度重视投标决策。

一般说来，园林工程投标决策的内容一是关于是否参加投标的决策；二是关于如何进行投标的决策。在承包商决定参加投标的前提下，关键是要对投标的性质、投标的效益、投标的策略和技巧应用等进行分析、判断，作出正确决定。因此，园林工程投标决策，实际上主要包括投标与否决策、投标性质决策、投标效益决策、投标策略和技巧决策4种。

①投标与否决策　园林工程投标决策的首要任务，是在获取招标信息后，对是否参加投标竞争进行分析、论证，并作出决定。承包商关于是否参加投标的决策，是其他投标决策产生的前提。承包商决定是否参加投标，通常要综合考虑各方面的情况，如承包商当前的经营状况和长远目标，参加投标的目的，影响中标机会的内部、外部因素等。

一般说来，有下列情形之一的招标项目，承包商不宜决定参加投标：

——工程资质要求超过本企业资质等级的项目；

——本企业业务范围和经营能力之外的项目；

——本企业在手承包任务比较饱满，而招标工程的风险较大或盈利水平较低的项目；

——本企业投标资源投入量过大时面临的项目；

——有在技术等级、信誉、水平和实力等方面具有明显优势的潜在竞争对手参加的项目。

②投标性质决策　关于投标性质的决策主要考虑是投保险标，还是投风险标。所谓保险标，是指承包商对基本上不存在什么技术、设备、资金和其他方面问题的，或虽有技术、设备、资金和其他方面问题但可预见并已有了解决办法的工程项目而投的标。保险标实际上就是不存在什么未解决或解决不了的重大问题，没有什么大的风险的标。如果企业经济实力不强，经不起风险，投保险标是比较恰当的选择。我国的工程承包商一般都愿意投保险标，特别是在国际工程承包市场上，投保险标的更多。

风险标是指承包商对存在技术、设备、资金或其他方面未解决的问题，承包难度比较大的招标工程而投的标。投风险标，关键是要能想出办法解决好工程中存在的问题。如果问题解决得好，可获得丰厚的利润，开拓出新的技术领域，锻炼出一支好的队伍，使企业素质和实力上一个台阶；如果问题解决得不好，企业的效益、声誉等都会受损，严重的可能会使企业出现亏损甚至破产。因此，承包商对投标性质的决策，特别是决定投风险标，应当慎重。

③投标效益决策　关于投标效益的决策，一般主要考虑是投盈利标、保本标还是投亏损标。所谓盈利标，是指承包商对能获得丰厚利润回报的招标工程而投的标。一般来说，有下列情形之一的，承包商可以考虑决定投盈利标：业主对本承包商特别满意，希望发包给本承包商的；招标工程是竞争对手的弱项而是本承包商的强项的；本承包商在手任务虽饱满，但招标利润丰厚、诱人，值得且能实际承受超负荷运转的。

保本标是指承包商对不能获得多少利润但一般也不会出现亏损的招标工

程而投的标。一般来说，有下列情形之一的，承包商可以考虑决定投保本标：招标工程竞争对手较多，而本承包商无明显优势的；本承包商在手任务少，无后继工程，可能出现或已经出现部分窝工的。

亏损标是指承包商对不能获利、自己赔本的招标工程而投的标。我国一般禁止投标人以低于成本的报价竞标，因此，投亏损标是一种非常手段，承包商不得已而为之。一般来说，有下列情形之一的，承包商可以决定投亏损标：第一，招标项目的强劲竞争对手众多，但本承包商孤注一掷，志在必得的；第二，本承包商已出现大量窝工，严重亏损，急需寻求支撑的；第三，招标项目属于本承包商的新市场领域，本承包商渴望打入的；第四，招标工程属于承包商已有绝对优势占据的市场领域，而其他竞争对手强烈希望插足分享的。

(2)报价准备

报价是投标全过程的核心工作，对能否中标、能否盈利、盈利多少起决定性作用。因此必须做好以下准备工作：

①熟悉招标文件　承包商在决定投标并通过资格预审获得投标资格后，要购买招标文件并研究和熟悉招标文件的内容，在此过程中应特别注意对标价计算可能产生重大影响的问题，包括：

关于合同条件方面　诸如工期、延期罚款、保函要求、保险、付款条件、税收、货币、提前竣工奖励、争议、仲裁、诉讼法律等。

材料、设备和施工技术要求方面　如采用哪种规范，特殊施工和特殊材料的技术要求等。

工程范围和报价要求方面　承包商可能获得补偿的权利。

熟悉图纸和设计说明，为投标报价做准备　熟悉招标文件，还应理出招标文件中含糊不清的问题，及时提请业主澄清。

②招标前的调查与现场考察　这是投标前重要的一步，如果在招标决策阶段已对拟招标的地区做了较深入的调查研究，则在拿到招标文件后只需要做针对性的补充调查，否则还需要做深入调查。

现场考察主要指的是去工地进行考察。招标单位一般在招标文件中注明现场考察的时间和地点，在文件发出后就要安排投标者进行现场考察准备工作。现场考察既是投标者的权利又是其责任，因此，投标者在报价前必须认真进行施工现场考察，全面地、仔细地调查了解工地及其周围的政治、经济、地理等情况。

现场考察均由投标者自费进行，进入现场考察应从以下5个方面调查了解：

工程的性质以及与其他工程之间关系。

投标者投标的那一部分工程与其他承包商或分包商之间的关系。

工地地貌、地质、气候、交通、电力、水源等情况，有无障碍物等。

工地附近有无住宿条件、料场开采条件、其他加工条件、设备维修条件等。

工地附近治安情况等。

③分析招标文件，校核工程量，编制施工规划

分析招标文件　招标文件是招标的主要依据，应该仔细地分析研究招标文件，重点应放在招标者须知、专用条款、设计图纸、工程范围以及工程量表上，最好有专人或小组研究技术规范和设计图纸，明确特殊要求。

校核工程量　对于招标文件中的工程量清单，投标者一定要进行校核，因为这直接影响中标的机会和投标报价。对于无工程量清单的招标工程，应当计算工程量，其项目一般可以单价项目划分为依据。在校核中如发现相差较大，投标者不能随便改变工程量，而是致函或直接找业主澄清，尤其对于总价合同要特别注意，如果业主投标前不给予更正，而且是对投标者不利的情况，投标者在投标时应附上说明。投标人在核算工程量时，应结合招标文件中的技术规范弄清工程量中每一细目的具体内容，才不至于在计算单位工程量价格时搞错。如果招标的工程是一个大型项目，而且招标时间又比较短，则投标人至少要对工程量大而且造价高的项目进行核实。必要时，可以采取不平衡报价的方法来避免由于业主提供工程量的错误而带来的损失。

编制施工规划　在投标过程中，必须编制全面的施工规划，但其范围比不上施工组织设计，如果中标，再编制施工组织设计。

施工规划的内容，一般包括施工方案和施工方法、施工进度计划、施工机械和材料、设备和劳动力计划、临时生产和生活设施。制定施工规划的依据是设计图样、经复核的工程量，招标文件要求的开工、竣工日期以及对市场材料、机械设备、劳力价格的调查。编制的原则是在保证工期和工程质量的前提下，使成本最低、利润最大。

选择和确定施工方法，应根据工程类型进行研究。对于一般的土方工程、混凝土工程、园林建筑小品工程、灌溉工程等比较简单的工程，可结合已有施工机械及工人技术水平来选定施工方法，努力做到节省开支，加快速度；对于大型复杂工程则要考虑几种施工方案，进行综合比较。

选择施工设备和施工设施一般与研究施工方法同时进行。在工程估价过程中还要不断进行施工设备和施工设施的比较，利用旧设备还是采购新设备，须对设备的型号、配套、数量(包括使用数量和备用数量)进行比较；

还应研究哪些类型的机械可以采用租赁办法，对于特殊的、专用的设备折旧率须进行单独考虑，订货设备清单中还应考虑辅助和修配用机械以及备用零件。

编制施工进度计划应紧密结合施工方法和施工设备的选定。施工进度计划中应提出各时段内应完成的工程量及限定日期。施工进度计划是采用网络进度计划还是线条进度计划，根据招标文件要求而定。在投标阶段，一般用线条进度计划即可满足要求。

(3) 园林工程投标报价技巧

指园林工程承包商在投标过程中所形成的各种操作技能和诀窍。园林工程投标活动的核心和关键是报价问题。因此，园林工程投标报价的技巧至关重要。常见的投标报价技巧有：

①扩大标价法　指除按正常的已知条件编制标价外，对工程中变化较大或没有把握的工作项目，采用增加不可预见费的方法，扩大标价、减少风险。这种做法的优点是中标价即为结算价，减少了价格调整等麻烦，缺点是总价过高。

②不平衡报价方法　又叫前重后轻法。指在总报价基本确定的前提下，调整内部各个子项的报价，以期既不影响总报价，又在中标后满足资金周转的需要，获得较理想的经济效益。其做法主要有：

——对能早日结账收回工程款的土方、基础等前期工程项，单价可适当报高些；对水电设备安装、装饰等后期工程项目，单价可适当报低些。

——对预计今后工程量可能会增加的项目，单价可适当报高些；而对工程量可能减少的项目，单价可适当报低些。

——对设计图纸内容不明确或有错误，估计修改后工程量要增加的项目，单价可适当报高些；而对工程内容明确的项目，单价可适当报低些。

——对没有工程量只填单价的项目，或招标人要求采用包干报价的项目，单价宜报高些；对其余的项目，单价可适当报低些。

——对暂定项目(任意项目或选择项目)中实施的可能性大的项目，单价可报高些；预计不一定实施的项目，单价可适当报低些。

③多方案报价法　对同一个招标项目除了按招标文件的要求编制了一个投标报价以外，还编制了一个或几个建议方案。多方案报价法有时是招标文件中规定采用的，有时是承包商根据需要决定采用的，主要有以下两种情况：

——如果发现招标文件中的工程范围很不具体、不明确，或条款内容很不清楚、很不公正，或对技术规范的要求过于苛刻，可先按招标文件中的要求报一个价，然后再说明假如招标人对合同要求作某些修改，报价可降低多少。

——如发现设计图纸中存在某些不合理并可以改进的地方或可以利用某项新技术、新工艺、新材料替代的地方，或者发现自己的技术和设备满足不了招标文件中设计图纸的要求，可以先按设计图纸的要求报一个价，然后再另附上一个修改设计的比较方案，或说明在修改设计的情况下，报价可降低多少。这种情况，通常也称作修改设计法。

④突然降价法　指为迷惑竞争对手而采用的一种竞争方法。通常的做法是，在准备投标报价的过程中预先考虑好降价的幅度，然后有意散布一些假情报，如打算弃标，按一般情况报价或准备报高价等，等临近投标截止日期前，突然前往投标，并降低报价，以期战胜竞争对手。

## 7.3 园林工程投标文件的编制与投送

### 7.3.1 园林工程投标文件的编制

#### 7.3.1.1 投标报价前期工作

(1)研究招标文件

资格预审合格，取得招标文件，即进入投标前的准备工作阶段。

①研究工程综合说明，以对工程作一整体性的了解。

②熟悉并详细研究设计图纸和技术说明书，使制定施工方案和报价有明确的依据。对不清楚或矛盾之处，要请招标单位解释订正。

③研究合同的主要条款，明确中标后应承担的义务、责任及应享有的权利。包括承包方式，开工和竣工时间及提前或推后交工期限的奖罚，材料供应及价款结算办法，预付款的支付和工程款结算办法，工程变更及停工、窝工等造成的损失处理办法等。

④明确招标要求，在投标文件中要尽量避免出现与招标要求不相符合的情况。

(2)调查投标环境

投标环境是招标工程项目施工的自然、经济和社会条件。投标环境直接影响工程成本，因而要完全熟悉掌握投标市场环境，才能做到心中有数。

投标环境主要包括：场地的地理位置，地上、地下障碍物种类、数量及位置，土壤(质地、含水量、pH 值等)，气象情况(年降水量、年最高温度、年最低温度、霜降日数及灾害性天气预报的历史资料等），地下水位，冰冻线深度及地震烈度，现场交通状况（铁路、公路、水路），给水排水；供电及通讯设施，材料堆放场地的最大可能容量，绿化材料苗木供应的品种及数量、途径以及劳动力来源和工资水平、生活用品的供应途径等。

（3）制定施工方案

施工方案是招标单位评价投标单位水平的重要依据，也是投标单位实施工程的基础，应由投标单位的技术负责人制定，包括以下内容：

①施工的总体部署和场地总平面布置；

②施工总进度和事项（单位）工程进度；

③主要施工方法；

④主要施工机械数量及配置；

⑤劳动力来源及配置；

⑥主要材料品种的规格、需用量、来源及分批进场的时间安排；

⑦大宗材料和大型机械设备的运输方式；

⑧现场水电用量、来源及供水、供电设施；

⑨临时设施数量及标准；

⑩特殊构件的特定要求与解决的方法。

### 7.3.1.2　投标报价工作

（1）报价

报价是投标全过程的核心工作，要作出科学有效的报价必须完成以下工作：

①看图，了解工程内容，工期要求、技术要求。

②熟悉施工方案，核算工程量。

③以造价部门统一制定的估价表或相关定额为依据进行投标报价。如大型园林施工企业有自己的企业定额，则可以以此为依据自主报价。

④确定各项费率和预期利润率，根据企业的技术和经营管理水平，并考虑投标竞争的形势，可以留有一定的伸缩余地。

（2）园林建设工程投标报价的内容

与园林工程预算内容一致。

（3）报价决策

就是确定投标报价的总水平。这是投标胜负的关键，通常由投标工作班子的决策人在主要参谋人员的协助下作出决策。报价决策的工作内容，首先是计算基础标价，即根据工程量清单和报价项目单价表，进行初步测算，其间可能对某些项目的单价作必要的调整，形成基础标价。其次，作风险预测和盈亏分析，即充分估计施工过程中的各种有关因素和可能出现的风险，预测对工程造价的影响程度。再次，测算可能的最高标价和最低标价，也就是测定基础标价可以上下浮动的界限。完成这些工作以后，决策人就可以靠自己的经验和智慧，作出报价决策。然后，方可编制正式标书。

### 7.3.2 园林工程投标文件的投送

(1)标书的包装

投标方应该注意标书的包装，在标书的封面尽可能做得精致一些。没有能力的投标方最好请专业人员设计制作标书的封面，以吸引招标方的眼球。园林标书封面上的图案最好与园林或林业这个大的主题相关，但不可泄露标书中的内容。只有文字的标书封面应该设计得简洁流畅，可在封面正中标明机密字样。

投标方应准备一份正本和3~5份副本，用信封分别把正本和副本密封，封口处加贴封条，封条处加盖法定代表人或其授权代理人的印章和单位公章，并在封面上注明“正本和副本”字样，然后一起放入招标文件袋中，再密封招标文件袋。文件袋外应注明工程项目名称、投标人名称及详细地址，并注明何时之前不准启封。一旦正本和副本有差异，以正本为准。

(2)标书的投送

全部投标文件编好之后，经校对无误，由负责人签署，按投标须知的规定分装，然后密封，派专人在投标截止期之前送到招标单位指定地点，并取得收据。如必须邮寄，则应充分考虑邮件在途时间，务必使标书在投标截止期之前到达招标单位，避免迟到作废。

投标人应在招标文件附表规定的日期内将投标文件递交给招标人。招标人可以按招标文件中投标须知规定的方式，酌情延长递交投标文件的截止日期。在上述情况下，招标人与投标人以前在投标截止期方面的全部权利、责任和义务，将适用于延长后新的投标截止期。在投标截止期以后送达的投标文件，招标人应当拒收，已经收下的也须原封退给投标人。

投标人可以在递交投标文件以后，在规定的投标截止时间之前，采用书面形式向招标人递交补充、修改或撤回其投标文件的通知。在投标截止时间以后，不能修改投标文件。投标人的补充、修改或撤回通知，应按招标文件中投标须知的规定编制、密封、加写标志和递交，并在内层包封标明“补充”、“修改”或“撤回”字样。补充、修改的内容为投标文件的组成部分。根据投标须知的规定，在投标截止时间与招标文件中规定的投标有效期终止日之间的这段时间内，投标人不能撤回投标文件，否则其投标保证金将不予退还。

投标人递交投标文件不宜太早，一般在招标文件规定的截止日期前一两天内密封送交指定地点比较好。投送标书后，应将报价的全部计算分析资料加以整理汇编，归档备查。

## ➢ 思考题

1. 结合实例说明园林工程投标的程序。
2. 阐述园林工程投标文件的主要内容。
3. 举例说明园林工程投标过程所采用的投标决策。
4. 园林工程投标文件编制的注意事项有哪些？

# 第8章　国际工程招投标

【学习目标】了解国际工程及国际工程招投标的概念、特点和一般程序，以及国内外招投标的区别和联系；熟悉国际工程的招标方式、招标规则及国际工程投标的策略与技巧；掌握国际工程招标文件、投标文件编写的步骤和方法。

## 8.1　国际工程招投标概述

### 8.1.1　国际工程概述

随着全球经济一体化的迅猛发展，越来越多的国外公司将到中国来投资和承包工程，而国内的公司也有了更多的机会到国外去承建工程。如何利用好国际标准、按照国际惯例，充分运用国际招投标参与国际竞争，对获得更大的市场份额具有重要意义。

国际工程是指涉及两个或两个以上国家或地区(跨国)，并按国际上通用的方式、方法进行管理的工程。国际工程按其与我国的地域关系，可以分为国外的国际工程和国内的国际工程，既包括我国公司去国外参与投资和实施的各项工程，又包括国际组织和国外的公司到中国来投资和实施的工程。

国际工程可以分为工程咨询和工程承包两大行业。国际工程咨询，包括对工程项目前期的投资机会研究、预可行性研究、可行性研究、项目评估、勘测、设计、招标文件编制、监理、管理、后评价等。它是以高水平的智力劳动为主的行业，一般都是为建设单位——业主一方服务的，也可应承包商聘请为其进行施工管理、成本管理等。国际工程承包，包括对工程项目进行投标、施工、设备采购及安装调试、分包、提供劳务等。按照业主的要求，有时也做施工详图设计和部分永久工程的设计。

### 8.1.2　国际工程招投标的概念和特点

(1)国际工程招投标的概念

国际工程招投标是指发包方通过国内和国际的新闻媒体发布招标信息，

所有有兴趣的投标人均可参与投标竞争，通过评标比较优选确定中标人的活动。

在我国境内的工程建设项目，也有采用国际工程招投标方式的。一种是使用我国自有资金的工程建设项目，但希望工程项目达到目前国际的先进水平，如国家大剧院的设计招标、三峡工程的施工机具招标、北京鸟巢的设计招标等；另一种则是由于工程项目建设的资金使用国际金融组织或外国政府贷款，如我国利用亚洲开发银行贷款建设的西安城市交通项目招标等，都必须遵循贷款协议规定采用国际工程招投标方式选择中标人的规定。

(2)国际工程招投标的特点

①综合性 承包工程包括设计、设备采购、施工安装、培训人员、资金融通等许多复杂的内容，要牵涉到工程、技术、经济、金融、贸易、管理、法律等各方面，表现出极显著的综合性。由于工程项目包含的行业和门类众多，综合性强，要求承包工程时要配套，坚持完整性并保证质量。另外业主对工程的费用、工期、技术都有所要求，使得承包商必须有较高的组织管理水平和技术水平才能胜任。

②平等性 只有在平等的基础上竞争，才能分出真正的优劣。因此，招标通常都要求制订统一的条件，这就是编制统一的招标文件。要求参加投标的承包商严格按照招标文件的规定报价和递交投标书，以便业主进行对比分析，作出公平合理的评价。

③限制性 在国际工程招投标中，业主可以根据自己的意图来确定其优胜条件和选择承包商，承包商也可以根据自身的选择来确定是否参加该项工程的投标。但是，一旦进入招标和投标程序，双方都要受到一定的限制，特别是采取"公开招标"的方式时，它将受到公共的、社会的甚至国家法规的限制。

### 8.1.3 国际工程招投标的一般程序

国际工程招投标的一般程序如图8-1所示。

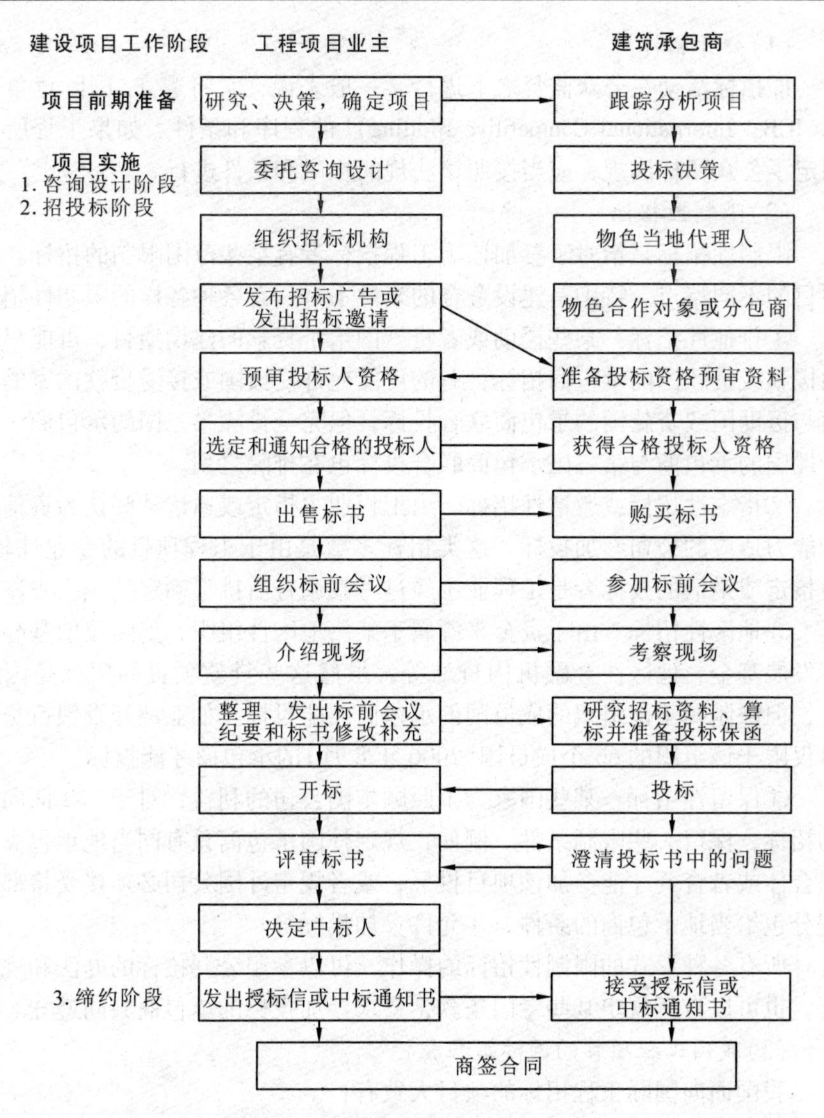


图 8-1 国际工程招投标一般程序

# 8.2 国际工程招标

## 8.2.1 国际工程的招标方式

按照被允许参加投标的对象来分，国际市场的招标方式基本上可以归纳为两大类，即公开招标和限制性招标。

(1)公开招标

即招标活动在公众监督之下进行。一般来说，它将遵守“国际竞争性投标(ICB, International Competitive Bidding)”的程序和条件。如果工程所在国制定了公众招标法规，应当按照该法规的程序和条件进行。

(2)限制性招标

限制性招标是指对于参加该项工程投标者有某些范围限制的招标。由于项目的不同特点，特别是建设资金的来源不一，有各种各样的限制性招标。

①排他性招标　某些援助或者贷款国给予贷款的建设项目，可能只限于向援款或贷款国的承包商招标；有的可能允许受援国或接受贷款国家的承包商与援助国或贷款国的承包商联合投标，但完全排除第三国的承包商，甚至受援国的承包商与第三国承包商联合投标也在排除之列。

②指定性招标或邀请性招标　由工程业主指定或邀请某些认为资信可靠和能力适应的公司参加投标。这类招标多数是由于工程项目的专业性较强，被指定或邀请的投标者是工程业主经过考察调查后挑选确定的。

③地区性招标　由于资金来源属于某一地区性组织，如阿拉伯基金、沙特发展基金、地区性金融机构贷款等，虽然这些贷款项目的招标是国际性的，但限制属于该组织的成员国的承包商才能投标。如亚洲开发银行贷款项目仅限于该组织的66个成员国(2006年8月)的承包商才能投标。

④保留性招标　某些国家为了照顾本国公司的利益，对于一些面向国际的招标，保留一些限制条件。例如，规定外国承包商只有同当地承包商组成联合体或者合资才能参加该项目投标；或者规定外国公司必须接受将部分工程分包给当地承包商的条件，才允许参加投标等。

所有各种形式的限制性招标的操作，可以参照公开招标的办法和规则进行，也可以自行规定某些专门条款，要求参加投标的承包商共同遵守。

(3)我国工程项目的国际工程招标

我国面向国际工程招标的项目大致有：

①世界银行和其他国际金融组织贷款的建设项目　这些项目按照这些金融组织的规定，其设备、物资采购和建设安装工程承包，一般都要求通过国际竞争性招标，向这些金融组织成员国的承包商提供公开和平等的投标机会，而且要求按其《采购指南》(*The Guide Lines for Procurement*)规定的程序和规则进行公开招标。由于这些金融组织对采购程序、招标文件、投标及其评定和采购合同等均进行监督，因此，组织相应的招标机构是完全必要的。我国没有中央招标委员会一类的常设机构，而是指定中国技术进出口总公司下属的国际招标公司(中技国际招标公司)承办货物采购的招标工作。至于土

建安装工程，也可以通过这家专门的国际招标公司同有关主管部门或有关省市共同组织招标。世界银行和亚洲开发银行等组织均已同意我国的这家公司具有主持其贷款项目进行国际竞争性招标的资格。

②外国政府贷款的建设项目　这类项目通常是根据我国政府同贷款国政府之间的贷款协议来安排招标工作。多数情况是由该建设项目的主管部门或省(自治区、直辖市)市政府机构委托中国技术进出口总公司的国际招标公司组织进行设备、物资的采购招标，而土建安装工程的招标则由各主管部门或省(自治区、直辖市)市组织临时的招标机构进行。

③外商投资项目　无论是外商独资项目、中外合资项目或者中外合作经营项目，其招标工作可以由企业自己进行。但是关于设备和技术的引进，必须经过主管部门审查批准；土建和安装工程的招标则应当优先考虑中国的工程公司，外国工程公司参加投标应当事先获得工程所在地的省(自治区、直辖市)市建设管理部门的审核批准。

以上介绍的主要是政府的或与政府有关的工程项目设置招标机构的各种模式，至于私营项目的招标工作的组织，则完全由私营项目的业主作出安排。一般来说，私营项目的业主多数是委托负责项目设计的咨询公司或者专门的项目管理公司协助组织招标工作；而且，他们授予咨询公司或管理公司的权力是十分有限的，大致包括准备招标文件、分发招标通知和有关说明资料、汇集投标书和进行初步评审等。关于最终的评审和授标的决策则通常由私营项目的业主或其董事会直接主持和确定。

### 8.2.2　招标规则的国际惯例

许多国家制定和颁布了各自的《公开招标法》或《招标规定》等，这里只介绍公开招标规则的国际惯例。

(1)招标通告或招标邀请书

①招标通告的公布　凡是公开向国际招标的项目，均应在官方的报纸上刊登招标通告，有些招标通告还可寄送给有关国家驻工程所在国的大使馆。世界银行贷款项目的招标通告除在工程所在国的报纸上刊登外，还要求在此之前60d向世界银行递交一份总的公告，世界银行将它刊登在《联合国开发论坛报》商业版(*Development Business*)、世界银行的《国际商务机会周报》(IBOS，*Interna tional Business Opportunities Services*)以及《业务汇编月报》(MOS，*The Monthly Operational Summary*)等刊物上。亚洲开发银行贷款项目的招标通告，也同样要求提前报送该银行，在亚洲开发银行出版的《项目信息》上公布外，也刊登在《联合国开发论坛报》商业版中。

②招标通告的内容

——业主名称和项目名称；

——项目位置；

——资金来源；

——工程范围的简要说明；

——招标项目主要部分的预定进展日期；

——申请资格预审须知；

——招标文件的价格、购领招标文件的时间和地点；

——投标保证金的数额；

——投标书寄送截止日期和寄送地点；

——开标时间和地点；

——要求投标人提交的有关证明其资格和能力的文件资料。

③投标资格预审通告　某些大型工程项目可能对投标资格的要求比较严格，在公布招标通告之前，可能先发表一份投标资格预审的通告，其中仅对工程项目作简单的介绍，重点是公布该项目的投标者应当首先通过资格审查，写明领取投标资格预审申请表的地点和时间，以及递交资格预审资料的截止日期。

④招标邀请书　对于邀请性招标，通常只向被邀请的承包商或有关单位发出邀请书，不要求在报刊上刊登招标通告。邀请书的内容除了有礼貌地表达邀请的意向外，还要说明工程简况、工期等主要情况，被邀请人何时在何地可以获得招标文件及相关资料。

(2) 资格预审

大型工程项目进行国际竞争性招标，可能会吸引许多国际承包商的极大兴趣。有些大型项目国际招标往往会有数十名甚至上百名承包商报名要求参加投标，这对招标的组织工作，特别是评标工作带来许多困难。多数工程业主并不希望有过多的投标者，因此，采取投标人资格预审办法可淘汰掉一大批有投标意向但并不具备承包该项工程资格的承包商。一般来说，一项工程有 10 名以内的投标人比较适宜，最多不要超过 20 名。

①资格预审的主要程序

——编制资格预审文件；

——发出资格预审邀请；

——出售资格预审文件；

——投标商提交资格预审文件；

——对资格预审文件进行评审；

——选定投标人名单并向参加资格预审的所有投标商通知评审结果。

②资格预审文件主要内容

投标申请书 主要说明承包商自愿参加该工程项目的投标，愿意遵守各项投标规定，接受对投标资格的审查，声明所有填写在资格预审表格中的情况和数字都是真实的。

工程简介 资格预审文件中的工程简介比招标通告中介绍的情况应当更为详尽，以便承包商事先了解某些重要情况，作出是否参加投标资格预审和承包此项工程的决策。

投标人的限制条件 说明对参加投标的公司是否有国别和等级的限制。例如，有些工程项目由于资金来源的关系，对投标人的国别有所限制；有些工程项目不允许外国公司单独投标，必须与当地公司联合；还有些工程项目由于其性质和规模特点不允许当地公司独立投标，必须与有经验的外国公司合作；有些工程指定限于经注册和审定某一资质级别的公司才能参加投标。还有些限制条件是关于支付货币的，例如，该项工程限于支付一定比例的外汇，其余则支付当地货币；业主对支付预付款的限制、对投标保证书和履约保证书的要求等，均可在限制条件中列出。

资格预审表格 要求参加投标资格预审的承包商如实地逐项填写表格，大致包括投标人的法定资格(包括名称、法人代表、注册国家、法定地址等)、公司的基本概况、财务状况、施工经验、施工设备能力、目前的在手工程简况等。有些大型工程项目的资格预审，可能要求承包商提出对承包本项工程的初步设想，包括对现场组织、人员安排、劳务来源、分包商的选择等提出设想意见。

证明资料 在资格预审中可以要求承包商提供必要的证明材料。例如，公司的注册证书或营业执照、在当地的分公司或办事机构的注册登记证书、银行出具的资金和信誉证明函件、类似工程的业主过去签发的工程验收合格证书等。所有这些文件可以用复印件，但要求出具公证部门核对与原件相符的公证书和有关大使馆出具的认证书。如果是几家公司联合投标，可以要求报送其联合的协议书等。

③报送资格预审材料的要求 应写明报送资料的时间、地点和份数。例如，有些工程项目的预审资格材料要求报送3份，分别直接寄送给招标机构、工程业主和咨询公司；还应填写表格和各种证明材料的文字要求，例如，某些国家除要求用英文填写外，对于证明资料还要求提供当地语种的译文等。

有些国家对于外国公司参加投标限制颇多，如要求外国公司必须有当地的代理人。而且在报送资格预审材料的同时，还要求报送代理人的基本情况，甚至要求递交代理协议的复印件以及投标人给代理人的授权书。

(3)招标文件

①招标文件的准备 在正式招标之前，必须认真准备好正式的招标文件。多数工程项目的招标文件由咨询设计公司编制，特别是招标文件中的技术部分，包括工程图纸和技术说明等。至于商务部分，可以由业主、招标机构和咨询公司共同商讨拟定。

②招标文件内容 由世界银行或其他国际金融机构融资的项目，或其他正规的国际招标项目的投标文件，通常包括以下一些内容：

投标邀请函

投标人须知(或称给投标人的指示)

合同条款 包括一般条款(FIDIC国际通用条款)，及结合业主所在国实际和本工程特点对一般条款补充、修改后所形成的专用条款。对上述两部分条款，要求投标人无条件遵守。

工程图纸

技术条款 有时也分为一般技术条款和专用技术条款两部分。

投标格式及其他标准格式 包括投标致函格式，合同协议书格式，投标保函、履约保函及预付款保函格式等。投标人应根据格式要求将各种表格填写齐全，包括工程量及价格表(又称投标报价单或标单)额外工程价格费率表、工程进度计划表等。

工程量表(Bill of Quantities)

技术文件、表格

其他技术资料

③招标文件的购买规定 招标文件是在资格预审之后才开始发售的。招标机构或工程业主通常以书信方式通知获得投标资格的投标人，在规定的时间内到某指定地点购买招标文件。也有一些中小型工程项目不进行资格预审的，可以直接向投标人发售招标文件，但应在招标文件中写明将在评标时一并评审其资格，要求投标人在投标报价的同时报送其公司的基本情况以供审查。

招标文件的发售通常规定：文件只售给业已获得投标资格的原申请投标者；招标文件通常按文件的工本费收费，购买投标文件后，不论是否投标，其费用一律不予退还；招标文件的正本上一般均盖有主管招标机构的印鉴，这份正本一般在投标时，作为投标文件的正本交回，通常不允许用复印本投标；规定招标文件是保密的，不得转让他人。

(4)标前会议

①标前会议的目的　对于较大的工程项目招标，通常在报送投标报价前由招标机构召开一次标前会议，以便向所有有资格的投标人澄清他们提出的各种问题。一般来说，投标人应当在规定的标前会议日期之前将问题用书面形式寄给招标机构，然后招标机构将其汇集起来研究，给出统一的解答。公开招标的规则通常规定，招标机构不向任何投标人单独回答其提出的问题，只能统一解答，而且要将对所有问题的解答发给每一个购买了招标文件的投标人，以显示其公平对待。

②标前会议的时间和地点　标前会议通常在工程所在国境内召开，其开会日期和时间在招标文件的“投标人须知”中写明；一般在标前会议期间可能组织投标人到拟建工程现场参观和考察，投标人也可以在该会议后到现场专门考察当地建设条件，以便正确作出投标报价。标前会议和现场考察的费用通常由投标人自行负担。如果投标人不参加标前会议，可以委托其当地代理人参加，也可以要求招标机构将标前会议的记录寄给投标人。

③标前会议记录　招标机构有责任将标前会议的记录和对各种问题的统一答复或解释整理为书面文件，随后分别寄给所有的投标人。标前会议记录和答复问题记录应当被视为招标文件的补充，如果它们与原招标文件有矛盾，应当说明以会议记录和问题解答记录为准。标前会议上，可能对开标日期作出最后确认或者修改，如开标日期有任何变动，不仅应当及时以电传或书信方式通知所有投标人，还应当在重要的报纸上发布通告。

(5)投标人须知

投标人须知也称给投标人的指示、投标人注意事项等，是招标文件的重要组成部分。它是工程业主或招标机构对投标人如何投标的指导性文件，通常由招标机构和指定的咨询公司共同编制，并附在招标文件内一起发售给投标人。投标人须知的主要内容大致如下：

①一般性说明

——说明投标人应当认真和充分阅读此项投标人须知，严格遵守其中的规定；

——写明公开开标的日期、时间和地点；未能在规定的收标截止日期内递交的投标书是不予接受的；

——投标书必须用墨水钢笔填写或打字在每一空白栏，不得删改；如有个别错字须要更正；投标人应在错字更改处签字；

——投标书必须使用原招标文件的正本，如果要求递交多份投标书，其他各份文件应当注明为副本；

——说明填报标书时由于统计错误的处理办法。例如，每页中单项价格和总价出现计算差错，将以单价为准，或以其较少金额的数字为准；大写金额和小写金额有出入时，将以较少的金额为准；计算错误金额数字如超过某一限定(例如5%)，则该项投标被视为无效。

②招标文件的解释

——招标文件的解释权属于招标机构，任何投标人对招标文件中认为需要解释的问题，不得向设计咨询公司或业主单位的工作人员查询；

——招标机构不得向任何投标人单独答复或解释招标文件的问题，一切答复或解释都将发给所有的投标人；

——要求投标人如果发现图纸、技术说明和其他合同条件等有相互矛盾或遗漏，或含糊不清，应当在开标日期之前(可规定天数)书面请求招标机构解释、澄清或更正，招标机构或者在标前会议上作出书面答复，或者发给合同文件的补遗或更正。投标人应当在投标时在其投标书中注明业已考虑了这些补遗文件的要求或解释；

——说明投标报价应当使用的货币名。如用多种货币支付，应有专门表格填报各类货币的数量和所占比例，及其计算中使用的汇率，这种汇率通常可规定为不变汇率；

——说明没有总价的投标是不予接受的；说明有哪些报价应单独列出，不计入总价，例如可供选择项目的报价、暂列金额(Provision Sum，又称预备金额，是指业主暂预留一定数额以备工程实施中可能发生的额外增加费用)等。

③响应性投标

——如果该项目招标属于响应性的，应当加以说明，在响应性招标中，任何对招标文件未逐项切实回答的投标书将被拒绝接受；

——说明本响应性招标是否允许投标人提出另外的建议(有时被称之为副标或可供选择的标)；如果允许另提建议或副标，应说明只有对原招标作出完全和充分的响应回答后，才考虑其另外的建议或副标；有些甚至要求对原标和副标提交两份独立的银行出具的投标保函。

④投标保证书

——要求随同投标书递交一份投标保证书，该保证书必须严格按招标文件中规定的格式开具；

——投标保证书可以规定为银行出具的保函，或者是有资格的保险公司出具的保证书(Bond)，也有些是规定可由一家有足够资信的公司出具的担保书(即第三方的担保)，招标文件必须作出十分明确的规定；

——对于银行出具的保函或保险公司出具的保证书，应当说明具体金额，可以规定为一定数额或者是相当于投标报价一定百分比的金额；

——应当说明业主可接受的开出保函或保单的银行或保险公司的名称，例如，规定必须是当地注册的一流银行，或者是国际的知名银行或保险公司；

——说明未随投标书一起递交保证书的投标文件，将视为无效的投标；

——说明投标保证书的金额不足者，将被认作废标处理；

——应当规定投标保证书的有效期，例如从开标之日算起 90d 或 180d 等；

——说明未能中标的投标人的保证书(银行保函或保险公司的保证书等)将在何时退还给投标人，例如，宣布授标后 10d 内退还给未中标者；对于中标者的保证书，必须在签订承包合同并递交履约保证书后宣布失效并予退还，否则该投标保证书的金额将由业主从开具保证者的银行兑现并予以没收。

⑤投标风险的承担

——通常写明投标人应当自行承担各种风险，招标机构对任何投标人参加此项投标花费的各项开支均无补偿责任；

——有些招标项目写明业主将授标给最低报价者，但多数招标人须知中事先声明，业主有权拒绝授标给最低报价者，而且不说明任何理由；还有些则声明业主保留权利拒绝任何或所有的投标书；

——写明考察现场和调查工程的周围环境条件是投标人自己的责任，所有投标书都将被认为是投标人已经充分考虑了各种建设条件和风险；投标以后，投标人不得以未能了解现场条件为由而要求调整价格或要求增加付款；投标人的报价被认为是充分和正确的，是按照合同文件的规定完满地执行合同并已包括了承担合同中一切义务所需费用的价格；

——某些中小型项目的招标，可能并不进行资格预审，而是进行资格后审，即在评标的同时进行其承包工程资格的审查。这时，在招标文件中应当写明投标人的基本条件，并要求投标人在递交投标书的同时，提交其财务情况、技术人员情况，以及对同类工程的施工经验等支持其具备承包该工程资格的有关资料或证明文件。特别要说明投标人要自己充分估计已经具备这种资格，不致因资格后审不合格而被淘汰；

——投标人对自己的任何投标违章行为可能遭到的惩罚承担责任，它包括贿赂、与其他投标人串通围标、提交伪造的支持性证明材料及不合格的投标保证书等。

⑥投标书的投递

——说明投标书必须以密封方式递交，密封办法由投标人自行安排，例如用火漆、铅封或骑缝印章签字等，但是密封包装的外部只允许写收件人的地址，不得写投标人的名称和地址，也不得有任何记号。

——投递方式最好是在当地直接手投，或委托当地代理人手投，以便及时获得招标机构已收到投标书的回执(通常招标机构应设加锁密封的收标箱)。如果允许邮递投标，则应当说明由投标人自己保证在开标日期之前，招标机构能够收到该投标书，而不是以邮戳为准。

——投标书一经投递，不得撤销或更改。也可以规定，任何修改只能在开标日期之前以另一封密封信件投入招标机构的密封收标箱，以便开标时一并拆开。

——投标保证书用单独的信封密封，与投标书同时投递。

(6)公开开标

①严格监督收标　一般是在投标地点设置投标箱或投标柜，其尺寸大小足够容纳全部投标书。招标机构收到投标书仅注明收到的日期和时间，不作任何记号。投标箱的钥匙由专人保管，并贴上封条，只能在开标会议上启封打开。投标截止日期和时间一到，即封闭投标箱，在此以后的投标概不受理。

②开标会议

——公开招标项目，通常由招标机构主持公开的开标会议，除招标机构的委员会成员和投标人参加外，还可邀请当地有声望的工程界人士和公众代表参加。

——在开标会议上当众开启投标箱，检查密封情况。通常是按投标书投递时间顺序拆开投标书的密封袋，并检查投标书的完整情况。

——当众宣读投标人在其投标致函中的投标总报价，如在该致函中已说明了自动降低的价格，应宣布以其降低了的价格为准；如要降价是附带条件的，则不宣布这种附带条件的降价，以便在同等条件下进行对比。同时，还要当众宣布其投标保证书的金额和开具保函银行的名称，检查该项金额和银行是否符合招标文件的规定。如果该投标保证书不合格，则宣布该投标书被拒绝接受，作为废标退还其保函，取消其参加竞争的资格。

——所有投标人的报标总价及保证书的金额均列表当场登记，由招标机构的招标委员和公众监督人士共同签字，表示不得再修改报价。有的甚至要求他们在各投标人的附有总报价的投标致函上签字，以表示任何人无法作弊进行修改。

——如果招标要求随投标提交机器设备的样本说明，可对各投标人提交的样本查看后编号封袋，以便评标时作技术鉴定。

——通常在开标会议上说明开标时标价的名次排列并非最终结果，有待详加评审，而且也不表示这些投标书已被接受。

——如果公开招标的项目仅有唯一的一家公司投标，或在开标会上发现仅有一家公司的投标书符合招标规定条件和没有明显的违章情况，则可能宣布将另行招标；或者将由招标机构评审后再决定是否授标给这家公司。

——如果招标文件规定投标者可以提交建议方案(或副标)，则对于提交的建议方案报价也按照上述方式当场开标和宣布其总报价，但不宣布其建议方案的主要内容。通常对于未按原招标方案报价、仅对其建议方案报价者，将予以拒绝接受。一般来说，对建议方案的评审更加严格。

## 8.3 国际工程投标

### 8.3.1 国际工程投标的前期工作

(1)项目的跟踪和选择

项目的跟踪和选择也就是对工程项目信息的连续地收集、分析、判断，并根据项目的具体情况和公司的营销策略进行选择，直至确定投标项目的过程。

工程项目信息的跟踪和选择，关系到承包公司能否广泛地获得足够的项目信息，能否准确地选择出风险可控、能力可及、效益可靠的项目，使自己的业务得到发展和成功。因此，每个国际工程公司一般都有一个专门的配备有现代化信息工具的机构负责这一工作。

①广泛收集工程项目信息

通过国际金融机构的出版物　所有应用世界银行、亚洲开发银行等国际性金融机构贷款的项目，都要在世界银行的《商业发展论坛报》和亚洲开发银行的《项目机会》上发表。这些刊物上发表的项目信息，从其项目立项起就开始逐月不断地进行跟踪，直至发表该项目的招标公告。

通过一些公开发行的国际性刊物　如《中东经济文摘》(MEED)、《非洲经济发展月刊》(AED)上也会刊登一些投标邀请通告。

通过公共关系网和有关个人的接触　对于有一定知名度的公司，往往会有一些国外代理商直接和这些公司接触，提供一些项目信息。有时承包公司通过接触一些国外的代理、朋友也会获得一些信息，这是国际上采用最为普遍的方法。通过个人接触不仅能得到有关的项目信息，还可以了解当地的政治、经济等其他方面的情况。国际承包企业需要加强企业的自我宣传，有时甚至会得到业主的直接邀请参加投标。

通过我驻外使馆、有关驻外机构、外经贸部或公司驻外机构　他们与当地政府和公司接触频繁，因此得到的信息也十分丰富。

通过与国外驻我国机构的联系　如各国使馆、联合国驻华机构或世界银行驻华机构等。

通过国际信息网络　在当前的信息化社会，得到信息的机会很多，其中利用国际信息网络也是国际承包商获得项目信息的重要来源之一。

②紧密跟踪和精心选择　国际工程公司的具体业务部门或公司领导需要从获得的工程项目的信息中，根据项目所在地区的宏观环境是否是适合进入的市场，选择符合本企业经营策略、经营能力和专业特长的项目进行跟踪。从考虑该工程项目实现的可靠性和项目所在地的竞争激烈程度，初步确定准备投标。在对项目进一步的调查研究，甚至在资格预审之后，才最后决定投标与否。这一选择跟踪项目或初步确定投标项目的过程是一项重要的经营决策过程。

(2)选择当地代理人和合作伙伴

在国外承包和实施国际工程要比承建国内工程复杂得多，不熟悉国外的经营和工作环境，是国际承包商失败的主要原因。因此，国际工程公司为了协助自己进入该市场开展业务获得项目，并且在项目的实施过程中协助自己在有关方面进行必要的斡旋和协调，往往需要寻觅合适的代理人。有些国家法律明确规定，任何外国公司必须指定当地代理人，才能参加所在国的建设项目的投标和承包。因此，使用和选择好代理人是国际承包业务的重要内容之一。

有些国家要求外国承包商尽量(有时是规定必须)和当地承包商合作，这就要求外国承包商在当地选择合适的合作伙伴，这种合作有时是主包—分包方式，有时是项目联营方式(Project Joint-venture)或成立联营公司(Joint-veriture Company)方式。不仅如此，随着国际承包事业的发展，承包工程的规模日渐增大，一些综合性建设项目涉及的专业很多，技术性日益复杂，因此对这些项目也要求承包商和其他承包商以主包—分包的方式或联营体方式合作。无论以什么方式合作，其合作伙伴的选择都是非常重要的，它和代理人的选择有相似的方面。

获得项目合同的承包商有时会将所得项目的一部分分包给其他承包商，有的可能是按专业或施工部位进行分包，有的则可能采用劳务分包，其情况是各式各样的。无论哪种方式分包，作为主包商必须十分慎重地选择合适的分包商。一旦选择失误，则可能被分包商拖进困境。由于整个工程的各分项工程是相互联系的一个整体，一家分包商拖延工期或因质量不合格而返工，可能会引起连锁反应，影响其他分项工程，甚至影响全部工程的工期和质量。如果发生分包商违约，尽管可以采取措施中途解除分包合同，但其给主包商造成的经济损失和工期损失可能是巨大的，即使处罚分包商也难以弥补。另外，分包商的失误都将对主包商的信誉造成不良影响。因此，最好是在选择分包商时就十分慎重，以避免“中途换马”。

一般来说，最好是先从承包商自己过去的合作者中选择两三家公司询价，然后再向其他有良好信誉的公司询价，从中优选。

(3)在工程所在国的注册登记

在国际工程承包业务中，由于各国管理政策不一，对注册问题要求不一。有些国家没有十分严格的注册手续，有些国家则手续甚严，因此在进行市场调查时应详细了解这方面的法律法规，及时准备一切必要的文件，办理一切相应的手续，为投标或实施项目做好准备。

①公司注册手续　有些国家允许外国公司参加该国的各项投标活动，但只有在投标取得成功，得到工程合同后，才准许该公司办理注册登记手续，发给在该国进行营业活动的执照。相反，有些国家则要求只有在该国事先注册登记，在该国取得合法的法人地位后方可参加投标。如果拟进入的市场属于后者，毫无疑问承包商应当将办理公司注册登记手续作为投标前的一项重要准备工作，应不失时机地完成。

鉴于注册工作往往要经过比较繁杂的法律程序，在新市场，承包商对当地法律手续一般都比较生疏，因此公司注册手续最好是通过或直接委托当地律师办理。

②注册所需文件　注册所需文件也和注册登记手续一样，因国家而异，但大体上随同注册申请表要同时提交的文件有：某国公司的章程；某国工商管理机构发放的合法有效的营业证书副本；公司董事会关于在当地设立分支机构的董事会决议；公司董事会主席为当地分支机构的负责人签发的授权书；公司近3年的财务状况表等。

上述文件一般均需要公证机构进行公证，并经该国驻某国使馆的认证才被认为是有效的。

(4)建立公共关系

在开辟新的国际市场过程中，国际承包公司更应从踏上新地区开始就重视和有意识地着手设法在当地建立本公司的公共关系。企业的公共关系的内容包括建立公共关系网络和树立企业的公众形象，这不应仅仅是为了得到一个项目，而应有一个长远的目标，把它和本公司开拓当地市场扎根于当地的长期政策结合起来。

有目的接触各个阶层尤其是业主、咨询和政府机构、当地劳工组织等，广泛结交朋友是十分重要的。忽视这些工作而“闭门造车”，单纯凭投标、拼价格，要想得到项目是不现实的。在这方面选择一个合适的当地代理人会起到良好的作用，他会提出建议，为其客户引见各方面的关键人物。

(5) 参加招标项目的资格预审

从业主来说，事先通过资格预审，可以筛选出少数几家确有实力和经验的承包商参加第二轮的竞争。由于进行了资格预审，业主对潜在的中标者心中比较有数；同时，由于淘汰一批基本不合格的承包商，从而简化了评标工作。对于承包商来说，通过资格预审，可以减少一批投标竞争对手。国际承包商应该认真地对待投标申请工作，并以审慎态度填报和递送资格预审所需的一切资料。

(6) 组织投标小组

资格预审评审结束后，业主将向经审查合格的承包商发出通知(有时是通过报纸发布)，告知出售招标书的时间、地点、招标书价格和投标截止日期等等。这时，承包商应最后决策是否参加该项目的投标竞争。如果决定参加投标，就应立即着手组织一个有丰富编标、报价和投标经验的投标小组。

### 8.3.2　国际工程投标文件

投标人按招标文件的要求，在招标文件基础上填报、编制的文件称为投标文件，简称为标书。

(1) 国际工程投标文件的内容

由投标人编制填报的投标文件(投标须知中有明确规定)，通常可分为商务法律文件、技术文件、价格文件三大部分。

①商务法律文件　这类文件是用以证明投标人履行了合法手续及为业主了解投标人商业资信、合法性的文件。商务法律文件包括：

——投标保函(应符合要求的格式)；

——投标人的授权书及证明文件；

——联营体投标人提供的联营协议；

——投标人所代表的公司的资信文件，包括银行出具的财务状况证明、完税证明、资产负债表、未破产证明、公司法人证件等。如投标人为联营体，则联营体各方均应出具这类资信文件。

——如有分包商，亦应出具其资信文件供业主审查。

②技术文件 包括全部施工组织设计内容，用以评价投标人的技术实力和经验。技术复杂的项目对技术文件的编写内容及格式均有详细要求，投标人应认真按规定填写。

技术文件的主要内容是：

——施工方案和施工方法说明，包括有关的施工布置图等；

——施工总进度计划表及说明，有的招标项目还规定要有有关施工期，有的要求有网络图；

——施工组织机构说明及各级负责人的技术履历及外语（合同语言）水平；

——承包人营地（生产、生活）计划；

——施工机械设备清单及设备性能表；

——主要建筑材料清单、来源及质量证明；

——如招标文件中有要求，或投标人认为有必要，承包人应建议变通方案。建议方案是投标人对招标文件原拟的工程方案的修改建议，应使总价有所降低，供业主和咨询工程师在评标时参考。

③价格文件 此系投标文件的核心，是投标成败的关键所在。全部价格文件必须完全按招标文件规定的格式编制，不许有任何改动，如有漏填，则视为其已包含在其他加好的报价中。

价格文件的内容包括：

——价格表（带有填报单价和总价的工程量表）；

——计日工的报价表；

——主要单价分析表（如招标书中有此要求）；

——外汇比例表及外汇费用构成表；

——外汇兑换率（通常由业主提供）；

——资金平衡表或工程款支付估算表；

——施工用主要材料基础价格表；

——设备报价及产品样本；

——用于价格调整的物价上涨指数的有关文件。

目前，国际上趋向于（如业主要求）将上述三部分文件分装两包，即将商务法律文件和技术文件装入一包，俗称为资格包；而将价格文件装入一包，俗称报价包。业主和咨询工程师在评标时，对投标人的两包文件分别审查，综合评定。如果资格包评分不高甚至通不过的投标者，报价再低，也不会授标。因此，投标文件是一个整体，哪方面的内容都不容忽视。

投标文件的每一页，投标人都要签名(或只写一个姓)，而在投标致函上，投标人必须写自己的全名再加盖公司印章。所有这些均表示对此文件的确认。

(2)投标致函

除按上述规定填报投标文件外，投标人还可以另写一份更为详细的致函，对自己的投标报价作必要的说明。写好这份额外增加的投标致函是十分重要的，它一方面是对自己投标报价作某些解释，使审标和评标者更能理解此报价的合理性，另一方面是借此对本公司的优势和特点做宣传，给评标者和业主以深刻印象。大致可在致函中说明以下问题：

①宣布降价的决定。多数投标者有意在书面报价单中将价码提高一些，以防自己在投标过程中价格被泄露；而在实际递交的投标致函中写明："考虑到同业主友好和长远合作的诚意，决定按报价单的汇总价格无条件地降低××%，即将总价降到××万元，并愿意以这一降低后的价格签订合同。"

②说明由于作了上述降价，与投标同时递交的银行保函有效金额相应降低多少，并写明有效金额数。

③可以根据可能和必要情况，对自己选择的施工方案的突出特点作简要说明，主要表明选择这种施工方案可以更好地保证质量和加快工程进度，保证实现预订的工期。

④只要招标文件没有特殊的限制，可以提出某些可行的降低价格的建议。例如，适当提高预付款，则拟再降价多少；适当改变某种材料或者某种结构，不仅完全可保证同等质量、功能，而且可降低价格等。要声明这些建议只是供业主参考的，如果本公司中标，而且业主愿意接受这些建议，可在商签合同时探讨细节。

⑤如果发现招标文件中有某些明显的错误，而又不便在原招标和投标文件上修改，可以在此函中说明，如进行这项修改调整将是有益的。还可说明其对报价的影响。

⑥有重点地说明本公司的优势，特别是说明自己的经验和能力，使业主感到满意。

⑦如果公司有能力和条件向业主提供某些优惠，可以专门列出说明。例如，支付条件的优惠、提供出口信贷等，用以吸引业主的兴趣。当然，提出这些优惠应当慎重，自己要确有把握。

⑧如果允许投标人另报替代方案，除按招标文件报送该替代方案文件外，还可在本致函中作某些重点的论述，着重宣传替代方案的突出优点。

总之，写投标致函应有力地吸引业主、咨询公司和评标人对公司的兴趣和信赖。

### 8.3.3 国际工程投标的策略和技巧

国际投标竞争的胜负不仅取决于各投标商的实力，也取决于投标商的投标策略和技巧的运用。投标商投标策略的制定，就是要使公司更好地运用自身的实力，在决定投标成功的各项关键因素上发挥相对于竞争对手的优势，从而取得投标的成功，最终夺标并盈利。下面主要论述成功投标商在国际投标过程中运用的策略与技巧。

(1)组织强有力的投标团队

投标团队在我国通常称为投标小组，它对投标的结果影响极大。如果投标商没有一个强有力的投标团队组织投标工作，是不可能中标的。勉强中标，还可能给公司带来经营方面的亏损。

①投标小组的组成　投标小组要经过特别选拔，由市场营销、工程和科研、生产或施工、采购、财务、合同管理等部门的人员组成。投标小组成员可以从本公司内部抽调出来，在需要的情况下，还可以从公司外部聘请。投标小组受投标经理领导。投标经理的责任是负责投标的组织、投标文件的制作、报价的确定和调整、承担在指定的期限内和在确定的预算要求范围内完成投标工作的责任。投标小组成员按照自己的专业和分工履行职责。

②投标小组的工作　投标小组首要的任务是，分析国际招标公告或邀请的内容，按其具体要求确定投标团队将在各方面投入的人力、设备等各种资源。

确定工作日程　按照投标的期限，确定每一步工作的日程安排。确定投标小组成员各自应负责完成的任务和进度。

明确小组成员分工　按照每一成员的专业，明确其工作范围和工作的组织方法。成员之间的分工包括：工程和科研方面负责投标的全部技术内容，包括填报有关施工或生产方面的投标表格，确定设计构思；生产方面负责有关材料的加工、组装、检验、试验等工作；施工方面负责施工工艺、技术、进度、材料、劳动力等，需制定出详细、准确的生产或施工报告和计划，并规定出质量控制和监督的方法；采购方面负责向供货商询价，并获取投标授权书；财务方面负责统计有关投标的各项成本，核算总成本，根据本公司经营目标确定投标价格；合同方面负责分析业主所发的招标文件，合同条款的结构与要求，结合本公司的实际情况，确定完善的投标条件和合同结构，该方面的人员要负责解释合同条款的所有内容及每一款所承担的可能风险；市场营销方面负责研究国际招标项目的特点、业主的工作程序，了解标底，分析竞争对手情况，与业主进行沟通，寻找项目所在地的代理人，寻找投标咨询公司等等。分头工作之后，小组成员共同确定投标草案，交公司领导审核、批准。

(2)选择合适的项目投标

对已获得的招标信息，先要进行筛选，选取适合本公司投标的项目，再对投标项目进行可行性研究，慎重作出投标决定。这样做的目的，一是研究本公司进行项目实施的可能性，二是考虑一次投标要支出可观的费用，以及是否有足够的技术力量可以投入。

衡量承包商是否具备条件参加投标的标准一般有以下 8 项：

①该工程项目需要的工人操作技术水平；

②承包商现有财务能力、机械设备能力；

③完成此项目后，对提高信誉与带来新投标机会的影响；

④该项目需要投入的设计工作量；

⑤承包商对此项目的熟悉程度；

⑥投标竞争激烈程度；

⑦交工验收条件；

⑧以往工程经验。

(3)收集技术经济情报资料并经常进行分析研究

投标报价涉及多方面的技术经济问题，必须经常做好调查研究与情报资料的收集和分析。应随时掌握了解当地及国际市场材料和机械设备价格的变动情况、运输费用和税率的变动情况，最好通过长期分析，找出每年物价上涨的规律。各承包商及其派驻项目所在国的经理部应设立情报机构，收集各国承包商的报价和投标情况，以便灵活调整自己的价格。

对于承包商自身的公司资料也要进行收集、整理和更新。现在许多承包商都有完整、正规的年终财务报表，这些报表要经过审计，且最近三年的报表应妥善保管，以随时备用。有关类似工程经验和类似现场条件经验的项目应及早制成散页，或者储存在电脑内，一旦需要，就只需按要求汇集装订成册并附加某些补充说明即可，从而提高投标效率。

(4)认真研究招标项目的特点，综合考虑报价策略

要认真研究招标项目的特点，根据工程类别、施工条件、供货范围等综合考虑报价策略。在国际工程评标工作中，成功的投标商在报价时常常采用如下策略：

①研究工程性质与特点，考虑业主愿意接受的价位区间，最后根据投标经验确定投标价。

②适当采用不平衡报价法。不平衡报价是国际上常用的一种报价方法，即在总价格不变的前提下，提高某些项目价格，降低另外一些施工项目价格的报价方法。一般来说，是采用提高早期施工项目价格，降低后期施工项目价格的办法。这样可在承包施工的前期收回比正常价格下更多的工程款，有利于施工流动资金周转，减少贷款利息支出，获得更多的存款利息。

不平衡报价法，适用于总价合同和单价合同。对于总价合同可直接应用单项工程报价，对于单价合同则可应用于分部分项工程报价。但应用此策略报价时应注意选择预计工程量不会产生重大变化的项目，或对工程量变化趋势确有把握的项目以避风险。因为若由于各种原因使得早期项目工程量大减，而后期施工项目工程量大增时，原有单价的调整将造成亏损，达不到预期效益。其具体做法如下：

——按正常方法计算出标价后，选出预计早期施工的若干单项工程。

——将投标期开支费、投标保函和履约保函手续费、临时设施费、开办费、工程货款利息以及其他施工前期发生的费用部分或全部摊入上述早期工程价格之中。

——上述早期工程提价幅度应在4%~8%。提价幅度不宜过大，以避免报价水平偏于正常价格过多，导致降低中标机会，成为废标。

——选出后期施工的几项工程，将前期工程提价总额在这些项目的价格中予以扣除(降低幅度也在4%~8%)，使总价保持基本不变。

另外，在单价合同中，由于工程设计精度不足，有时技术条件变化较大，导致工程量数值往往精确度不高，工程款即按实际发生的工程量结算。这时，可按工程量变化趋势调整单价。这种方法也称为广义的不平衡报价法。具体方法如下：

——经工程复核选出其数值误差较大的项目若干个，其中应同时包括预计工程量过多或过少两种项目。

——按一般方法计算有关项目的单价和总价。

——按不平衡报价法调整各有关项目的单价。办法是将预计工程量增大的项目单价提高，预计工程量减少的项目单价降低，然后计算出调整后的各项项目总价。

——比较一般方法计算的有关项目的总价与调整后总价。一般应使后者总价之和不超过前者总价之和。如超过过多，则应将提高价稍作降低。

此外，以下几种报价方法也称为广义的不平衡报价法：

——图纸不明确或有错误的，估计今后会修改的项目单价可提高，工程内容说明不清楚的单价可降低，这样有利于今后索赔。

——没有工程量，只填单价的项目(如土方工种中的岩石等备用单价)其价格宜高，既不影响投标标价，以后发生时又可多获利。

——对于暂定数额(或工程)，分析它发生的可能性大，价格可定高些，估计不一定发生的价格可定低些。

③零星用工(计日工作)　如果是单纯报计日工的价格，可以提高一些，因为它不属于承包总价范围，发生时实报实销，也可多获利。但如果招标文件中已经假定了计日工的名义工程量，则需要具体分析是否报高价，以免提高总报价。

④同时报选择性方案(建议方案)　对于有的招标项目，可以对工程设计或工艺流程进行优化，在主报价的基础上，同时提供选择性报价。为吸引业主，选择性方案的报价一般应低于主报价。

(5)用降价系数调整最后总价

在填写工程量报价单的每一分项工程单价时，都增加一定的降价系数，而在最后编写投标致函中，根据最终决策，提出某一降价指标。例如，先确定降价系数为5%，填写报价单时可将原计算的单价除以(1%~5%)，得出“填写单价”，填入报价单，并按此计算总价和编制投标文件。直到递交投标文件前数小时，才最终作出降价决定，并在投标致函内声明：“出于友好目的，本投标商决定将投标价降低××%，即本投标价的总价降为×××(美元)。”这种通过降价系数来调整最后总价的方法被大多数成功的投标商所采纳。

(6)对于大型、复杂工程选择合适的分包商进行分包或以联营体方式参加投标

①采用适当的分包方式　总承包商选择分包商一般有两个原因：一是将一部分不是本公司业务专长的分项工程分包出去，以达到既能保证工程质量和工期，又能降低成本的目的；二是分散风险，即将某些风险比较大的、施工困难的分项工程分包出去，以减少自己可能承担的风险。

②以联营体方式投标　为了在激烈竞争的国际投标中取胜，一些公司往往相互联合组成一个临时性的联合组织，以发挥各个公司的特长，增强竞争力，这种投标方式称作联营体投标。

联营体投标的优点包括：

可增大融资能力　大型建设项目需要有巨额的履约保证金和周转资金，资金不足无法承担此类项目。有的承包商即使资金实力雄厚，承担此项目后就无力再承担其他项目了。采用联营体可以增大融资能力，减轻每一家公司的资金负担，实现以较少资金参加大型建设项目的目的。

*分散风险* 大型国际工程，风险因素很多，这诸多风险，如果由一家公司承担是很危险的，所以有必要依靠联营体来分散风险。

*弥补技术力量的不足* 大型项目需要很多专门技术，而技术力量薄弱和经验少的公司是不能承担的，即使承担了也要冒很大的风险。因此，与技术力量雄厚、经验丰富的公司组成联营体，使各个公司的技术专长可以取长补短，就可以解决这类问题。

*报价可互相检查* 有的联营体报价是由联营体成员单独制定的，要想算出正确和适当的价格，必须互查价格，以免漏报和错报。有的联营体报价是由联营体成员之间互相交流和检查后制定的，这样可以提高报价的可靠性。

*确保项目按期完工* 联营体通过对合同责任的共同承担，为项目按期完工提供了较好保证；可以通过与发达国家公司组建联营体，从而向发达国家的公司学习技术和管理经验。

但是也要看到，由于联营体是由几个公司通过协议方式临时组成，所以对投标及项目实施时的重大决策往往需要经过联营体成员研究后才能作出，效率可能下降，联营体成员之间如协作不好则会影响项目的顺利实施。因此，联营体在组建时就应明确各成员的职责、权利和义务，并应选定一名经验丰富的项目经理统一协调、指挥和管理联营体。

联营体的特征包括：联营体由一个主办人和若干成员组成；共同制定参加项目的内容，分担权利、义务、利润和损失；联营体一般是在资格预审前开始组建并制定内部协议与规程，如果投标成功，则贯彻到项目实施全过程，如果投标失败，则联营体立即解散。

*(7)了解无效投标和废标的标准*

承包商往往想方设法通过各种渠道了解、打听评标原则和评标标准，但往往忽略了对具体项目无效投标和废标标准的研究。许多承包商屡投不中，但却不知其辛辛苦苦准备的投标文件可能根本没有进入详评阶段就已经被拒绝。下面结合各国招标采购的法律和规定给出一般情况下的无效投标和废标的标准，以提高投标商投标的质量。

①投标商有下列情况之一，其投标视为无效投标：

——招标文件中规定的应被拒绝的投标；

——投标商未按规定提交投标保证金；

——投标商提供的投标文件不完整；

——投标文件未按招标文件的规定签署；

——投标商未按规定报价；

——投标文件技术部分中未列出各类系统设备详细配置；

——投标商对招标文件的要求未作出实质性响应；

——投标商不参加询标澄清；

——实施现场考察的投标商不提供必要协助的；

——投标报价超出项目预算；

——确凿的证据证明投标商以低于成本价投标；

——投标文件载明的部分或全部项目完成时限超过招标文件规定的时间；

——投标文件附有业主不能接受的条件；

——未提供有效授权书的；

——投标有效期不足的；

——业绩不满足招标文件要求的；

——不满足技术规范（或规格）中主要参数和超出偏差范围的；

——投标文件载明的包装方式、检验标准和方法等不符合招标文件要求的；

——投标单位资信差，经营和财务状况不正常的。

②投标商有下列情况之一，其投标视为废标，而且业主将可能依照有关招标投标法律的规定向投标商提出索赔：

——投标商提供的有关资格、资质证明文件不真实，提供虚假投标材料；

——投标商在投标有效期内撤回投标；

——在整个评标过程中，投标商有企图影响招标结果的任何活动；

——投标商串通投标；

——投标商以任何方式诋毁其他投标商；

——投标商向业主提供不正当利益；

——中标人不按要求提交履约保证金；

——中标人不按规定的要求签订合同。

(8)认真参加现场考察和标前会议

现场考察是投标商必须经过的投标程序。按照国际惯例，投标商提出的报价单一般被认为是在现场考察的基础上编制的。一旦报价单提出之后，投标商就无权因为现场考察不周、情况了解不细或其他因素而提出修改投标、调整报价或提出补偿等要求。

现场考察既是投标商的权利，又是投标商的责任。因此，投标商在报价以前必须认真地进行现场考察，全面、仔细地调查了解工地及其周围的政治、经济、地理等情况。

现场考察结束后，业主一般会安排标前会议，针对招标文件中出现的不清楚的地方，回答投标商提出的问题。投标商应积极参加此类会议，利用这个机会获得必要的信息。

(9)合理使用辅助中标手段

国内承包商参加国际投标时，主要应该在先进合理的技术方案和较低的投标价格上下工夫，以争取中标。但是还有其他一些手段对中标有辅助作用，现介绍如下：

①技术交流　投标商通过技术交流，一方面了解业主对招标的总体设想、工程范围或供货范围、技术规格及性能要求，另一方面将承包商或供应商的生产规模、技术水平、产品规格和技术性能、财务能力、商业信誉等等加以介绍和宣传，造成声势和良好影响。特别是在业主尚未确定招标文件的技术部分和具体规格、性能的情况下，技术交流就显得尤为重要。技术交流搞得好，可以影响业主对招标文件中的技术规格、技术方案、工程范围或供货范围等有关部分的编制，使得业主考虑或倾向于投标商的特点，将投标商的某些优势列入招标文件之中，这对于投标商十分有利，为投标取胜打下一个良好基础，收到先声夺人的成效。

②许诺优惠条件　投标报价附带优惠条件是行之有效的一种手段。业主评标时，除了主要考虑报价和技术方案外，还要分析别的条件。所以在投标时主动提出提前竣工、低息借款、赠给施工设备、免费转让新技术或某种技术专利、免费技术协作、代为培训人员等均是吸引业主、利于中标的辅助手段。

③选择合适的投标代理人　国际投标的代理人就像酵母、催化剂，往往发挥着非常重要的作用，他们可以给投标商提供多方位的服务，例如，提供可靠的招标、投标信息，并协助投标等。通过他们的积极活动，能广泛收集有关国家的项目建设计划和招标信息，而后进行有重点的项目跟踪。因此，选择当地信誉好、有影响力、社会地位较高的公司作为投标代理人较为有利。

④选择较好的投标咨询公司　目前国内外有一些咨询公司专门从事投标及国际市场开拓方面的咨询工作，这些公司集中了一批既懂技术，又懂商务和国际政治经济关系的专家，充分利用他们的优势，也不失为一个好手段。

⑤与当地公司联合投标　借助当地公司力量也是争取中标的一种有效手段，有利于超越地区保护主义，并可分享当地公司的优惠待遇，一般当地公司与官方及其他本国经济集团关系密切，与之联合可为中标疏通渠道。

⑥外交活动　一些大型工程招标活动，往往政府要员也来参战，利用其

地位、关系的影响，为本国公司中标而活动，凡重大项目招标无不伴随着外交活动。

(10)递送投标文件

在递送投标文件之前，应详细检查投标文件内容是否完备。要重视印刷、装帧质量，使业主能从投标文件的外观上感觉到投标商工作认真、作风严谨。递送投标文件时以派专人送达为好，这样可以灵活掌握时间，例如，在开标前 1h 送达，使投标商可以根据情况，临时改变投标报价，掌握报价的主动权。邮寄投标文件时，一定要留出足够的时间，能在投标文件截止时间之前到达。对于迟到的投标文件，业主将原封不动退回给投标商，这样的例子在实际工作中也很多见。

总之，国内承包商应审时度势，根据实际情况灵活应用国际投标的策略与技巧，在不断开放的国际市场中通过成功的国际投标获得更大的市场份额。

## 8.4　国际工程招标案例

本案例是我国利用亚洲开发银行贷款，用于建设某城市交通项目道路管理和绿化工程的招标文件实例，为使教学与最新的园林实践成果紧密结合，该文件除了个别地方进行了删除或修改外，绝大部分仍然保持原型。

该文件包括 4 个部分，分别为：第一卷，投标程序与合同条款；第二卷，技术规范；第三卷，工程量清单；第四卷，图纸。

以上四卷分别单独装订成册。由于篇幅所限，以下案例中仅以第一卷投标程序为例进行分析。

中华人民共和国亚洲开发银行贷款
某城市交通项目
道路管理和绿化工程

**招标文件**

（招标编号：0701－0520ITC2P041）

（中文译本仅供参考）

**第一卷 投标程序与合同条款**

某建设发展有限公司
某国际招标公司
2009年11月

**招标邀请书**

日　　期：2009年11月9日
贷 款 号：2024－C
招标编号：0701－0520ITC2P041
截止日期：2009年11月22日

1. 中华人民共和国已从亚洲开发银行(ADB)获得了一笔贷款，用以支付某城市交通项目的部分费用，并决定将其中部分贷款用于该项目下C20～C36的道路管理和绿化工程合理费用的支付。本次招标适合来自亚行成员国并通过资格预审的合格投标人参加。

2. 某国际招标公司受某建设发展有限公司(以下简称业主)的委托，现邀请资格预审的合格投标人就该项目下C20～C36合同段的道路管理和绿化工程的施工(以下以C21为例)、竣工进行投标。

| 标段号 | 对应图纸编号 | 桩号 | 长度(m) | 绿化面积($m^2$) |
|---|---|---|---|---|
| C21 | L02 | WK3＋640.000～WK7＋946.194 | 4306.196 | 111961.04 |

以上各合同段的工程情况见本招标文件第六章。投标人拟投一个以上合同段时，应分别编制每个合同段的投标书。

3. 资格预审合格的投标人可从某建设发展有限公司和某国际招标公司进一步获取投标书格式的信息及查阅招标文件，其地址附后。

4. 有兴趣的资格预审合格的投标人可于 2009 年 11 月 9 日至 2009 年 11 月 22 日的工作时间内(节假日除外)向业主提交书面申请购买招标文件，每个合同段人民币 1500 元或 180 美元，在交纳一笔不可退还的现金后，可购得一整套英文招标文件，售后不退。中文招标文件的价格为每个合同段人民币 500 元(图纸押金为每个合同段 200 元人民币，招标结束后凭图纸退回)。

5. 招标文件须在 2009 年 11 月 22 日上午 10 时(北京时间)递交至某市新港大厦 3 楼会议室，开标仪式随即进行，并且在递交投标书时必须同时附有以下相应金额的投标担保：

| 标段号 | 每一合同段投标保证金最低金额 |
| --- | --- |
| C21 | 70 万元人民币 |

(落款：包括业主、招标代理及双方的地址、邮政编码、联系人、电话、传真、电子邮箱)

## 总　目　录

# 第一部分 投标程序

## 第一章 投标人须知(ITB)

### 目 录

26 保密
27 投标书的澄清
28 偏离、保留和省略
29 实质性响应
30 不一致，错误和省略
31 算术性错误的修正
32 换算为单一的货币
33 国内优惠
34 评标
35 投标书的比较
36 投标人的资格
37 业主接受任何投标和拒绝任何的或所有的投标的权利
合同的授予
38 授标标准
39 中标通知书
40 合同协议书的签署
41 履约担保

## A 绪 论

1 招标范围

1.1 连同在投标资料表(简称 BDS)中指明的投标邀请书，业主(在 BDS 中定义的)向在第六章中所描述的对工程投标感兴趣的投标人发此招标文件。合同的数目、名称和合同号及招标编号按 BDS 的规定。

1.2 以下原则贯穿整个招标文件中：

(1)术语“用书面”系指用书写的形式进行联系；

(2)除非在文字中有特殊规定的地方，否则表示单数的词同样包括复数，表示复数的词也同样包括单数；

(3)“日”代表日历日。

2 资金来源

2.1 BDS 中所指的借款人已从亚洲开发银行(以下简称亚行)获得一笔贷款，用以支付 BDS 中的项目，其部分贷款将用于发出投标邀请的本合同项下(以下简称合同)的合理支付。

2.2 只有在借款人的要求下，按照贷款协议的条款和条件获得亚行批准，且各方面符合贷款协议中的条款和条件的情况下，亚行才会付款。除非亚行另行特别同意，除借款人以外，任何一方不得从贷款协议中得到任何权利，也不能请付贷款。

2.3 如果对某人或某实体的付款或进口某种货物是联合国安理会根据联合国宪章第七章的规定所禁止的，则贷款协定禁止从贷款账户中提款用于支付该款项或禁止进口。

3 腐败行为

3.1 亚行反腐败政策要求借款人(包括亚行贷款的受益人)以及投标人、供货人、承包人，无论是在采购还是在合同执行过程中，对亚行贷款项下的合同均能保持最高的道德水准。

(1)亚行为本条款定义了如下名词：

①“腐败行为”是指为影响采购或执行合同，直接或者间接地提供、给予、接受或索取任何有价物品的行为；

②“欺诈行为”是指为了影响采购进程或合同的执行而隐瞒事实从而对借款人造成损害的行为；

③“串通行为”是指两个或两个以上的投标人有计划的，无论借款人是否知情，旨在影响采购进程或合同执行的任何行为；

④“威胁行为”是指为了影响采购进程或合同的执行而直接或间接的伤害或威胁伤害参与人或其财产的行为。

(2)如果亚行认定被推荐的投标人，直接或者间接通过其代理，介入了腐败、欺诈、串通或者威胁行为，亚行将拒绝将本合同授予此投标人。

(3)如果该投标人在任何时候被认定为在亚行贷款的合同中，直接或者间接通过其代理，介入了腐败、欺诈、串通或威胁行为，将宣布此投标人及其继承人在一个不定期或定期的时间内不能被授予亚行贷款项下的合同。

3.2 投标人应注意合同通用条款第1.15和15.6款的有关规定。

4 合格的投标

4.1 投标人必须是与ITB4.5款相符的自然人、私有或政府拥有的合法企业，或者是已签订正式的联营体意向书或联营体协议的联营体。如是联营体，应做好以下工作：

(1)联营体各方均应承担共同的和各自的责任；

(2)在联营体投标文件中，应指定一名联营体主办人，代表联营体各方处理在投标阶段以及中标后的合同执行阶段的所有与此项目相关的问题。

4.2 投标人及所有成员都应具有合格国家的国籍，符合第五章的要求。如果投标人具有此国家国籍或者是在该国法律规定下注册、成立并营业的公司，那么认为投标人具有此国家国籍。此标准也适用于分包人或合同下的供货或服务商。

4.3　投标人不应有利益冲突。所有被发现有利益冲突的投标人将被宣布为不合格。如果存在以下情况，投标人将被视为与其他的一方或多方具有利益冲突：

(1)具有共同的控股股东。

(2)彼此之间具有直接或间接的隶属关系。

(3)法人代表相同。

(4)直接或者通过第三方的关系，影响其他投标人的申请，或影响招标阶段业主的决定。

(5)在招标阶段，一个投标人在一个标段参与多于一个的投标。此一标多投将导致其在本标段涉及的所有投标都不合格。但是，此规定并不限制在多个投标中包含有同一个分包商。

(6)投标人一旦作为咨询公司参与本招标阶段工程的设计及技术准备，将被认为有利益冲突。

(7)投标人与业主或者借款人为本项目已经雇佣或将要雇佣作为工程师的公司或者实体有附属、关联关系。

4.4　根据上述投标人须知(以下简称ITB)第3款，被亚行宣布为不合格的公司，在递交投标截止时间之前和之后，都将被认为是不合格的投标人。

4.5　只有在法律上和经济上均独立的，按照贸易法运营并且和业主没有任何隶属关系的业主所在国的企业，才能被认定是合格的投标人。

4.6　当业主提出合理要求时，投标人应向业主提供满意的合格证据。

4.7　如果为履行联合国安理会根据联合国宪章第七章的规定作出的决定，借款国禁止从该公司所在国进口货物或签订工程、服务合同，或对该国的个人或实体进行付款，该公司也可能被排除在外。

5　合格材料、设备和服务

5.1　本合同所提供的材料、设备和服务必须来源于ITB4.2款中所规定的合格的成员国家、地区，本合同下的所有开支也仅限于这些材料、设备和服务。业主要求时，投标人应就材料、设备和服务的来源提供证明。

5.2　在ITB 5.1款中，来源是指开采、生长、生产的材料、设备的地点以及提供材料、设备或服务的地点。材料、设备是指经过工厂制造、加工或对其零件进行实质性的重大组装而生产的，其产品在基本特征或使用目的及应用方面与其原部件有实质性的区别，且得到商业上的承认。

## B　招标文件

6　招标文件

6.1　招标文件包括第一、第二、第三部分，由以下所有各章节组成，应结合按本须知第8条规定发出的补遗书一起阅读：

第一部分 投标程序

第一章 投标人须知(ITB)

第二章 投标资料表(BDS)

第三章 资格和评审标准(EQC)

第四章 投标书格式(BDF)

第五章 亚洲开发银行合格成员国国家、地区名单(ELC)

第二部分 需求

第六章 业主的需求(ERQ)

第三部分 合同条款和格式

第七章 合同通用条款(GCC)

第八章 合同专用条款(PCC)

第九章 合同格式(COF)

6.2 投标邀请书不是招标文件的一部分。

6.3 业主对招标文件及其补遗的完整不承担责任，除非这些文件是从业主处直接获得。

6.4 要求投标人仔细审阅招标文件的内容。送交的投标书如与要求不符，由投标人自行承担风险。凡与招标文件要求有重大不符的投标书将被拒绝。

7 招标文件的澄清、现场勘查和标前会

7.1 要求对招标文件进行澄清的投标人可以书面形式按投标邀请书中所示的业主地址通知业主，或者可以按照ITB7.4在标前会议上向业主提出。凡在投标截止期21d前递交的需澄清问题，业主均将予以书面答复。业主的答复(包括对问题的描述，但不指明出处)的副本将按照ITB6.3的规定交给所有招标文件购买人。一旦业主有必要修改预审文件作为澄清结果，须按ITB第8款和第22.2款的程序执行。

7.2 投标人应对工程现场和周围环境进行现场考察，自行负责获取有关编制投标书和签署合同所需的所有资料。考察现场的费用由投标人自负。

7.3 投标人及其人员或代表经业主允许方能进入考察现场，但明确规定：投标人及其人员或代表应使业主免于承担任何由于考察而产生的人身伤害(不管是否致使)、财产损失或损坏以及其由此造成的损失、损坏或费用的责任。

7.4 投标人或其正式代表将被通知出席标前会议。标前会议的目的是对在此期间可能提出的问题进行澄清和答复。

7.5　要求投标人不晚于会议召开前 1 周，以书面或传真形式将提出的问题送达业主。

7.6　业主作出的会议纪要，包括所有问题（不指明出处）和答复，将按照 ITB6.3 的规定迅速提供给所有购买招标文件的人。由于标前会议而产生的对招标文件的任何修改，应按照本须知第 8 条的规定，以补遗书的方式发出，而不通过标前会议的会议纪要的方式发出。

7.7　未出席标前会议不能作为否定投标人资格的理由。

8　招标文件的修改

8.1　在投标截止期前的任何时候，业主可以通过补遗书的形式修改招标文件。

8.2　任何的补遗书，按本须知 6.3 的规定，作为招标文件的组成部分并用书面形式通知招标文件的所有购买者。

8.3　为使投标人在编制投标书时有合理的时间对补遗书加以考虑，业主可以按本须知 22.2 规定延长投标截止期。

## C　投标书的编制

9　投标费用

投标人应承担其投标书编制与递交所涉及的一切费用。不管投标进程或结果如何，业主对上述费用不负任何责任。

10　投标书语言

由投标人编制的投标书及和业主之间的与投标书有关的所有来往函电、文件均应使用英文。任何投标人提供的印刷品可以使用另一种语言，但应配有英文译文，投标书的解释应以英文为准。

11　组成投标书的文件

11.1　由投标人提交的投标书应包括以下文件：

(1) 投标函；

(2) 完整的报价（按照本须知第 12 款和第 14 款），包括工程量清单报价表；

(3) 投标保证金（按照本须知第 9 款）；

(4) 选择性投标，如果允许的话，按照本须知第 13 款；

(5) 投标书经签字授权的书面证明文件，按照本须知第 20.2 款；

(6) 按照本须知第 16 款的能证明投标人具有履行合同的资格和能力的证明文件；

(7) 按照本须知第 16 款的技术建议方案；

(8) 投标资料表中要求的其他文件。

11.2 除了本须知11.1款的要求以外，联营体递交的投标应附有所有成员组成联营体的声明；或者如果在投标中竞标成功，各成员将组成联营体的意向书。

12 投标函和表格

投标函和表格，包括工程量清单，应使用第四章中提供的相关表格完成，这些表格在格式上不能有任何变更和替换。所有空白处应该填入要求的相关信息。

13 选择性投标

13.1 除非投标资料表中另有规定，否则选择性投标将不予考虑。

13.2 当完工时间有替代方案时，在投标资料表中应该对此造成的结果和评审不同完工时间的方法进行说明。

13.3 除本须知第13.4款规定的情况之外，投标人如愿意按照招标文件的要求提供技术替代方案，必须首先按照招标文件中业主的设计进行报价，并为业主完整的评审替代方案进一步提供所有必要的信息，包括图纸、设计计算、技术规格、价格明细、建议的施工方案和其他相关的详细资料。只有满足基本技术要求的评标价最低的投标人的技术替代方案可以被业主考虑。

13.4 如果在投标资料表中规定，允许投标人递交工程特定部分的选择性技术方案，该部分将在投标资料表中指明，并且在第六章中进行描述。对此的评审方法也将在第三章中说明。

14 投标报价和折扣

14.1 投标人在投标函和工程量清单中的报价和折扣价应以详细的工程要求为依据。

14.2 投标人应填写工程量清单所述的所有工程项目的单价和金额。投标人没有填入单价与金额的项目，将不予支付，并认为此项目费用已包括在工程量清单的其他单价和金额中。

14.3 按照本须知第12.1款的规定，投标函中的报价应该为投标总报价，不包含提供的任何折扣。

14.4 投标人应按照本须知第12.1款的规定，在投标函中对提供的折扣和应用方法进行报价。

14.5 如果投标资料表和合同没有另行规定，投标人填写的单价和价格在合同实施期间，将按合同施工条件的条款予以调整。在此情况下，投标人应调整数据表中价格调整公式的指标和权重，业主可以要求投标人解释其建议的指数和权重的合理性。

14.6 如果本须知第 1.1 款规定，本次投标为单个合同段或者合同段的组合，提供多合同段组合折扣的投标人应该在其投标中说明适用于每一个组合或组合内单个合同段的价格降幅。如果所有合同段的投标同时递交和开标，投标人应按照本须知第 14.4 款的规定递交上述价格降幅或折扣。

15 投标与支付货币

15.1 投标货币应在投标资料表中进行说明。

15.2 业主可以要求投标人澄清其外汇需求，并具体说明包括在单价和价格中的数量和列于投标书附录中的数量是否合理。这时，投标人应提交一份详细的外汇需求明细表。

15.3 投标人预计在工程中将有从业主国家以外的地区提供物资设备的费用支付(称为外币需求)时，应在第四章的货币支付表中填报外汇兑换率和支付外币需求(最多 3 种)在标价(不包括暂定金额)中所占比例。

15.4 投标人编标中使用的外汇兑换率应以投标截止时间前 28d 当日中国银行北京总行公布的卖价兑换率为准。如果某种外币的兑换率未公布，投标人应列明所用的兑换率及来源。投标人应注意，编标时所使用的外汇兑换率在整个合同期的支付中保持不变，因此投标人可不承担外汇兑换的风险。

15.5 投标人在货币支付表中至少列出以下外汇需求：

(1)直接为工程而雇用的外籍雇员和工人；

(2)上述外籍员工的社会保险、医疗等费用，以及国际旅费；

(3)工程所需临时和永久的进口物资，包括燃油料和润滑剂；

(4)工程所需的进口设备和承包人设备，包括设备的折旧和使用费；

(5)进口物资、机具和承包人设备，包括设备的保险和货运费；

(6)在中华人民共和国以外发生的与工程有关的管理费、杂费和财务费用。

15.6 业主可以要求投标人澄清其外汇需求，并具体说明包括在单价和价格中的数量和列于投标书附录中的数量是否合理，并符合本须知第 15.3 款的规定。这时，投标人应提交一份详细的外汇需求明细表。

15.7 投标人应注意，在工程进行中，经过业主和承包人协商同意，合同款中未结清金额中所含外汇需求可加以调整。调整时应将投标书中所报的数量与已用于工程中的数量以及承包人用于进口项目的今后需求加以比较。

16 组成技术建议的文件

按照第四章的表格，投标人应递交一份包括施工方法说明、设备、人员、方案和其他信息的技术建议，以详细证明该投标人的建议能够满足工程需求和完工时间。

17 证明投标人资格的文件

17.1 按照第三章的规定，投标人为了证明有资格履行合同，应该提供第四章表格中的信息。

17.2 申请享受国内优惠的国内投标人(独立投标人或者联营体)，应该提供相应信息，以说明符合本须知第33款描述的合格性的标准。

18 投标书有效期

18.1 投标书在本须知规定的投标书有效期内有效。有效期之外的投标将被业主视为实质性不响应而被拒绝。

18.2 特殊情况下，业主可在原投标书有效期截止前延长投标书有效期。此要求及答复应以书面或传真形式进行。投标人可以拒绝此要求，但投标担保不予退回。同意此要求的投标人不允许修改其投标书，但可相应地延长投标担保的有效期，并全面按本须知第19款执行。

19 投标担保

19.1 除非招标资料表另有规定，投标保证金作为其投标书的一部分，投标人应按招标资料表规定的格式、金额和币种提供。

19.2 投标保证金声明应使用第四章的表格。如果执行投标保证金声明，业主将宣布该投标人的投标资格暂停一段时间，不得参与借款人有关的任何合同的投标。

19.3 投标担保可由投标人任意选择以下一种形式：由信誉良好的银行所开具的无条件的银行保函、不可撤销的信用证、保兑支票、银行汇票或电汇。银行保函格式应符合第四章中所列的投标担保格式，也可采用事先经业主同意的其他格式。作为投标担保的银行保函，其有效期应比投标书有效期延长28d。若投标有效期延长，则投标担保的有效期也应相应延长。

19.4 未附有可接受的投标担保的投标书，业主将视其为实质性不响应而加以拒绝。

19.5 未中标的投标人的保证金在授予合同后应尽快清退，最迟不应晚于中标人按照本须知第41款交完履约担保。

19.6 中标投标人的投标担保将在投标人提供履约担保并签订协议书后退回。

19.7 如有下列情况，将没收投标保证金：

(1)投标人在投标人须知中规定的投标书有效期内撤回其投标书，但本须知18.2款除外；

(2)投标人不能按照本须知第40款签订合同；

(3)投标人不能按照本须知第41款提供履约保证金；

(4) 投标人不能接受按照本须知 31.2 款进行的投标价的价格修正。

19.8　联营体的投标担保应该以递交投标的联营体的名义出具。如果在投标阶段此联营体还没有合法组成，其投标担保应该按照本须知第 4.1 款的规定，以联营体意向书中的所有未来成员的名义出具。

20　投标文件的格式和签署

20.1　投标人应按本须知第 11 款所列组成文件，准备一份正本投标书，并清楚标明“正本”。如允许，选择性投标的投标书，应清楚标明“选择性投标”。而且，投标人应递交投标资料表中所规定数量的副本，且应明确注明“副本”。正本与副本如有不一致之处，应以正本为准。

20.2　投标书的正本与所有副本均应用不可涂改的墨汁书写或打印（副本复印件亦可），并由正式授权的签字人代表投标人在投标书上逐页签字。授权应以资料表中规定的书面证明文件形式附在投标书中。签署授权的所有人的姓名和职位必须打印或者印刷在签字下面。

20.3　所有有添加或修改内容的页张，都应由签署投标书的签字人小签方视为有效。

## D　投标文件的递交和开标

21　投标文件的递交

21.1　投标人应将投标书正本和副本分别密封在双层信封中，并在信封上正确标明“正本”和“副本”。再将这些信封装入另一个信封中。

21.2　在内层和外层信封上都应：

(a) 注明投标人的名称和地址；

(b) 按照本须知第 22.1 款注明业主的地址；

(c) 按照本须知第 1.1 款注明详细的开标程序；

(d) 注明“在开标之前不能打开”。

21.3　如果外层信封上没有按上述规定密封或标注，业主将不承担将投标书错放或提前开封的责任。

22　投标截止期

22.1　业主必须在规定的地点和日期、时间之前收到投标书正本及所有的副本。如有规定，投标人可以选择电子投标。投标人应按照须知规定的电子递交标书的程序进行电子投标。

22.2　业主可以酌情延迟投标截止期，按照本须知第 8 款以修改招标文件的方式进行。这时，业主和投标人以前的在投标截止时间方面的全部权利和义务，将适用于经过延迟的投标截止时间。

23　迟交的投标文件

业主在本须知第22款规定的投标截止期以后收到的任何投标书，将被视为迟交而拒收并原封退给投标人。

24 投标文件的修改、替换、撤回

24.1 投标人可以通过发送一个经授权代表签字的书面通知修改、替换和撤回其投标，但应该按照本须知第20.2款随附一份授权的复印件(撤回投标的通知不需要此复印件)。相应的对投标的修改和替换要和此书面通知一同递交。通知必须：

(1)投标人的更改或撤回通知应按第20和21款的规定编制、密封、标志和发送，并应在里层信封上标明“修改”、“替换”或“撤回”。

(2)按照本须知第22款规定，应在投标截止期之前送达业主。

24.2 按照本须知第24.1款规定要求撤回的投标将原封退给投标人。

24.3 在投标截止期与投标人在投标书格式中认定的投标书有效期终止日或延期后的终止日之间的这段时期内，不能撤回、更改投标书。

25 开标

25.1 在投标人代表出席的情况下，业主应于投标须知资料表规定的时间和地点对所有投标书开标。按照本须知第22.1款规定，如果允许电子投标，则具体的电子投标开标程序将在投标资料表中详细说明。

25.2 唱标时，应首先打开并宣读标有“撤销”字样的信封，对于带有符合本须知规定的撤销通知的投标书应原封退还给投标人。投标只有在其相应的撤销通知包含有效的要求撤销的授权，并在开标时公开唱出的情况下，才允许撤销。接着，应打开和宣读标有“替换”字样的信封，并与对应的将被替换的投标交换，被替换的投标应原封退还给投标人。投标只有在其相应的替换通知包含有效的要求替换的授权，并在开标时公开唱出的情况下，才允许替换。最后，应打开标有“修改”字样的信封，并与对应的将被修改的投标一并宣读。投标只有在其相应的修改通知包含有效的要求修改的授权，并在开标时公开唱出的情况下，才允许修改。只有在开标仪式上打开并且唱出的信封，在评标时才予以考虑。

25.3 投标人的名称、投标书的更改与撤回、投标报价、报价的折扣和替代方案、是否提供投标担保和业主认为合适的其他细节将在开标时一起宣布。在开标时未宣读和记录的任何投标价格、折扣等，在评标时，将不予以考虑。投标人代表应按要求在记录上签字。投标函和工程量清单报价的每一页都要由至少3名参加开标的业主代表签字确认。按照本须知23.1款的规定，除了迟到的投标书，在开标仪式上不能拒绝任何投标书。

25.4 业主应做开标记录以记录如下内容：投标人名称及是否修改、替换和撤回；每一个合同段的投标报价，包括折扣和替代方案；是否递交了投标担保。出席开标仪式的投标人代表应在开标记录上签字确认。开标记录上缺少投标人的签字并不会导致开标记录内容和结果不合法。开标记录的复印件应分发给所有的投标人。

## E　评　标

26　保密

26.1　在公布中标人以前，凡属于对投标书的审查、澄清、评价和比较的资料，以及授予合同的推荐意见，均不得向投标人和与此过程有关的其他任何人泄露。

26.2　任何投标人对业主处理投标书和授标施加影响的行为都可能导致其投标书被拒绝。

26.3　尽管本须知26.2款有所规定，但自开标至合同授予期间，如果任何投标人欲就投标相关事宜与业主联系，应该通过书面形式进行。

27　投标书的澄清

27.1　为有助于投标书审查、评价和比较，业主可以要求任何投标人澄清其投标书。投标人递交的任何和业主提出的问题无关的澄清和回复将不予以考虑。有关澄清的要求和回复应以书面或传真的形式进行，但不应提出或允许改变投标书的价格和实质性内容。根据本须知第31款，凡属于业主在评标中对发现的算术错误进行修正的情况不在此例。

27.2　如果投标人未能在业主要求的时间和日期之前提供其澄清的回复，其投标将被拒绝。

28　偏离、保留和省略

在评标过程中，采用下列定义：

偏离是指违反招标文件的要求；

保留是指对招标文件的要求设定限制性条件或者不完全接受；

省略是指未能成功递交部分或者全部招标文件要求的文件和信息。

29　实质性响应

29.1　业主应根据本须知第11款规定确定投标人是否实质性响应；

29.2　实质性响应的投标书是指与招标文件的全部条款相符且无重大偏离、保留或省略，所谓重大偏离、保留或省略是指：

(1) 如果接受，将对合同规定的工程范围、质量或实施方面有重大影响；

(2) 如果接受，将严重限制了合同规定的业主权利或投标人义务，与招标文件不符；

(3) 如果接受，将纠正和改变对提交了实质性响应投标书的其他投标人的竞争地位，将产生不公正的影响。

29.3 业主将审查投标人按照本须知第16款规定递交的技术文件、技术建议，完全满足第六章的要求而没有任何重大偏离即可。

29.4 如果投标书实质上不响应招标文件的规定，业主将予以拒绝，事后，也不允许投标人更正这些重大偏离、保留和省略而再使之符合规定。

30 不一致、错误和省略

30.1 如果投标书被确定为实质性响应的，则业主可以接受其投标中不构成实质性偏离、保留或省略的不一致。

30.2 如果投标书被确定为实质性响应的，业主将要求投标人，在合理的时间内递交必要的信息和文件，来修正其投标中相关文件未构成实质性偏离的不一致。上述修改不应该与投标报价有关。投标人如未能响应上述要求，其投标将被拒绝。

30.3 如果投标书被确定为实质性响应的，业主将修正和投标报价相关的未构成实质性偏离的不一致。仅出于比较的目的，投标价将被调整以体现遗漏的或者不一致的条目或部门的价格。这种调整将采用第三章中说明的方法。

31 算术性错误的修正

31.1 假如投标被确定为实质性响应的，业主将以以下为基础进行算术性错误的修正：

(1) 如果清单某项的合价与单价和数量乘积所得的单项合价不符，应以单价为准，有关的单项合价应予修正；除非业主认为单价存在明显的小数点错误，在此情形下，应以单项合价为准，有关单价将予以修正。

(2) 如果投标总价与各单项合价的和不符，应以各单项合价的和为准，投标总价将应予以修正；

(3) 如果文字和数字不符，应以文字表示的数量为准，除非文字表示的数量有算术性错误，在此情况下，应以数字标书的数量为准，按照(1)和(2)进行修正。

31.2 如果递交了最低评标价的投标人不接受对错误做出的修正，其投标将被宣布为不合格，其投标担保将被没收。

32 换算为单一的货币

为了评估和比较，投标书中的价格应转化为投标资料表中的单一货币。

33 国内优惠

除非投标资料表中另有说明，否则国内优惠不适用。

34　评标

34.1　业主将仅使用本条款列出的标准和方法进行评标。

34.2　评标时，业主将从如下方面进行考虑：

(1)在工程量清单汇总表中，除去暂定金额和不可预见费(有的情况下)，应包括具有竞争性标价的计量；

(2)按本须知第 31.1 款的规定，进行算术性错误的价格调整；

(3)按本须知第 14.4 款的规定，进行提供折扣的价格调整；

(4)按本须知第 32 款的规定，将经过(1)到(3)步骤计算出的结果换算为单一货币；

(5)按本须知第 30.3 款的规定，对可接受的偏差和变更进行调整；

(6)应用所有第三章中列明的评审因素。

34.3　适用于合同执行时的价格调整条款，在评标时不予考虑。

34.4　如果招标文件允许投标人对不同合同进行单独报价，并可以授予一个投标人多个合同，评定组合合同段的最低评标价的方法，包括递交投标时提供折扣的方法，均应在第三章中详细说明。

34.5　如果最低评标价的投标与执行本合同的工程师估价相比较后被认定为不平衡报价，业主将要求投标人对工程量清单中的某个或者全部条目作出价格分析，证明该报价和其建议的施工方法及方案是一致的。经过价格分析评估，业主可以要求将履约担保的金额提高，提高的程度要考虑在中标人今后不能履约的情况下，能够足以保证业主不受经济上的损失。

35　投标书的比较

业主按照本须知第 34.2 款的规定，对所有实质性响应招标文件规定的投标书进行比较，从而决定最低评标价。

36　投标人的资格

36.1　业主将决定被认定为实质性响应的最低评标价的投标人是否可以满足招标文件第三章列明的资格要求。

36.2　按照本须知第 17.1 款的规定，资格审查将审查投标人递交的证明其资格能力的文件证据。

36.3　通过资格审查是将合同授予投标人的先决条件。不通过审查将导致其投标被认定为不合格。在此情况下，业主将对排名第二的最低评标价的投标人进行同样的资格审查程序，以决定该投标人资格是否可以满足要求。

37　业主有接受任何投标和拒绝任何或所有的投标的权利。业主在签约前的任何时候有权接受或拒绝任何投标，宣布投标程序无效，或拒绝所有投标。业主对由此引起的对投标人的影响，不承担任何责任。但应将所有投标和投标保证金尽快退还给投标人。

## F 合同的授予

38 授标标准

业主应将合同授予提供的投标实质性响应招标文件、评标价格最低并且具有合格的资格来履行合同的投标人。

39 中标通知书

39.1 在规定的投标书有效期结束之前，业主将以书面的形式通知中标人其投标书被接受，也应该通知其他投标人未中标。

39.2 同时，业主将在英语报刊或者知名的可以自由进入的网址上公布评标结果，列明招标编号、合同编号及以下信息：①提交了投标书的每个投标人的名称；②开标时宣读的投标价；③经过评审的每个投标人的名称及其评标价；④投标书被拒绝的投标人的名称和拒绝的理由；⑤中标的投标人的名称及其中标价以及所授予合同的期限和范围。公布中标结果后，未中标的投标人可以书面要求业主解释其投标没有中标的原因。业主应迅速地以书面形式向提出解释要求的未中标的投标人进行解释。

39.3 中标通知书将成为合同的组成部分。

40 合同协议书的签署

40.1 在发送中标通知书时，业主将会把合同协议书寄送给中标人。

40.2 在收到合同协议书格式 28d 内，中标人应在合同协议书上签字，注明日期并退还给业主。

41 履约担保

41.1 在收到业主的中标通知书后 28d 内，中标人应按合同条件规定以及本须知 34.5 款向业主提交履约担保，可采用招标文件第九篇提供的履约担保格式，或采用业主同意的其他格式。

41.2 若中标人未能按规定递交履约担保或者签署合同协议书，业主就有充分理由废弃其中标，并没收其投标保证金。在此情况下，业主将把合同授予下一位实质性响应招标文件、评标价格最低并且具有合格资格履行合同的投标人。

41.3 上述条款同样适用于递交国内优惠保函。

# 第二章　投标资料表(BDS)

## A　简　介

| | |
|---|---|
| ITB1. 1 | 投标邀请书编号：0701－0520ITC2P041 |
| ITB1. 1 | 业主：某建设发展有限公司<br>招标代理：某国际招标公司 |
| ITB1. 1 | 国际竞争性招标项目名称：某城市交通项目<br>项目编号：0701－0520ITC2P041<br>项目贷款号：2024－PRC<br>项目各合同段情况简介： |
| ITB2. 1 | 借款人：中华人民共和国 |
| ITB2. 1 | 项目名称：某城市交通项目 |

| 标段号 | 桩号 | 完工时间 | 绿化面积($m^2$) |
|---|---|---|---|
| C21 | WK3＋640. 000～WK7＋946. 194 | 12个月 | 111 961. 04 |

## B　招标文件

| | |
|---|---|
| ITB7. 1 | 下列联系方式仅用于本项目的澄清：<br>(包括业主、招标代理及双方联系人的地址、邮编、国家、电话、传真、电子邮件) |
| ITB7. 4 | 标前会的举行时间和地点：<br>日期：2009年11月30日<br>时间：下午15：00(北京时间)<br>地点：某市建设发展有限公司(某市新港大厦三层)<br>现场勘查的时间和地点：<br>日期：2009年11月30日<br>时间：上午8：30(北京时间)<br>集合地点：某市建设发展有限公司(某市新港大厦三层) |
| ITB7. 5 | 招标文件澄清的限期：投标人应在不晚于规定的投标截止期30d以前提出请求，业主应不晚于投标截止期20d给予答复。 |

## C　投标书的编制

| | |
|---|---|
| ITB10. 1 | 投标书语言：英语 |
| ITB13. 1 | 选择性投标：不允许 |
| ITB13. 2 | 替代的完工时间：不允许 |
| ITB13. 4 | 替代的技术方案：不允许 |

（续）

<table>
<tr><td>ITB14.4</td><td>投标人不允许递交折扣价。</td></tr>
<tr><td>ITB14.5</td><td>投标人的报价为固定价，合同价不适用于价格调整。</td></tr>
<tr><td>ITB15.1</td><td>投标货币的单价与价格应由投标人全部用人民币报价。</td></tr>
<tr><td>ITB15.4</td><td>采用的汇率为中国银行总行北京营业部公布、开标日之前28d的卖出价。</td></tr>
<tr><td>ITB18.1</td><td>投标书有效期：20d</td></tr>
<tr><td>ITB19.1</td><td>投标人要求递交投标保证金，但不要求提供投标保证金声明。<br>各合同段的投标保证金金额：
<table>
<tr><th>标段号</th><th>投标保证金最低金额</th></tr>
<tr><td>C20</td><td>160 万元人民币</td></tr>
<tr><td>C30，C31</td><td>120 万元人民币</td></tr>
<tr><td>C27，C35</td><td>100 万元人民币</td></tr>
<tr><td>C21，C22，C24，C26，C28，C29，C34，C36</td><td>70 万元人民币</td></tr>
<tr><td>C23，C25，C32，C33</td><td>50 万元人民币</td></tr>
</table>
或相当金额的一种可自由兑换的货币。</td></tr>
<tr><td>ITB20.1</td><td>投标书份数：英文正本一份，副本二份。<br>国内投标人需另附六份中文副本供参考用，国外投标人不需要提供中文副本。<br>投标人必须提供一份投标文件的电子版，以光盘或者闪存盘的形式随投标文件文本一同递交，其中工程量报价清单需采用微软 Excel 电子表格形式制作。如果文字版和电子版的投标文件出现矛盾，以原始的文字版为准。</td></tr>
<tr><td>ITB20.2</td><td>能够证明投标人授权代表获得合法授权的证明文件包括：<br>能够说明有关投标人的章程、法律地位、注册地点和主要经营地点的原始文件的副本；<br>证明授权代表可以代表该投标人签字的经合法证明的法人授权书；国内的投标人需提供法人授权书的公证书。</td></tr>
</table>

## D 投标文件的递交和开标

| | |
|---|---|
| ITB22.1 | 下列业主的联系方式仅用于递交投标文件：<br>（包括联系人、地址、邮编、国家、电话、投标截止期） |
| ITB22.1 | 时间：上午10：00(北京时间) |
| ITB22.1 | 通过电子递交投标文件：不允许 |
| ITB25.1 | 开标地点：[包括地址、日期、时间(北京时间)] |

## E 评 标

| ITB33. 1 | 国内投标人评标时是否享受优惠：不适用 |
|---|---|
| ITB34. 2(1) | 暂定金额和不可预见费为定植，详见工程量清单汇总表。 |
| ITB34. 5 | 适用于不平衡报价的履约保证金：<br>如果最低评标价很大程度或实质性低于实质响应招标人均价，业主将要求该投标人对其工程量报价清单的任何一个条目或者全部条目进行详细的价格分析。<br><br>评审原则：<br>$REF=(A1+A2+\cdots\cdots+An)/n$<br>式中　$A$——实质性响应修正后的投标价<br>$REF$——参考投标价<br>$n$——实质性响应的投标价的个数<br><br>1. 如果 $(REF-A)/REF\leqslant 10\%$，则履约保证金为 10% 合同价的银行保函。<br>2. 如果 $10\%<(REF-A)/REF\leqslant 20\%$，则履约保证金为 20% 合同价的银行保函。<br>3. 如果 $20\%<(REF-A)/REF$，则履约保证金为 30% 合同价的银行保函。<br><br>对于国内投标人，履约保证金应由任何有信誉的、省级及以上级别银行出具；对于国外投标人，履约保证金应由有信誉的亚洲开发银行合格成员国的银行出具。<br>履约保证金可以为银行保函。<br>增加的履约保证金的评审办法详见第三章。 |

## 第三章　资格和评审标准(EQC)

本章节包含了用于评价各投标人能力的全部标准。按照投标人须知第 34 款和第 36 款的规定，此章节未列明的其他方法、标准和因素在评标时不予考虑。投标人应按照第四章的表格中的要求，提供所有必要的信息。

### 目　录

1 评审标准

按照投标人须知第34.2(1)-(5)款列明的内容，将采用如下标准：

1.1 技术方案

投标人技术方案的评审包括：为了充分满足招标文件第六章的要求，各投标人与其建议的施工方法、计划和材料来源等相对应的、用于本合同的关键设备和人员的技术能力。

1.2 多合同段的评审

评标将基于单个合同段或多个合同段的组合，或能够满足业主的最低组合要求的总合同段数量。本次招标由17个合同段组成，如果投标人递交了多个成功(实质性响应的最低评标价)的投标，评审标准将包括评审该投标人在如下方面是否可以同时满足多个合同段的要求：

(1)财务能力；

(2)在建工程；

(3)流动资金能力；

(4)设备；

(5)人员。

1.3 增加的履约保证金的评审办法

对于提供不平衡报价的投标人，将被要求提交较高的履约保证金，增加的履约保证金数额将按照第34.5款的规定进行计算。要求潜在的成功投标人按照规定提供较高的履约保证金将成为整个评标过程的一个步骤，拒绝提交增加的履约保证金将被视为放弃其投标，投标保证金将被没收。

2 资格要求

2.1 财务能力

投标人应采用第四章的有关表格以证明其可靠的财务来源途径，例如流动资产、没有(抵押等)负担的固定资产、信贷额度和其他财务方式，但不包括合同的预付款，以满足下列要求：

(1)各合同段的现金流量要求：

| 合同段 | 现金流动要求(百万美元) |
| --- | --- |
| C20 | 0.50 |
| C30，C31 | 0.40 |
| C27，C35 | 0.30 |
| C21，C22，C24，C26<br>C28，C29，C34，C36 | 0.20 |
| C23，C25，C32，C33 | 0.10 |

(2) 总的现金流量应满足本合同和其他在建工程的需求。

2.2　人员

投标人必须证明其能够满足如下关键职位的人员要求：

| 序号 | 职位名称 | 最低数量 | 工程建设经验(年) | 类似工程经验(年) |
| --- | --- | --- | --- | --- |
| 1 | 项目经理 | 1 | 8 | 8 |
| 2 | 园艺师 | 2 | 5 | 5 ~ 8 |
| 3 | 建筑师 | 1 | 3 | 3 ~ 5 |
| 4 | 水、电工程师 | 2 | 3 | 3 ~ 5 |

投标人应按照招标文件第四章中的相关表格，提供其推荐人员情况及其工作经验的详细信息。

2.3　设备

| 序号 | 设备名称 | 规格型号和技术指标 | 单位 | 最低数量要求 |
| --- | --- | --- | --- | --- |
| 1 | 自卸车 | 8T | 辆 | 3 |
| 2 | 洒水车 | 4000L | 辆 | 3 |
| 3 | 履带式汽车起重机 | 8T | 台 | 1 |
| 4 | 推土机 | 60kW | 台 | 1 |

投标人应按照招标文件第四章中的相关表格，提供其推荐设备的详细信息。

2.4　更新的信息

投标人应能够继续满足资格预审时的各项标准。以下三方面的内容在资格预审过程中已经评审，如投标人对下列内容有进一步的更新，更新后的信息将被重新评审：

(1) 合格性；

(2) 诉讼历史；

(3) 财务状况。

投标人应按照招标文件第四章中的相关表格，提供上述内容更新后的详细情况。如投标人的上述资格能力没有变化，仍继续满足资格预审的要求，则无需提供更新后的详细情况，只需一份无更新信息的声明即可。

## 第四章　投标书格式(BDF)

本章节包含投标人将要完成的，并且作为投标文件的一部分递交的各种表格。

## 目　　录



## 投标函

日期：＿＿＿＿＿＿＿＿

标段号：＿＿＿＿＿＿＿

招标编号：＿＿＿＿＿＿

致：＿＿＿＿＿＿＿＿＿＿＿＿＿＿＿＿＿＿＿＿＿＿＿＿＿＿＿＿＿＿

我公司承诺如下：

(1)我公司已经检查并对招标文件，包括按投标人须知第8款发出的补遗均无异议；

(2)我公司承担实施招标文件规定的全部工程和修复缺陷工作：(项目名称，标段号)；

(3)我公司的投标总价不包括(4)项提供的任何折扣，为：人民币＿＿＿＿＿＿＿＿元(大写)(RMB ¥＿＿＿＿＿＿)(小写)；

(4)提供的折扣和方法为：人民币＿＿＿＿＿＿＿元(大写)(RMB ¥＿＿＿

________)(小写)；

(5)我方同意在投标截止之日起____d内遵守本投标书。在该期限期满之前，本投标书对我方始终有约束力并随时有中标可能；

(6)如果我方中标，我方将为履行合同提供招标文件要求的履约担保；

(7)我公司，包括我公司任何的分包人或供应商均来自亚行规定的合格的国家(投标人国籍，包括投标人为联营体时联营体各成员的国籍，以及各分包商和供货商的国籍)；

(8)我公司，包括我公司的任何分包人或供应商都按照投标人须知第4.3款规定没有利益冲突；

(9)按照投标人须知第4.3款规定，我方，作为投标人或者分包商，均没有在投标过程中一标多投，也没有递交选择性投标。

(10)我公司及其子公司和下属，包括任何分包人或供应商，均没有被亚洲开发银行、业主所在国法律法规或联合国安理会宣布为不合格；

(11)本公司非政府拥有的企业/本公司是政府拥有的企业，但我公司满足投标人须知第4.5款的要求。

(12)与此投标书和授予合同后合同的履行相关的已经支付或将支付给代理的佣金或报酬如下所列：[如果不需要支付或将要支付，请填写没有]

| 收款人 | 地址 | 原因 | 数额 |
| --- | --- | --- | --- |
| ________ | ________ | ________ | ________ |

(13)在正式合同协议制订和生效之前，本投标书连同贵方的中标通知书应成为约束贵、我双方的合同。

(14)我方理解：贵方不一定接受最低标价投标书或贵方可能收到的任何投标书。

姓名：________________________

职位：________________________

签字并加盖公章：________________________

经正式授权并代表：________________(投标人公司名称)

________________签署投标书

日期：________________________

地址：________(包括电话、传真、邮政编码等)

## 表

支付货币表

(工程合同段名称)

| | A | B | C | D |
|---|---|---|---|---|
| 支付货币的名称 | 货币数值 | 转换成当地货币的汇率 | 折合后的当地货币 C = A × B | 占投标净价的百分比(NBP) $\frac{100 \times C}{NBP}$ |
| 当地货币 | | 1.00 | | |
| 外汇#1 | | | | |
| 外汇#2 | | | | |
| 外汇#3 | | | | |
| 投标净价 | | | | 100.00 |
| 用当地货币表示的暂定金 | | 1.00 | | |
| 投标总价 | | | | |

## 投标担保

### 银行保函

(银行名称、地址)

受益人：________

日期：________

保函编号：________

鉴于______(以下称"投标人")为施工并完成某城市交通项目第__合同段工程，已于__(时间)__提交了投标书(以下称"投标书")。

根据本文件，现宣布，我们(下称"银行")已在_____设立注册办公地点，应就一笔数额为(货币数量及货币种类)的担保金额，受__(业主名称)__(下称"业主")的约束，该笔金额应由银行、其继承者及受让人，根据本文件正确合法地支付给上述业主，于__年__月__日由银行加印公章，并由其法定代表(或授权的代理人)签署。本担保的义务条件为：

(1)如果投标人在投标书格式中规定的投标书有效期内撤回其投标：

(2)如果投标人拒绝按照投标人须知中"算术性错误的修正"条款的规定接受对其投标报价计算错误的修正：

(3)如果在投标书有效期内，业主通知投标人中标，而投标人：

①未能或拒绝按投标人须知要求签署协议书格式；

②未能或拒绝按投标人须知要求提供履约担保；

我行担保，在收到业主第一次书面要求后，无需业主出具任何证明来证实其要求，即按该要求向业主支付上述款额，但在业主的书面要求中，应注明所发生的情况，是由于发生上述条件中的一种或几种，并具体说明情况。

本保函在如下情况下将失效：

①业主通知投标人中标，我们收到投标人签署的合同协议书的副本和按投标人须知要求提供给业主的履约担保；②业主通知投标人不中标发生在下列情况之后的：①我们收到业主发给各投标人的宣布中标人的通知；②投标有效期后 28d。

因此，任何有关本担保的申请应在上述日期前交到银行。

（银行签字盖章）

## 工程量清单
## （单独装订）

## 在建工程

投标人或者联营体的任何一方应提供其所有授予合同中的、已收到或将收到中标通知书的合同中的、已接近完工的合同中的在建工程的信息，而不包括不合格但已发出完工证书的合同。

| 序号 | 合同名称 | 业主的联系地址、电话和传真 | 工程价值（美元） | 预计完工时间 | 最近 6 个月平均月支付量（美元） |
| --- | --- | --- | --- | --- | --- |
| | | | | | |
| | | | | | |

## 财务资源

详细说明提供的财务管理，如流动资产、没有（抵押等）负担的固定资产、信用额度和其他财务方式，减去在建工程，能够满足第三章提出的合同段或多个合同工程现金流量的需要。

| 序号 | 财务资源 | 数额(美元) |
|---|---|---|
| 1 | 流动资产 | |
| 2 | 没有(抵押等)负担的固定资产 | |
| 3 | 信用额度 | |
| 4 | 其他财务方式 | |
| 5 | 在建工程 | |

注：1. 信用额度：投标人提供的仅用于本项目中银行出具的信贷额度证明。

2. 其他财务方式：应详细说明包含的内容和方式，并提供相关证明材料，否则不予认可。

## 技术建议

人员

设备

现场施工组织

施工方法说明

动员进度表

施工进度表

### 人　员

Form PER-1：推荐人员

投标人需要提供具有适合资历的人员来满足招标文件第三章中对人员的要求。投标人应就每一位候选人的经验业绩依要求分别填写表格。

| | |
|---|---|
| 1 | 职位名称* |
| | 姓名 |
| 2 | 职位名称* |
| | 姓名 |
| 3 | 职位名称* |
| | 姓名 |
| 4 | 职位名称* |
| | 姓名 |

*第三章列出的职位

Form PER-2 推荐人员履历表

| 职位 | | |
|---|---|---|
| 候选人资料 | 姓名 | 生日 |
| | 专业职称 | |
| 现工作情况 | 单位名称 | |
| | 单位地址 | |
| | 电话 | 联系人(经理或人事部) |
| | 传真 | 电子邮件 |
| | 工作职位 | 工作年限 |

按逆时间顺序，概述过去的专业工作经历。重点说明与本项目有关的技术、管理经验。

| 从 | 至 | 公司/项目/职位/有关技术、管理经验 |
|---|---|---|
| | | |

填写“人员”有关表格时，注意：①投标书填报的这些人员，开工前必须进场到位，工程进行中，未经工程师批准，不能变动，如必须变动时，需将代替人员的履历表报工程师及业主审批同意后方可变动。

②提供相关资历证明文件(身份证、学历证书，项目经理还需附项目经理证书)。

**设 备**

投标人需要提供足够的信息以证明有能力满足招标文件第三章中对关键施工设备提出的需求。投标人应就每一项设备或其替代设备依要求分别填写表格，并附一份相应设备所有权证书或租赁协议。

| 设备项目 | | |
|---|---|---|
| 设备资料 | 制造商名称 | 型号和功率 |
| | 效能 | 制造年份 |
| 目前状况 | 目前放置地点 | |
| | 目前承担工作细节 | |
| 来源 | 指出设备来源<br>□自有　□租借　□租赁　□特别制造 | |

对自有设备可省略下表。

| 所有人 | 所有人名称 | |
|---|---|---|
| | 所有人地址 | |
| | 电话 | 联系人及职务 |
| | 传真 | 电传 |
| 协议 | 与本项目有关的详细的租借、租赁或制造协议 | |
| | | |

**现场施工组织**

施工总平面布置

合同段号：__________

投标人应绘制一张施工总平面布置图，标出施工营地、料场、各种临时设施、临时工程相对于拟建公路的位置布置。

**施工方法说明**

施工组织设计文字说明

投标人应按以下要点，详细编写文字说明：

1. 设备、人员动员周期和设备、人员、材料运到施工现场的方法。
2. 说明主要工程项目的施工方案、施工方法。
3. 各分项工程的施工程序。
4. 确保工程质量和工期的措施。
5. 雨季、农忙季节的工作安排。
6. 安全生产、环境保护的措施和保证体系。
7. 其他应明确的事项。

**动员进度表**

工程管理曲线

合同段号＿＿＿＿＿＿

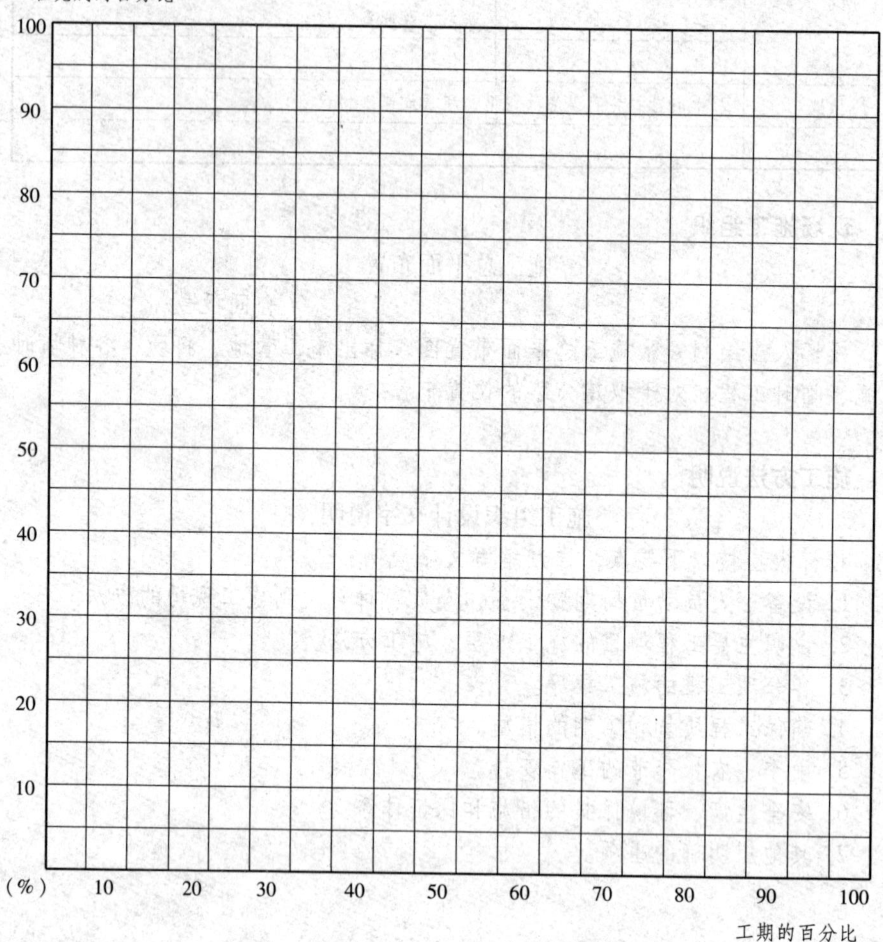

**施工进度表**

施工总体计划表

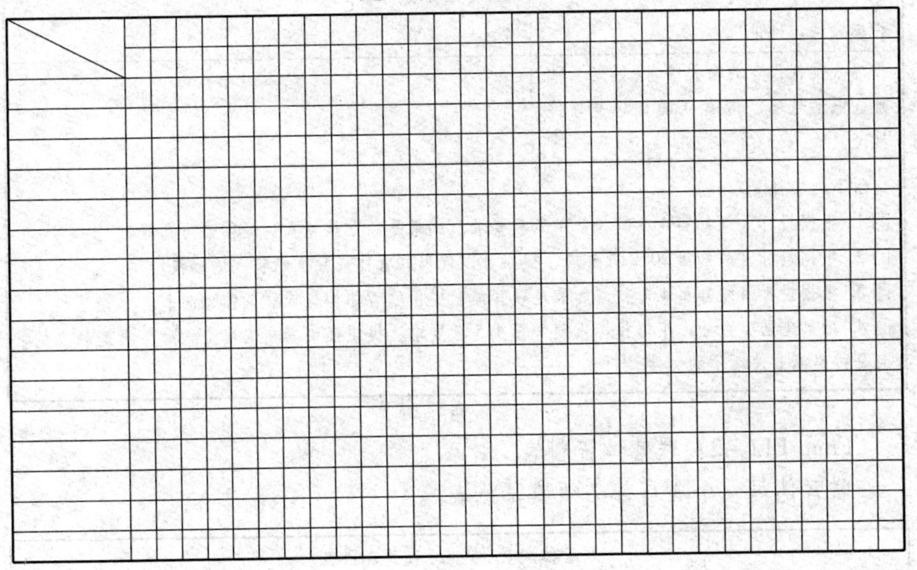

**投标人资格的更新**

投标人应该在更新其资格预审阶段提供足够信息来证明其能够继续满足资格预审阶段的下列标准：

(1) 合格性

(2) 未决的诉讼

(3) 财务状况

投标人应采用本章节中提供的相关表格。

如投标人的上述资格能力没有变化，仍继续满足资格预审的要求，则无需提供更新后的详细情况，只需提供一份无更新信息的声明即可。

From ELI－1：投标人资料表

| 投标人资料 | |
|---|---|
| 投标人法定名称 | |
| 如果是联营体，联营体各方的法定名称 | |
| 投标人国别 | |
| 投标人成立时间 | |

（续）

| 投标人资料 | |
|---|---|
| 投标人法定地址 | |
| 投标人授权代表的有关信息（姓名、地址、电话号码、传真号码、电子邮件地址） | |
| 请附下列文件复印件：<br>□ 1. 根据投标人须知第 4.1 款和第 4.2 款要求，如果是独立承包人，提供公司章程。<br>□ 2. 根据投标人须知第 20.2 款要求，提供可以代表联营体或独立承包人的授权。<br>□ 3. 根据投标人须知第 4.1 款，如果是联营体，提供联营体协议或联营体意向书。<br>□ 4. 如果是国有企业，根据投标人须知第 4.5 款要求，提供证明其在法律上和财务上是独立的，且是按照商业法运作的文件。 | |

From ELI－2：联营体资料表

联营体每一个成员都必须填写此表。

| 联营体成员/专业分包商资料表 | |
|---|---|
| 联营体法定名称 | |
| 联营体成员/分包商的法定名称 | |
| 联营体成员/分包商的国别 | |
| 联营体成员/分包商的成立时间 | |
| 联营体成员/分包商的法定地址 | |
| 联营体成员授权代表的有关信息（姓名、住址、电话号码、传真号码、电子邮件地址） | |
| 请附下列文件复印件：<br>□ 1. 根据投标人须知第 4.1 款和第 4.2 款要求，如果是独立承包人，提供公司章程。<br>□ 2. 根据投标人须知第 20.2 款要求，提供可以代表联营体或独立承包人的授权。<br>□ 3. 根据投标人须知第 4.1 款，如果是联营体，提供联营体协议或联营体意向书。<br>□ 4. 如果是国有企业，根据投标人须知第 4.5 款要求，提供证明其在法律上和财务上是独立的，且是按照商业法运作的文件。 | |

From LIT－1：未决的诉讼

每个投标人或者联营体的每一个成员都必须填写此表。

| 未决的诉讼 | | | |
|---|---|---|---|
| □按照第三章第2.2款规定，期限内没有未履约合同发生。<br>□按照第三章第2.2款规定，期限内有未履约合同和未决诉讼发生。 | | | |
| 时间 | 争议内容 | 诉讼额（美元） | 诉讼额占净资产比例(%) |
| | | | |
| | | | |

From FIN－1：财务状况

每个投标人或者联营体的每一个成员都必须填写此表。

| | 最近三年财务数据(美元) | | |
|---|---|---|---|
| | 年度1 | 年度2 | 年度3 |
| 总资产 | | | |
| 总负债 | | | |
| 资产净值 | | | |
| 流动资产 | | | |
| 流动负债 | | | |
| 总收入 | | | |
| 税前利润 | | | |
| 税后利润 | | | |

□随附上述过去3年已审计的包含全部有关注解的资产负债表、收益表(损益表)、现金流量表(或利润及利润分配表)和审计报告(审计报告和所有审计报表每页须加盖审计部门的公章)，并满足以下条件：

- 所有文件反映的是投标人或联营体各成员的财务状况，而不是其母公司或子公司的财务状况。
- 过去的财务报表必须经过注册会计师审计。
- 过去的财务报表，包含对财务报表的全部注解，必须完整、清晰。
- 过去的财务报表必须与已经完结和审计的会计时段相对应(局部时段的报表不应被要求也不被接收)。

如果根据私人商号或合伙公司国家的法律，不需要审计，则他们须提交经注册审计师证明的资产负债表，并以税单的复印件说明。

From FIN－2：年均工程营业额

每个投标人或者联营体的每一个成员都必须填写此表。

| 最近三年年均营业额[仅限工程] | | | |
| --- | --- | --- | --- |
| 年度 | 总额 | 汇率 | 折合美元 |
| | | | |
| | | | |
| | | | |
| 年均营业额 | | | |

## 第五章　亚洲开发银行合格成员国国家、地区名单(ELC)

亚美尼亚
阿富汗
澳大利亚
奥地利
阿塞拜疆
孟加拉国
比利时
不丹
文莱
柬埔寨
加拿大
中华人民共和国
库克群岛
丹麦
斐济群岛
芬兰
法国
德国
中国香港
印度
印度尼西亚
爱尔兰
意大利
日本
哈萨克斯坦
基里巴斯
密克罗尼西亚联邦共和国
蒙古
缅甸
瑙鲁
尼泊尔
荷兰
新西兰
挪威
巴基斯坦
帕劳群岛
巴布亚新几内亚
菲律宾
葡萄牙
新加坡
所罗门群岛
西班牙
斯里兰卡
萨摩亚群岛
瑞典
瑞士
塔吉克斯坦
中国台北
泰国
东帝汶
汤加
土耳其

韩国 土库曼斯坦
吉尔吉斯斯坦 图瓦卢
老挝 英国
卢森堡 美国
马来西亚 乌兹别克斯坦
马尔代夫 瓦努阿图
马绍尔群岛 越南

# 第二部分 需求

## 第六章 业主的需求

本章节包括技术规范、图纸和其他一些描述本工程的信息。(单独装订)

# 第三部分 合同条款和格式

## 第七章 合同通用条款

合同通用条款为国际咨询工程师联合会出版的2006年5月多国发展银行协调版的施工合同条件(用于由雇主或其代表工程师设计的建筑或工程项目)。招标文件第八章内容中的变化和增加优先于本合同通用条款。

本合同通用条款为基于国际咨询工程师联合会出版的1999年第一版的施工合同条件(用于由雇主或其代表工程师设计的建筑或工程项目)的修改版本，具体内容如下:

1. 国际咨询工程师联合会出版的1999年第一版的施工合同条件，中英文对照翻译印刷本可以通过如下方式获得:

(1)中国工程咨询协会

地址: 北京市西城区复外大街1号四川大厦东塔楼11层

邮编: 100037

电话: 010-68332683，68365511转6531

传真: 010-68364843

网址: www. cnaec. org. cn

(2)国内各大型书店或者网上书店均可购得。

2. 2006年5月多国发展银行协调版的施工合同条件对1999年第一版的施工合同条件的修改内容附后。(略)

## 第八章　合同专用条款(略)

## 第九章　合同格式

本章节包含合同的表格。这些表格应在投标人被授予合同后完成。

### 目　　录



### 中标通知书格式

______(日期)______

致：______(承包商名称和地址)______

事由：______(授予合同段合同号)______

我们在这里通知贵公司，你方于____(日期)____为了____(项目名称、项目编号)____的执行而递交的合同金额为____(货币数量及货币种类)____的投标，根据投标人须知进行修正和调整后，为我方接受而中标。

贵公司应按照合同条件的规定，在 28d 内，按照招标文件第九章(合同格式)中履约保函的格式递交履约担保。

授权代表签字：______________________

签字人姓名和职位：______________________

招标代理名称：______________________

附件：合同协议书

### 合同协议书格式

本协议书由____(业主名称，通讯地址)____(以下简称业主)为一方和____(以下称承包人)为另一方，于____年____月____日签订。

鉴于业主计划实施下述工程，即某城市交通项目第______合同，接受了承包人为实施、完成这些工程并修复其缺陷的投标，此合同价格为__________。本协议书签署如下：

1 本协议书中的名词及术语与以下涉及的合同条款中分别定义的名词及

术语意义相同。

2 下列文件应视为构成本协议书的组成部分，必须同时阅读和理解，包括：

(1) 中标通知书；

(2) 投标书和投标书附录；

(3) 第______ 补遗书(如果有的话)；

(4) 合同专用条款；

(5) 合同通用条款；

(6) 技术规范；

(7) 图纸；

(8) 完整的已报价的工程量清单；

(9) 在投标书中要求的其他文件。

3 考虑到业主应按下列规定向承包人付款，承包人特此与业主立约，保证在所有方面按合同条件的规定，承包本工程的施工、建成和修复缺陷。

4 作为对工程的施工、建成和修复缺陷的报酬，业主特此立约，保证按合同规定的方式和时间，向承包人支付上述合同价格，以及根据合同条款可能支付的其他款项。

本协议书由双方法定代表(或授权代理人)在遵守________(借款人所在国法律)前提下，于上述列明的时间签署。

业主一方签字：__________　　　　承包人一方签字：__________

业主名称：__________　　　　承包人名称：__________

## 履约银行保函格式

________________(银行名称、地址)

受益人：________________________________

日期：__________________________________

履约保函编号：______________________________

我行已经得知______(承包人名称)______(以下简称承包人)已经和贵方于__ 年__月__ 日签订的________号合同向贵方提供__________(工程描述)__________(以下称为合同)。

我们更理解，根据合同条款，必须递交履约保函。

应承包人要求，我行______________(银行名称)______________以支付合同价款所用的货币种类和比例，不可取消地承诺向贵方支付总金额不超过

＿＿（以数字表示）＿＿，我行在收到贵方第一次书面宣布卖方违反了合同规定后，即不争辩地无条件地向贵方支付保函限额之内的一笔或数笔款项，而贵方无需证明或说明要求的原因、理由。

本保函应不晚于下列截止时间，先到为准：

(1) 我行收到交工证书的复印件 28d 时；

(2)20 ＿＿年＿＿月＿＿日。

任何对本保函的支付要求必须在上述时间前交至我行。

本保函遵守国际商会第 458 号文公布的，即付保函统一规则的规定，但第 20(1)②条款不包括在内。

（银行签字　盖章）＿＿

## 预付款银行保函格式

＿＿＿＿＿＿（银行名称、地址）

受益人：＿＿＿＿＿＿＿＿＿＿

日期：＿＿＿＿＿＿＿＿＿＿

预付款保函编号：＿＿＿＿＿＿＿＿

我行已经得知＿＿（承包人名称）＿＿（以下简称承包人）已经和贵方于＿年＿月＿日签订了＿＿＿＿号（工程描述）(以下称为合同)。

我行更理解，根据合同条款，预付款＿＿＿（以文字和数字表示的保证金金额）＿＿必须附有预付款保函。

应承包人的要求，我行＿＿（银行名称）＿＿不可取消地在此承诺向贵方支付总金额不超过＿＿（以文字表示）＿＿的一笔或多笔款项，我行在收到贵方第一次书面宣布承包人违反了合同规定是由于承包人未将预付款用于本合同的工程。

对本保函支付要求的前提条件是承包人的账户银行＿＿（银行名称地址）＿＿已经收到了上述预付款。

我行收到中期支付证书或说明的复印件，指明预付款承包人已偿还的金额后，本保函的最大金额将随之递减，本保函将因收到中期支付证书的复印件表明合同价的 80% 已经支付或 20 ＿年＿月＿日，已先到为准而截止。任何对本保函的支付要求必须在上述时间前递交我行。

本保函遵守国际商会第 458 号文公布的，即付保函统一规则的规定。

＿＿（银行签字、盖章）＿＿

中华人民共和国亚洲开发银行贷款
某城市交通项目
道路管理和绿化工程

**招标文件**

（招标编号：0701—0520ITC2P041）
（中文译本仅供参考）

**第二卷 技术规范**

某建设发展有限公司
某国际招标公司
2009 年 11 月

仅给出目录以供参考：

**目 录**

1.4.2　承包人提供的工程设备
1.4.3　承包人提供的施工设备
1.5　进度计划的实施
1.5.1　进度计划
1.5.2　月进度报告
1.5.3　进度会议
1.5.4　进度计划的调整和修订
1.6　工程质量的检查和检验
1.6.1　承包人的质量自检
1.6.2　监理人的质量检查
1.7　临时施工
1.7.1　施工进场
1.7.2　施工交通
1.7.3　施工供电
1.7.4　施工供水
1.7.5　施工照明
1.7.6　施工通信
1.7.7　仓库及堆料场
1.7.8　临时房屋和公共施工
1.7.9　施工期环境保护措施
1.7.10　施工退场
1.7.11　施工临时占地
1.7.12　施工期水土保持措施
1.7.13　其他临时措施
1.8　施工安全保护
1.8.1　承包人的安全保护责任
1.8.2　洪水和气象灾害的防护
1.9　场容卫生
1.9.1　现场场容
1.9.2　现场材料、环境卫生
1.9.3　生活区
1.10　现场施工测量
1.10.1　测量基准
1.10.2　施工测量

1.11 保险
1.12 工程量计量方法
1.12.1 说明
1.12.2 面积计量的计算
1.12.3 体积计量的计算
1.12.4 长度计量的计算
1.13 计量和支付
1.13.1 进场费
1.13.2 临时设施费
1.13.3 退场费
1.13.4 保险费
1.13.5 其他费用
1.14 引用技术标准和规程规范
1.15 术语
1.15.1 绿化工程
1.15.2 种植土
1.15.3 客土(外借种植土)
1.15.4 种植土层厚度
1.15.5 种植穴(槽)
1.15.6 规划式种植
1.15.7 自然式种植
1.15.8 土球
1.15.9 裸根苗木
1.15.10 假植
1.15.11 修剪
1.15.12 定干高度
1.15.13 浸穴
2 新栽植物
2.1 一般技术要求
2.1.1 一般规定
2.1.2 表土材料和施工
2.1.3 肥料、水
2.1.4 苗木储藏、运输与假植
2.1.5 苗木种植前的修剪(工程量清单中既有植物的修建参照此条款

执行)

2.1.6 种植准备

2.1.7 种植

2.2 分项技术要求

2.2.1 一般规定

2.2.2 栽植花灌木及藤本植物

2.2.3 竹类

2.2.4 露地栽植

2.2.5 草坪

2.3 种植的计量与支付

3 景观小品

3.1 一般规定

3.2 计价规定

3.3 计量及支付

4 浇灌工程

4.1 一般技术要求

4.1.1 浇灌系统

4.1.2 喷灌系统

4.2 给水管道系统

4.2.1 材料性能要求

4.2.2 管材运输及堆放

4.2.3 管道安装

4.2.4 系统试压及验收

4.3 计量与支付

4.3.1 计量

4.3.2 支付

5 照明工程

5.1 范围

5.2 材料

5.3 施工要求

5.3.1 灯具安装

5.3.2 供配电系统

5.3.3 线缆敷设

5.3.4 系统调试

5.4 质量控制要求
5.4.1 基本要求
5.4.2 检查项目
5.4.3 外观鉴定
5.5 计量与支付
5.5.1 计量
5.5.2 支付
6 后期养护管理
6.1 管理维护期限
6.2 水肥管理
6.2.1 花灌木、乔木的水肥管理
6.2.2 草坪水肥管理
6.3 病虫害防治
6.4 修剪
6.5 除草
6.6 补栽措施
6.7 养护资料、管理手册
6.8 计量与支付

中华人民共和国亚洲开发银行贷款
某城市交通项目

**招标文件**
（ITC—2P041）
（中文译本仅供参考）

**第三卷　工程量清单**
（合同段：C21）

某市建设发展有限公司
某国际招标公司
2009 年 11 月

**工程量清单**
工程量清单说明

1. 本工程量清单应与投标人须知、合同通用条款、专用条款、技术条款、技术规范及图纸同时阅读。

2. 工程量清单列明的数量是根据设计图纸计算的，旨在为投标人报价提供一个共同的依据，不作为最终结算与支付的依据。实际支付应以设计图纸和按监理工程师指示完成的实际数量为依据，应由承包人测量，由监理工程师审查确认并按工程量清单的单价和总额价支付（如工程量清单适用的话）。或者，可以按合同第 52 条款，由工程师确定的单价和总额价计算支付额。

3. 除非合同另有规定，标价的工程量清单中所报单价和总额价，均包括了为实施和完成合同工程所需的所有承包人设备费、工程设备费、劳务费、临时工程费、承包人自己的监理费、管理费、材料费、安装费、维护费、所有税款、保险费、利润、缺陷修复以及合同明示或暗示的所有一般风险、责任和义务等的费用。

4. 工程一切保险和第三方责任保险数额由承包人自行确定投保，保险费由承包人承担并支付，并包含在所报的单价或总额价中，不单独报价。

5. 无论数量是否标出，有标价的工程量清单中的每一项目须填入单价或总额价。承包人没有填写单价或总额价的项目，其费用应视为已分摊在相关工程项目的单价或总额价之中，承包人必须按监理工程师要求完成工程量清单中未填入单价或总额价的工程细目，但不能获得结算与支付。

6. 在有标价的工程量清单所列的各项目中，应计入按合同条件规定应完成的全部费用。按照中文通常的含义，应包括图纸中的列明的所有与此项目有关的但在清单中未列出的项目，未列的项目其费用应视为已分摊在相关工程项目的单价和总额价之中，以使工程量清单所有项目完成后，即完成图纸所设计的整体工程。

7. 对工程和材料的一般知识或说明已写于合同文件和技术规范内。在填报工程量清单各项目标价时，应参阅合同文件和技术规范的有关要求和规定。

8. 工程量清单各节是按技术规范章次编号的。工程量清单中各节的工程细目的范围与计量等应与技术规范相应节的范围、计量与支付条款结合起来理解或解释。

9. 在工程量清单中计入和标明的暂定金额，由工程师按合同条件有关条款的指示和说明全部或部分使用，或根本不予使用。

10. 工程量清单中的任何计算性错误，业主将按下述原则予以调整：

(1) 当所报数量与招标文件工程量清单数量不一致时，以招标文件工程量清单数量为准；

(2) 当以数字表示的金额与文字表示的金额有差异时，以文字表示的金额为准；

(3) 当单价与数量相乘不等于合价时，按合价计算为准，同时对单价予以修正；

(4) 当各细目的合价累计不等于总价时，应以总价为准，差额按比例分摊到各细目合价中，同时对单价予以修正。

11. 工程量清单所列项目的工程量的变动，不会降低或影响合同条款的效力，也不免除承包人按规定的标准进行功能施工和修复缺陷责任。

12. 承包人用于本合同工程的各类装备的提供、运输、维护、拆卸等支付的费用，已包括在工程量清单的单价与总额价之中。

13. 凡标记"——"者，投标人均不报价。

14. 计量办法

(1) 图纸中所列的工程数量表及材料汇总表仅供参考，当与实际计算有出入时，应以实际计算数量为准，并且认为已包含在总投标报价中，所有工程量数量的计算以实际用量为准。

(2) 当施工时业主新提供的图纸与招标所出售的图纸有明显不同，且工程量清单无相近细目单价可供采用时，应按合同条款执行。

(3)用于支付已完工程的计量方法，应符合技术规范中相应章节的“计量与支付”条款的规定。

(4)工程量清单中的金额即为项目按合同条件规定应完成的全部费用，应根据投标人须知、合同条款、技术规范、图纸等文件的要求计算。

15. 本次投标报价对于所采用的计价依据不作规定，投标人自主选择，自主报价。

16. 工程量清单中各项金额均以人民币(元)结算。

**工程量清单表**

C21 标段　　　　单位：人民币(元)

| 序号 | 细目名称 | 规格(冠径 D，株高 H，株距 S) | 单位 | 数量 | 单价 | 细目总价 |
|---|---|---|---|---|---|---|
| 2.1 | 榆叶梅 | D 100～120cm | 株 | 2691 | | |
| 2.2 | 紫　荆 | D 2～2.2m | 株 | 1222 | | |
| 2.3 | 美人梅 | D 1.8～2.2m，H 2～2.5m，S 3m | 株 | 998 | | |
| 2.4 | 元宝枫 | D 8～12cm，H 1.8～2.5m，S 3m | 株 | 941 | | |
| 2.5 | 圆　柏 | D 60～80cm，H 1.6～1.8m | 株 | 1728 | | |
| 2.6 | 雪　松 | D 3m，H 4～5m，S 5m | 株 | 1124 | | |
| 2.7 | 小叶女贞球 | D 1.8～1 m，H 80cm，S 1.5 m | 株 | 2992 | | |
| 2.8 | 丰花月季 | 3 年生 | 株 | 137 552 | | |
| 2.9 | 紫叶小檗 | D 30～40cm，H 30cm | 株 | 25 714 | | |
| 2.10 | 红花酢浆草 | | 窝 | 76 485 | | |
| 2.11 | 麦　冬 | | $m^2$ | 4438 | | |
| 2.12 | 常夏石竹 | | 窝 | 156 660 | | |
| 2.13 | 大叶黄杨 | | 株 | 41 254 | | |
| 2.14 | 大叶女贞 | D 40～50cm，H 50cm | 株 | 53 724 | | |
| 2.15 | 法国冬青 | D 50～60cm，H 1.2～1.6m | 株 | 331 | | |
| 2.16 | 丛生紫薇 | D 100～120cm，H 1.3～1.4m | 株 | 780 | | |
| 2.17 | 水蜡球 | D 80～120cm，H 1～1.2m | 株 | 470 | | |
| 2.18 | 大叶女贞 | 胸径 5～6cm，分枝点高 1.5m | 株 | 430 | | |
| 2.19 | 火棘球 | D 50～60cm，H 40～60cm | 株 | 1260 | | |
| 2.20 | 紫叶李 | 胸径 5～6cm，S3m，分枝点高 1.5m | 株 | 215 | | |
| 2.21 | 花石榴(白) | D 80～100cm，H 1.3～1.5m | 株 | 159 | | |
| 2.22 | 紫叶小檗 | D 30～40cm，H 30cm | 株 | 52 960 | | |
| 2.23 | 细叶麦冬 | | $m^2$ | 6968 | | |
| 2.24 | 金叶女贞 | D 30～40cm | 株 | 65 940 | | |

（续）

| 序号 | 细目名称 | 规格(冠径D，株高H，株距S) | 单位 | 数量 | 单价 | 细目总价 |
|---|---|---|---|---|---|---|
| 2.25 | 大叶黄杨 | D 50～60cm，H 40cm | 株 | 41 264 | | |
| 2.26 | 圆　柏 | D 50～60cm，H 1.8～2.2m，S 3m | 株 | 1850 | | |
| 2.27 | 紫叶小檗 | D 30～40cm，H 40cm | 株 | 55 442 | | |
| 2.28 | 小叶女贞 | D 30～40cm | 株 | 27 360 | | |
| 2.29 | 小叶女贞 | D 50～60cm，H 40cm | 株 | 28 144 | | |
| 2.30 | 小叶女贞 | D 80～100cm，H 80～100cm，S 220cm | 株 | 124 | | |
| 2.31 | 红花酢浆草 | | 株 | 76 485 | | |
| 2.32 | 龙　柏 | D 30～40cm，H 30cm | 株 | 6489 | | |
| 2.33 | 栾　树 | 胸径8～12cm，D 2～2.5m，S 3m | 株 | 1177 | | |
| 合计 | | | | | | |

## 第4章　浇灌工程

C21标段　　　　单位：人民币(元)

| 序号 | 细目名称 | 规格 | 单位 | 数量 | 单价 | 细目总价 |
|---|---|---|---|---|---|---|
| 4.1 | UPVC管 | Φ25 | m | 240 | | |
| 4.2 | UPVC管 | Φ75 | m | 22 000 | | |
| 4.3 | 阀　门 | Φ75 | 套 | 8 | | |
| 4.4 | 阀　门 | Φ25 | 套 | 16 | | |
| 4.5 | 快速取水器 | P33 | 套 | 191 | | |
| 合计 | | | | | | |

## 第6章　后期养护管理

单位：人民币(元)

| 序号 | 细目名称 | 时间 | 单位 | 数量 | 单价 | 细目总价 |
|---|---|---|---|---|---|---|
| 6.1 | 后期养护管理 | 一年 | 项 | 一 | | |
| 合计 | | | | | | |

## 工程量清单汇总表

单位：人民币(元)

| 序号 | 章次 | 科目名称 | 金额(元) |
|---|---|---|---|
| 1 | 1 | 一般项目 | 本章不计量 |
| 2 | 2 | 新栽植物 | |

（续）

| 序号 | 章次 | 科目名称 | 金额(元) |
| --- | --- | --- | --- |
| 3 | 3 | 景观小品 | 本章不计量 |
| 4 | 4 | 灌溉工程 | |
| 5 | 5 | 照明工程 | 本章不计量 |
| 6 | 6 | 后期养护管理 | |
| 7 | | | |
| 8 | | | |
| 9 | | | |
| 10 | | | |
| 11 | | | |
| 12 | 第 1 章至第 6 章 | | |
| 13 | 第 1 章至第 6 章合计额的 10% 作为不可预见费(暂定金额) | | |
| 14 | 投标总价(12 + 13) | | |

中华人民共和国亚洲开发银行贷款

某城市交通项目

**招标文件**

（ITC—2P041）

（中文译本仅供参考）

**第四卷 图纸**

（合同段：C21）

某市建设发展有限公司

某国际招标公司

2009 年 11 月

## 8.5 国际工程投标文件编写案例

投标文件的编写案例仍以上述国际工程招标案例 C21 为蓝本对应进行。由于投标文件的格式、内容及相应的表格，甚至装订顺序等都在招标文件中有严格的规定，不允许投标方随意变动。所以本投标文件编制将严格按照招标文件要求进行，其中仅给出 C21 标段的施工组织设计以供学习参考。

某城市交通项目

道路管理和绿化工程

投标文件

（招标编号：0701－0520ITC2P041）

（C21）

某景观工程有限公司

二〇〇九年十一月二十二日

目　　录

## 投标函

日　期＿＿2009. 11. 22＿＿

标段号＿＿C21＿＿

招标编号＿＿0701 – 0520ITC2P041＿＿

致：某建设发展有限公司

我公司承诺如下：

(1) 我公司已经检查并对招标文件，包括按投标人须知第 8 款发出的补遗均无异议；

(2) 我公司承担实施招标文件规定的全部工程和修复缺陷工作：某市交通项目道路管理和绿化工程　C21　；

(3) 我公司的投标总价，不包括(4)项提供的任何折扣，为：人民币＿陆佰捌拾叁万壹仟玖佰叁拾壹元贰角壹分整＿＿元（大写）(RMB ¥＿＿6 831 931. 21＿＿)（小写）；

(4) 提供的折扣方法为：人民币＿＿零＿＿元（大写）(RMB ¥＿0. 00＿)（小写）；

(5) 我方同意在投标截止之日起＿120＿d 内遵守本投标。在该期限期满之前，本投标对我方始终有约束力并随时有中标可能；

(6) 如果我方中标，我方将为履行合同提供招标文件要求的履约担保；

(7) 我公司，包括我公司任何的分包人或供应商均来自亚行规定的合格国家中华人民共和国；

(8) 我公司，包括我公司的任何分包人或供应商都按照投标人须知第 4. 3 款规定没有利益冲突；

(9) 按照投标人须知第 4. 3 款规定，我方，作为投标人或者分包商，均没有在投标过程中一标多投，也没有递交选择性投标。

(10) 我公司及其子公司和下属，包括任何分包人或供应商，均没有被亚洲开发银行、业主所在国法律法规或联合国安理会宣布为不合格；

(11) 本公司非政府拥有的企业／本公司是政府拥有的企业，但我公司满足投标人须知第 4. 5 款的要求。

(12) 与此投标书和授予合同后合同的履行相关的已经支付或将支付给代理的佣金或报酬如下所列：[如果不需要支付或将要支付，则请填写没有]

| 收款人 | 地址 | 原因 | 数额 |
|---|---|---|---|
| 没有 | | | |
| ＿＿＿＿ | ＿＿＿＿ | ＿＿＿＿ | ＿＿＿＿ |

(12)在正式合同协议制定和生效之前，本投标书连同贵方的中标通知书应成为约束贵、我双方的合同。

(13)我方理解：贵方不一定接受最低标价投标书或贵方可能收到的任何投标书。

姓名：__________

职位：__________

签字并加盖公章：______________________

经正式授权并代表 某景观工程有限公司 签署投标书

日期：2009.11.22

(联系方式：包括地址、电话、传真、邮编)

**表**

支付货币表(略，见招标文件)

**投标担保**

银行保函(略，见招标文件)

**工程量清单**

(略，单独装订)

**在建工程**

(略，见招标文件)

**财务资源**

(略，见招标文件)

**技术建议**

人员

设备

现场施工组织

施工方法说明

动员进度表

施工进度表

**人员**

Form PER－1：推荐人员(略，见招标文件)

Form PER－2：推荐人员履历表(略，见招标文件)

**设备**(略，见招标文件)

**现场施工组织**

施工总平面布置图

合同段号：　C21

1. 采用彩钢板活动房作为办公用房以美化环境。
2. 办公室前设置“七牌一图”。
3. 施工现场平面布置图如下所示。

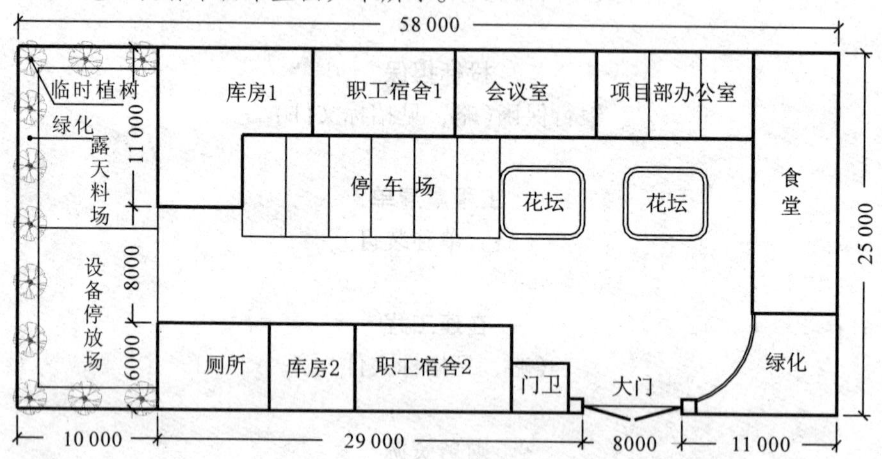


注：施工营地在本标段工程中间、入口道路附近租赁场地；场址选择应方便工程管理，交通方便，并符合城建、环保、市容等有关方面的要求。

**施工方法说明**

施工组织设计文字说明

1　设备、人员动员周期和设备、人员、材料运到施工现场的方法。

2　说明主要工程项目的施工方案、施工方法。

3　各分项工程的施工顺序。

4　确保工程质量和工期的措施。

5 雨季、农忙季节的工作安排。

6 安全生产、环境保护的措施和保证体系。

7 其他应明确的事项。

1 设备、人员动员周期和设备、人员、材料运到施工现场的方法

1.1 设备、人员动员周期

1.1.1 设备

经纬仪、水准仪、标杆、皮尺、铁锹等均可第一批投入使用，2d 内集结到场；

其他设备如自卸汽车、洒水车、履带式起重机、推土机等根据需要随时投入，保证即时到场。

1.1.2 人员

本项目主要人员开工之日的前两天进场；

拟投入该项目的本公司下属三个施工队开工当日进场；

根据劳动力投入需要，现场临时雇工保证两日内可调集约 60 人。

1.2 设备、人员、材料到场方法

1.2.1 设备

所有设备在项目部集结后，经监理工程师确认同意，直接进入施工工地。

1.2.2 人员

所有进场人员均要经过培训，合格后配带上岗证。上岗证上标志所在项目部的施工队、姓名、岗位、编号等。经监理工程师确认同意，直接进入施工工地。

1.2.3 材料

在施工工地设立材料配给中心，归属项目部物资供应室管理。所用的各种苗木、种子及其他各种耗材等经监理工程师确认同意，直接进入施工工地。

苗木从苗木基地汽车运进；按照进度当天起挖，当天栽植，当天不能栽植的及时按规范进行假植。

所需有机肥就近养殖场购买，并运到工地。

其他各种耗材如化肥、保水剂和生根粉等由市场采购，汽车运进。

2 主要工程项目的施工方案、施工方法

我公司将本工程作为我公司的重点信誉工程，按照施工图纸和技术规范的要求，严格管理，精心施工。工程总体分为：土方工程、绿地浇灌系统工程、照明工程、绿化工程及绿化养护五部分。

参加本次绿化工程现场施工队人员102人，分成三个施工队，一个水电施工队，两个绿化施工队。水电施工队的人员由土方组20人和安装组14人组成；绿化施工队由土方组16人，栽植组12人及养护组6人组成。开工初期，各施工队均进行绿化地平整、局部换土、绿地浇灌、管线开挖和电照管线开挖。在浇灌和电照管线预埋及绿化地整理进行到一定程度、能在局部进行穿插栽植施工时，土方组和栽植组各行其职，养护组配合栽植组做好浇水、修剪养护工作。

2.1　土方工程

2.1.1　人工挖土方

隔车带内挖土方深度40cm，若地下出现二灰石层，不管开挖多深，必须挖至地下土层。挖出的土方置于隔车带边，并规定土方占道宽度，以免影响交通，最大限度降低因施工而造成的交通不便。立交区绿地按技术规范要求均进行深翻，挖掘不合格的土壤，进行换土或土壤改良。

2.1.2　土壤测定

对场地内的地表土进行抽样检测，不符合种植要求的要进行换土处理或土壤改良。

对所换表土在取土前进行必要的土壤化验，以保证所取表土土质满足技术要求指标。

对场地局部肥力较差、有机质含量低的土壤进行土壤改良。土壤改良是在土壤中加入土壤调节剂(土壤调节剂符合技术规范对土壤改良剂的要求)以及改善给排水条件，以调节土壤的pH值、通透性及保水、保肥的能力。改良后的主要指标满足：5.6 < pH值 < 8.5，含盐量 < 0.2%，有机质含量 > 4%，土壤质地结构适中。

2.1.3　土壤过筛、回填

对起挖土经土壤测定合格但有较多石头和砖块等，应进行过筛，筛余土回填，垃圾清运。

2.1.4　绿化地平整

按照技术规范要求对绿化工地施足底肥，翻耕25～30cm，楼平耙细，去除杂物，平整度和坡度符合设计要求。

2.2　绿地浇灌系统工程

2.2.1　定位放线

施工场地测量、放线，严格按照图纸要求进行定点测量、放线，要求放线准确，经监理工程师验线，符合规范要求后，方可进行下一道工序。

2.2.2 开挖管沟

现场施工人员严格按照施工线进行开挖，沟宽、沟深、管底标高不得超过规范要求，沟底平整，经监理工程师验槽，方可进行下一道工序。

2.2.3 管道安装

按 UPVC 管材的特性，粘接部位均匀打毛，无污染，再涂上专用胶结合。

2.2.4 打压试验

连接完毕 24h 后，严格按照规范进行打压试验，监理工程师确认后，方可进行下一道工序。

2.2.5 回填夯实

回填应分层夯实，每层不超过 25cm。

2.2.6 喷头安装

在种草以前，安装喷头并调试正常。

2.3 照明工程

2.3.1 定位放线

施工场地测量、放线，严格按照图纸要求进行定点测量、放线，要求放线准确，经监理工程师验线，符合规范要求后，方可进行下一道工序。

2.3.2 挖电缆沟、敷设、回填

按技术规范要求，开挖管沟，敷设线缆，回填，每道工序必须经监理工程师检验合格后才能进行下一道工序。

2.3.3 照明电器设备安装

按图纸要求的灯具种类安装灯具。

2.3.4 控制箱安装

2.3.5 调试、试运行

2.3.6 电缆敷设

按照标准的施工设计进行施工。施工过程中应注意以下事项：

(1) 所用电缆及附件应符合国家现行技术标准的规定并附合格证。

(2) 电缆敷设时转弯处应保证足够的弯曲半径，在道路交叉处应设套管防护。

(3) 多根电缆间距≥100mm，电缆与管道、道路、建筑物之间平行和交叉时的最小净距符合有关规定。

(4) 电缆运输敷设时不应使电缆受到损伤，滚动方向应顺着箭头方向。运输存放不得使电缆受潮。

(5) 电缆接头应放在易于维修的地方。

(6)电缆过路按设计要求加护管。

2.3.7　照明电器安装

要求安装牢固，接头紧密，防水措施得当，暗配线管符合有关规定要求。

2.4　绿化工程

场地平整后，进行地下管网的施工，在具备条件时及时在适宜苗木栽植的季节进行乔灌木栽植。

2.4.1　乔灌木栽植

乔灌木栽植按照以下工序进行施工：放线(打号)、挖栽植穴、整地换土、施放肥料(以及保水剂、生根粉等)、苗木栽植、浇水、覆盖、清理现场，最后交付管护。

(1)放线、打号

严格按照设计施工图的要求，用测量仪进行定点测量、放线，要求施工人员放线准确，经监理工程师检查合格后，方可进行下一步工作。

(2)整地换土

乔木栽植穴应比土球直径或比根系展开的范围大约40cm；乔木栽植穴至少深80cm，或比放在合理深度的根部土球或根系底部深20cm，穴壁垂直，底部水平。乔木类穴径详细按技术规范的要求开挖。

灌木栽植穴应比土球直径或比根系展开的范围大约30cm；栽植穴应有足够的深度，灌木土球或根系底部距穴底至少有15cm。灌木类穴径详细按技术规范的要求开挖。

栽植穴内换填种植表土，表土内拌施肥料。

(3)苗木栽植

栽植进行挂线作业，做到"高低一线，左右一线"。

栽植技术做到规范化，栽植时先把苗木放入穴中，不能上翘，外露，同时注意保持深度。适当深栽，超出原土2~3cm，然后分层覆土，做到"三埋一提"，把肥沃的湿润土壤填于根际，提根并分层踏实。

栽植带大土球的苗木时，除防止散坨外，应去掉不宜穿透的容器，或将土球上部的麻(草)袋割开并除去。

及时发现倾斜苗和根部覆盖不严苗，进行扶正和培土。

(4)浇水

植苗前检查树坑规格，然后浇灌底水，待水全部渗透后方可种植。种植后做围堰，其半径比树坑半径大20%~30%，种植后立即浇灌定根，待水全部渗下后及时覆土或封堰，及时浇水4~5d后再浇第二遍水，10d之内要浇第三遍水，对于大苗在栽植时要施一定量的生根粉和保水剂，以提高栽植成活率。

(5)支撑防护

对较大乔木，为保证使其不受风灾影响，保证树形，采用三交叉(各夹角120°)的方法用竹竿对苗木进行支撑防护。

(6)清理现场

将施工过程中的各种垃圾进行及时清理，保持施工场地整洁。

2.4.2　植草

植草严格按杂物清运、场地平整、浇水、坪床、施入底肥、人工植草、镇压、浇水、清理现场等施工工序进行施工，完工后交付管护。

注：绿化用水及用肥均应达到技术规范中绿化用水和肥料的要求。

2.4.3　绿化养护

从绿化开始到工程交工验收，对全部种植植物进行管理和养护。

绿化管理养护分成活管理养护期和生长管理养护期。

(1)成活管理养护期管理养护办法

①成活管理养护期主要对已种植植物进行松土除草、浇水、造型修剪、涂白、防冻、防寒、病虫害防治、防火防盗、防止人为的破坏以及补植等管理养护。

②将绿化管理养护队分成四组，实行管理养护小组分段管理、落实责任的管理办法，与管理养护员签订管理养护质量、安全目标责任书，做到责权分明、任务明确。绿化管理养护地段同施工期划分的施工段。

③完善各项管理养护制度，如《管理养护人员职责及任务书》《管理养护工序及管理办法》《管理养护机具使用、保养制度》等。

④与监理单位等部门相互协作，达成共识，形成一个纵横结合，政、警、民、路政互相结合与协调，共建绿色通道的管理体系。

(2)生长管理养护期管理养护办法

进入生长管理养护期后苗木补植已基本完成，其主要工作为完善植物造型并对种植植物进行日常管理养护。管理养护办法除延续成活期管理养护的规章制度外，将绿化管理养护队适当减少人员并合并成两个小组。

(3) 养护机具的配备

给绿化管理养护队配备足够的养护机械和设备，以保证进行正常的管理养护工作。

管理养护机具的配备表

| 名称 | 规格(型号) | 单位 | 数量 |
| --- | --- | --- | --- |
| 洒水车 | 4000L | 辆 | 2 |
| 自卸车 | 8t | 辆 | 2 |
| 绿篱机 | HT-2300-A | 台 | 2 |
| 修边机 | 598A | 台 | 2 |
| 割灌机 | 8206D | 台 | 2 |
| 柴油发电机 | 160GF | 台 | 2 |
| 喷药机 | MH90 | 台 | 3 |

(4)管理养护要求

种植完工后3d内，向监理工程师提供管理和养护植物的详细计划及日程，这个计划是种植计划的延续，从种植植物养护到工程交工验收为止。对于更换枯死苗木或草坪的补植，从种植时起至管理养护期结束，随时进行检查并及时补植。

苗木在管理养护期结束后，植物栽植的成活率应达到95%，草坪覆盖度达到95%以上。

管理及养护计划应包括以下内容：

①定期除草；

②按园艺方法进行修剪、补植栽培；

③根据植物生长要求及气候状况按时浇水，年初春灌、岁末冬灌；

④每年施肥不少于两次；

⑤及时防治病虫害；

⑥防范人为的破坏；

⑦及时补植枯死、损坏或丢失的树木花草；

⑧清理垃圾，保持场地整洁。

⑨在适宜的季节，对枯死的乔木、灌木以及其他不发芽或死去的植物予以更换，覆盖度达不到设计要求的草坪进行补植。

(5)养护管理内容及效果

绿化成败的关键在于养护，即所谓的“三分种，七分管”。本工程养护主要包括浇水、施肥、松土除草、造型修剪、涂白、防冻、防寒、病虫害防治、防止人为破坏等内容。养护管理做到以下几点：

①松土除草　松土可以切断土壤毛细管，减少水分蒸发，疏松土壤，增加土壤渗透性和通气性，吸收大量水分，还可起到促进土壤微生物活动的作

用。同时，松土除草可以消灭杂草，避免与苗木竞争水、肥，促进植物生长。

乔木、灌木树种栽植后每年松土除草两次。

②浇水 乔木、灌木等每年浇水2~3次，一般春季(3~4月)一次，秋季(9~11月)一次，夏季则根据干旱的程度决定是否浇水。每次浇水要保证浇透，一般情况下浇水量为：乔木80kg/(株·次)，灌木30kg/(株·次)；

草坪除春、秋两季必须浇水外，要尽可能地保持湿润，浇水量平均20kg/($m^2$·次)，草坪的绿色期一般与浇水量成正比。

③施肥 植物在种植前应施足基肥，在生长过程中视长势施加追肥，肥料应符合技术规范的要求或为监理工程师认可的其他肥料。

④造型修剪 造型是通过剪、拉、撑等方式来实现的，主要是针对中央分隔带和绿地内的乔木和灌木，以保持美观的树体、树形。修剪的目的是将绿化树种通过人为的方式使其分枝均匀，冠幅丰满，干冠比例适宜。

修剪平均每年两次，即休眠期修剪和生长期修剪。休眠期修剪以整形为主，可重剪，生长期修剪以调整树形为主。

绿地内常绿乔木树种在两年内一般不需要修剪，但发现枯梢、死亡和有病虫害的枝条时必须及时剪去。若出现损坏或生长不正常需要修剪时，保留顶梢的针叶树宜修剪成全冠型或低干型，顶梢不明显的树种宜修剪成无主干的多侧枝型。

落叶乔木、灌木的修剪应掌握：冬修枝、夏控侧；强树轻剪、弱树重剪；强侧打头、壮枝重剪、弱枝轻剪、小枝多留的技术原则。修剪后能突出主干，控制侧枝，扩大树冠，促进生长。

乔木类修剪要求主干通直，主、侧分明，分枝点高1.8~2.0m，并逐年上移。

⑤涂白、防寒、防冻 涂白主要是防病虫害、防寒。涂白每年入冬前进行一次，对所有的落叶乔木和高度在1.5m以上的花灌木都要进行涂白。涂白高度为1.2m，材料用石硫合剂或生石灰，按5%的浓度配制后涂于树干。

在霜冻来临之前灌一次透水，对于部分植物在冬季还要通过包扎、覆盖等措施防止冻害。

⑥病虫害防治 病虫害防治要以预防为主，发现病虫害后要及时消灭。本工程尽量采用生物防治和人工物理防治，以期达到环保效果。

3 各分项工程的施工顺序

根据本工程的特点及工期要求，具体安排分为五个阶段：第一阶段：施工准备阶段，组织人员、机械进场，进行临时设施的施工及各种材料准备。

第二阶段：测量放线，垃圾清运，土方回填，平整土地。第三阶段：安装管道及敷设电缆，同时挖栽植穴等。第四阶段：完成树木栽植和草坪建植。第五阶段：进入正常养护管理，工程竣工资料整理及临时设施拆除，土地恢复等。

现场施工按照施工布点和劳力安排，需采用分段平行式的流水线作业方式。各分项工程如下：

3.1 土方工程施工顺序

清理整平→土壤测试→深翻→放线→表土铺设

3.2 绿地浇灌系统工程

定位放线→管沟开挖→管件安装→打压试验→回填夯实→喷头安装调试

3.3 电力照明

定点放线→挖沟、敷设、回填→照明电器设备安装→接线→灯具调试

3.4 栽植乔木、灌木

放线、打号→整地换土→施放肥料、保水剂及生根粉→植苗→浇水→覆盖→清理现场→交付管理养护

3.5 草坪

杂物清运→场地平整→浇水→坪床施肥→机械撒播→镇压、覆盖→浇水→清理现场→交付管理养护

4 确保工程质量和工期的措施

4.1 确保工程质量的措施

4.1.1 施工质量保证措施

(1)项目部根据“追求行业一流，满足业主期望，建造全体员工引以为荣的工程”的质量方针，按照招标文件中各种关于质量方针的各项指标要求，制定如下质量目标：

①达到城市绿化工程施工及验收规范(CJJ/T82—1999)的合格标准。

②争创优质样板工程。

(2)施工前，认真做好技术交底，让施工人员彻底理解工程施工的内容；严格按设计和城市绿化工程施工及验收规范(CJJ/T82—1999)的要求施工。

(3)组织专人下苗圃按设计的要求选苗，优先保证苗木的质量。

(4)严格执行苗木检验制度；所有进场苗木应有检疫证，并做必要抽查检验。

(5)抽调我公司技术熟练的工人组建本工程的施工班组，以施工人员过硬的技术作为工程质量的基础保证。

(6)建立健全质量保证体系，成立以项目经理为组长的质量管理领导小组，负责工程的全面质量管理工作，施工队成立以队长、技术人员、工班长为领导的质量管理机构。项目部设立专职质检工程师一名，配合现场监理工程师检查、监督施工质量，按照规范要求，推行工序逐级签字制度，严格执行质量一票否决制。强化质量管理，组建以项目经理为质量目标责任人的质量保证组织机构。

(7)完善质量检验制度，制定质量检验流程。

(8)建立健全质量目标规章制度

①严格奖罚制度，实行工程优质、优价办法，不合格工程除不予计价外，并要返工重做，同时分析原因，严肃追究有关人员的责任。

②技术人员认真会审图纸，坚持按图施工，按规范施工，认真细致地作好复测、放样和技术交底工作，坚持主管领导和技术人员跟班作业，要求专业技术人员在工地做到“手勤、腿勤、眼勤”，及时纠正和处理随时出现的各种违章作业及问题。

③严格执行签字负责制度，包括图纸审核签字、技术交底签字、测量结果签字、工程检查签字制度等。在施工过程中严格按照监理程序和规范验收要求去做。做到“五不施工”：即未进行技术交底不施工；图纸和要求不清楚不施工；测量资料未经复核不施工；材料未经检验不施工；隐蔽工程不经监理部门签证不施工。“三不交接”：即无自检记录不交接；未经专业质检人员验收合格不交接；施工记录不全不交接。“三工制度”：即工前交代；工中检查；工后讲评。严格落实责、权、利相结合的上至领导、下至操作人员的质量责任制，并做到奖罚分明。

4.1.2 管理养护质量保证措施

(1)工程施工结束时，从本工程施工人员中选择优秀施工队长和技术员工组建本工程的管理养护队，信守“一项工程，专人养护”的原则。

(2)推行养护质量责任制，依照工程区域狭长的具体情况，管理养护队人员分组分片管理养护，各组既相互分工，又相互协作，管理养护质量责任到人。

(3)依据植物的生理特点和当地的气候特征，抓住管理养护的重点时刻。

①冬季树木、草坪进入休眠期，此季节的主要工作内容一是适时灌足冬水，二是对部分树木进行必要的保护，如设立挡风障、树干培土等。

②近两年某城市气候偏冷，早春易产生冻拔，管理养护人员应每天巡查，及时发现，及时培土保护。

(4)依据本工程是道路的中央隔车带，又距本市城西客运站较近，人流及车流量大的特点，绿地设立管理养护临时围栏。同时在人流及车流的高峰期，管理养护人员现场值班看管。

4.2 确保工期的措施

4.2.1 施工工期

总体计划进度根据甲方要求的(详见工程进度表)工期12个月，甲方要求开工即日起立即进入施工现场，12个月内保证完成全部施工任务。其后进入绿化管理养护期。

为使本工程在质量上达到高标准，必须在技术上严格要求，才能使工程保质、保量、按期和高效地完成，才能实现创建景观绿化精品工程的目标。

4.2.2 工期保证措施

针对本工程的特点，我公司将充分发挥自身优势，做到“三快”，即“进场快，安家快，开工快”，在“保证重点工序照顾一般工序、统筹安排、全面展开”的原则指导下施工，高速度、高质量、高标准地按照设计要求及施工组织设计的工期计划安排完成本工程的施工任务，具体措施如下：

(1)“项目法”的施工，成立强有力的项目经理部，实行科学管理、文明施工，根据工地实际情况，分组分段施工。

(2)制定科学严谨的施工进度计划，将每日工作量化，不完成当日的施工计划不收工。采用网络技术指导施工，保障供应，满足需要。协调好施工项目的衔接工作，避免干扰、窝工，加快施工速度，确保工期。

(3)推广专业化、规范化施工方法，搞好施工专业化建设，根据职工的专业技术和特长，合理组织每道工序、每个单位工程的施工。

(4)在施工中，自觉接受工程师和建设单位指导，主动与他们搞好合作并促进进度，主动向监理工程师汇报工程质量和进度，同时与周边单位搞好关系，使供电、供料和治安处于良好状态，以促进施工进度。

(5)加强政治思想教育工作，使施工人员从政治高度认识按期完工的重要意义。

(6)制订奖惩措施，如期完工或提前完工，给以适当奖励。不能按期完工，则给以相应处罚。

5 雨季、农忙季节的工作安排

5.1 雨季的工作安排

对工程的施工安排要充分考虑雨季的不利和有利两个方面，制定可行的雨季施工计划和措施，确保正常施工。

5.1.1 根据工程特点，在编制施工进度计划时，要明确天晴整地、小雨栽树种草的施工措施。这样结合正常的进度计划，才能确保工期的正常完成。

5.1.2 主动与当地气象部门密切联系。及时掌握天气变化，加强现场调度。

5.1.3 各类机械要准备防水布，以防遭受雨淋。

5.1.4 做好职工的劳保福利工作，每个职工发雨衣、雨鞋，保证下雨时职工能正常施工。

5.1.5 重点施工现场，如苗木假植地、低洼地等地段要布置临时排水设施，随时疏排雨水，保证现场排水良好，不影响施工。

5.2 农忙季节的工作安排

5.2.1 合理安排工期，劳动力安排考虑农忙时节的影响，制定切实可行的农忙季节工程施工计划。

5.2.2 重点施工段的人员主要由本公司长期固定人员施工，减小农忙季节对重点施工段的影响。

5.2.3 提前了解农忙时施工队人员回家的具体情况，提前准备替换的人员。

5.2.4 农忙时职工工资提前结算，保证职工安心回家和农忙完时尽快返回工地。

6 安全生产、环境保护的措施和保证体系

6.1 安全生产的措施

6.1.1 本项目必须认真贯彻国家和省(自治区、直辖市)、市政府有关法令及园林管理部门有关规定，坚持“领导是关键，教育是基础，设施是前提，管理是保证”的精神，坚持“安全第一，预防为主”的方针，确保本工程的施工安全。

6.1.2 根据施工组织和工程的实际情况，编制详细的安全操作规程、细则，制定切实可行的安全技术措施，分发到工班，组织逐条学习落实。抓好安全“五同时”(即在计划、布置、检查、总结、评比生产的同时，计划、布置、检查、总结、评比安全工作)和“三级安全教育”。

6.1.3 建立健全以安全岗位制为中心的安全生产责任制，项目经理部设置专职安全检查工程师，各级设专职兼职安全员，使安全工作制度化、系统化。

6.1.4 加强职工安全教育。各项工程施工前，技术部门必须向参加施工的全体人员进行技术交底，讲解各类事故危害，组织干部、工人学习国家和省(自治区、直辖市)、市有关安全生产的文件，坚持每周一为安全活动日的安全学习活动。

6.1.5 认真做到四个“坚持”。坚持“三工制”：工前安全教育，工中安全检查，工后安全评比；坚持周一安全学习活动；坚持“三个不放”：事故原因不清不放过，责任者和群众未受教育不放过，没有订出今后的防范措施不放过；坚持“持证上岗”，技工工种必须进行上岗前培训，考试合格后才能上岗。

6.1.6 做好施工场地平面布置，合理安排场内临时设施。临时房屋布置应符合消防要求。根据工地情况，布置安全防护设施和统一的安全标志(牌)。

6.1.7 施工现场的安全防护必须齐全、有效，并且不得擅自拆除和损坏。

6.1.8 每道工序开工前，必须作出详细的施工方案和实施措施，报经监理工程师审批后，及时做好施工技术及安全交底，并在施工过程中督促检查，严格执行。

6.1.9 建立防风、防火组织，配齐消防设施，制订防风、防火措施和管理制度，落实到实处。

6.1.10 对施工过程中使用的机械设备状况进行及时检查、鉴定和必要的检测，加强各种机动设备的维修和管理，各种机械的操作要严格遵守操作规程，保证操作安全。

6.1.11 制订相应措施，保证平行交叉作业的施工安全。

6.1.12 禁止在工区内饮酒，上班前4h禁止饮酒。经理部半月检查一次，班组实行工前、工中检查。凡检查中发现的不安全因素，指定专人限期解决，不留后患。

6.1.13 加强安全检查，项目部对本工程安全实行每月一次的全面检查活动。因施工实际需移动时，应采取安全措施方可移动。

6.1.14 安全生产与经济利益挂钩。施工中对安全好的个人和班组进行大力宣传，实行重奖，对违章指挥、违章操作的责任人给予重罚，并视情节作出严肃处理。

6.1.15 施工现场24h设保卫人员值班，做好防盗、防火、防破坏等工作。

6.1.16 每月编制下达生产任务的同时，制订相应具体详细的安全保证措施。

6.2 安全生产的保证体系

6.2.1 项目安全目标

施工坚持执行“安全第一、预防为主”的方针，根据本工程的特点，我们制定如下目标：

(1)杜绝因工死亡和重伤等安全事故。

(2)轻伤率0.3%以内。

6.2.2 安全组织机构

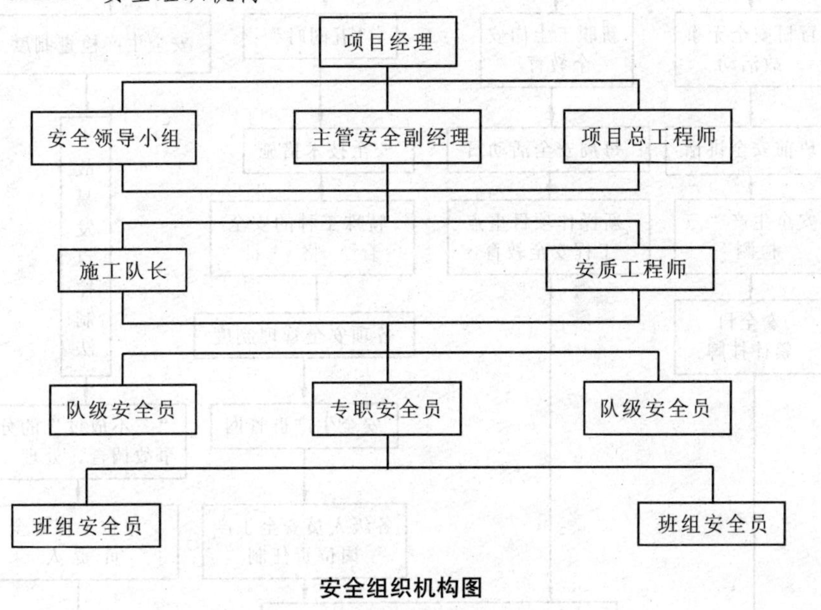


安全组织机构图

6.2.3 安全检查保障体系

为了加强安全生产，确保本项目杜绝一切重大事故，项目部执行安全检查流程。

6.3 环境保护措施

6.3.1 防止水土流失

(1)排水畅通

在施工期间应始终保持工地的排水状态良好，修建一些临时排水渠道，并与永久性排水设施相连接，且不得引起淤积和冲刷。施工中的临时排水系统，应能最大限度地减少水土流失及对水文状态的改变。

(2)冲刷与淤积

施工期间应采取有效预防措施，防止施工场所占用的土地或临时使用的土地受到冲刷。

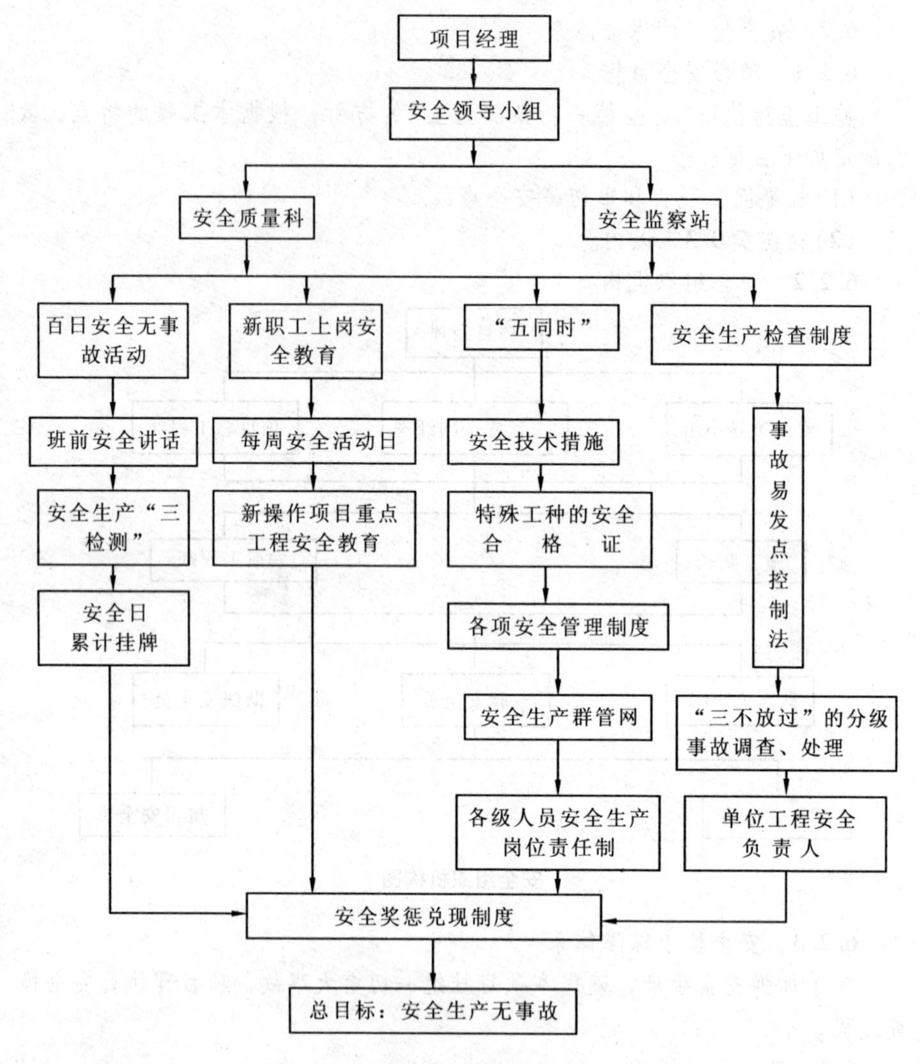


**安全保证体系图**

①采取有效预防措施，防止从本工程施工中开挖的土石材料对水道、排水系产生淤积或堵塞。

②不管出于任何需要，未经监理工程师的事先书面同意，不得干扰水道、排水系统的自然流动。

6.3.2　弃土石等固体废弃物的处理

(1)清理场地的废料和土石方工程的废弃处理，不得影响车辆及行人。应按图纸规定或监理工程师的指示在适当弃土场处理。

(2)施工驻地的生活垃圾等运至当地垃圾场处理。

(3) 对覆盖在草坪等植物上的塑料薄膜及无纺布要妥善处理，防止发生“白色污染”，做好回收工作。

(4) 废弃农药等有毒有害的物品，应与监理工程师或地方政府协商，选择适当的地点做好掩埋或处置工作。

6.3.3 防止水、大气、噪声污染

(1) 保护水源和居民生活用水系统

①施工废水、生活污水不得排入饮用水源。

②施工机械应防止跑冒滴漏，机械运转、维修产生的油污要统一回收。

(2) 控制扬尘

①为了减少施工作业产生的灰尘，应随时进行洒水或其他抑尘措施，使之不出现明显的扬尘。

②易于引起粉尘的细料或松散料应予遮盖或适当洒水润湿。运输时应用帆布、盖套及类似遮盖物覆盖。

③尽量避免或减少土石撒落路面，撒落时要及时清扫。

④汽车运土必须加盖篷布，并保持土壤的含水量使之不起尘。

⑤换土施工，要进行洒水，使之不起尘和扬尘。

(3) 减少废气、噪声污染

①使用机动车辆、机械设备的工艺操作，要尽量减少噪声、废气等的污染，应满足尾气和噪声排放标准。

②建筑施工场地的噪声应符合《建筑施工场界噪声限值标准》(GB12523—1990)的规定，并应遵守当地有关部门对夜间施工的规定。在居民区施工作业时，尽量减少夜间施工，对噪声较强的施工机械应选择在白天进行，并尽量减少使用，以保证居民的休息、工作、生产等正常进行。

6.3.4 植被保护

(1) 应保护公路用地范围之外的现有绿色植被。若因修建临时工程破坏了现有的绿色植被，应负责在拆除临时工程时予以恢复。

(2) 要保护公路两旁的古树名木和法定保护的树种。

(3) 施工期间不得发生其他形式的植被破坏。

6.3.5 文物保护

施工时如发现文物古迹，不得移动和破坏，由专人保护好现场，对文物进行保护，并暂时停止作业，立即报告监理工程师和有关部门。

7 其他应明确的事项

7.1 地下管线及构筑物的保护

7.1.1 对于受本工程影响或正在受影响的一切公用设施与构筑物，应在本工程施工期间采取一切适当措施加以保护。

7.1.2 靠近公用设施(如地下管线、隐蔽物等)的开挖作业，承包人应通知有关部门，并邀请有关部门代表在施工时到场。承包人应将上述通知与邀请的副本提交监理工程师备查。

7.2 交通保畅

7.2.1 进场前首先对所有施工人员进行交通安全培训，执行国家和业主的有关交通保畅规定。

7.2.2 在路线上施工时，要设立临时警示牌。

7.2.3 机具、车辆长期停放时不得占用路面，不得在路面上堆放材料。

7.2.4 尽量避免或减少土石撒落路面，撒落时要及时清扫，保持路面整洁。

7.2.5 管理养护期内的管理养护人员统一着装"黄马夹"，需要临时半封闭的养护路段报请监理工程师和业主单位批准，两端要设立临时警示牌并有专人把守指挥。

7.2.6 管理养护期内的洒水车等机动车辆作业时，严格遵守高速公路交通管理规定，严禁逆向行车。其作业区段应采取半封闭或设立减速标志，并按规定报批。

7.3 文明施工措施

7.3.1 进场前及施工过程中，首先应坚持对全体施工人员进行精神文明教育，树立"爱岗敬业，热爱集体，珍惜企业荣誉"的良好风尚。

7.3.2 严格按某市创建卫生城市的要求进行施工。

7.3.3 严格按规范施工，对施工现场、便道，要经常洒水，防止工地尘土飞扬。

7.3.4 建立奖罚制度，对工作突出的施工队进行奖励，对完成工程质量不好的施工队进行处罚。

7.3.5 积极与工程施工现场周边单位、环保及水保部门协作，共同抓好环保工作。

7.3.6 施工中如发现古文化遗址、文物等，立即停止施工，保护好施工现场，积极与业主及有关文物单位联系，并大力配合，妥善处理后再进行施工。

7.3.7 和有关部门配合，做好光缆和各种管道的保护工作，力争达到各方满意，文明施工。

7.3.8 施工场地内材料堆放整齐，标志鲜明。

7.3.9 详细了解施工场地地下管线的具体情况，施工时对地下管线采取一定的保护措施，杜绝对地下市政管线的破坏。

7.3.10　施工过程中要执行国家和当地环保法规，做到清洁生产。由专人负责，定期进行检查，对不符合规定的要及时进行纠正。

7.3.11　任何时候都接受监理工程师和业主的环保人员及有关环保机构的工作人员的检查、执行监理工程师的安排和指示，以确保对环境不造成污染。

7.3.12　植土、农家肥等容易起尘的物料汽车拉运时必须加盖篷布，并保持物料的含水量使之不起尘；换土施工，要进行洒水，避免起尘和扬尘；尽量避免或减少土石撒落路面，撒落时要及时清扫。

7.3.13　土球苗木尽量避免在公路路面上卸载，必须卸载时用彩条布进行防护，确保破散土球不污染路面。

7.3.14　养护期苗木、草坪修剪产生的废弃物，要妥善处理，做好回收工作。

7.3.15　专人负责，责任到人，坚持班前、班后的自检、整改。

7.3.16　定奖惩措施，真正做到每一道工序作业都能切实保护公路路面等公路范围不被污染。

**动员进度表**

**工程管理曲线**

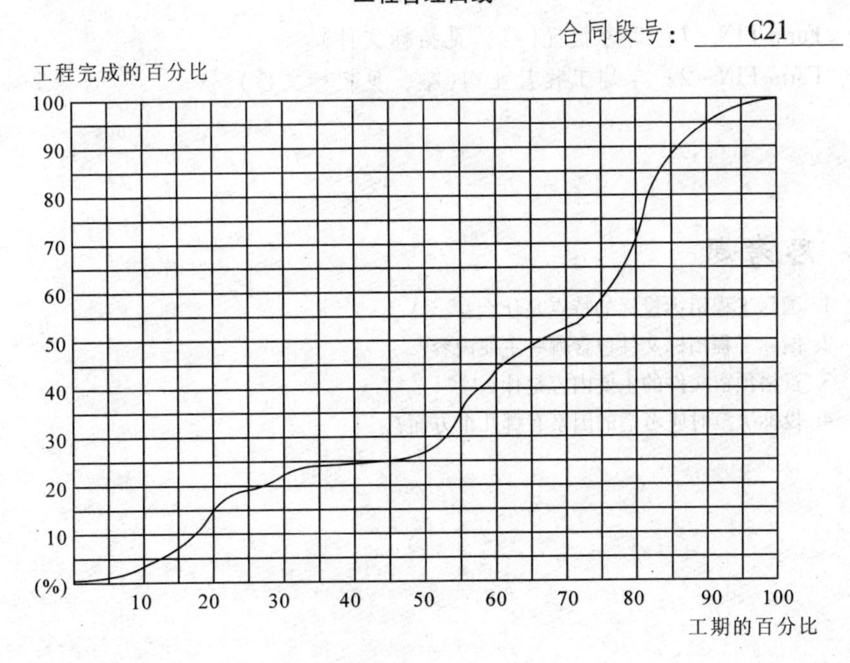

**投标人资格的更新**

投标人应该更新其资格预审阶段时提供的信息来证明其能够继续满足资格预审阶段的下列标准：

(1) 合格性

(2) 未决的诉讼

(3) 财务状况

投标人应采用本章节中提供的相关表格。

如投标人的上述资格能力没有变化，仍继续满足资格预审的要求，则无需提供更新后的详细情况，只需提供一份无更新信息的声明即可。

**投标人资格更新声明**

我公司投标资格更新中(1)合格性，即投标人资料表 From ELI-1；联营体资料表 From ELI-2；(2)未决的诉讼，均与资审时相同。2006，2007，2008 年的财务状况同资格预审，其更新部分资料见后表，本次补充 2009 年的财务状况。

某景观工程有限公司

二〇〇九年十一月二十二日

Form FIN－1：财务状况(略，见招标文件)

Form FIN－2：年均工程营业额(略，见招标文件)

## ➢ 思考题

1. 国际工程招标投标的特点是什么？
2. 国际工程招标文件包含哪些主要内容？
3. 资格预审文件的主要内容是什么？
4. 投标决策时应考虑的因素有哪几个方面？

# 第 9 章　园林工程施工合同

【学习目标】了解经济合同的概念和无效合同的确认及合同签订的注意事项；掌握园林绿化工程施工合同的签订方法。

## 9.1　经济合同

招投标结束后，招标单位要发中标通知书，招标单位和中标单位应在规定的期限内签订承包合同，明确双方的权利、义务和责任。合同一经生效，就具有了法律效力。

经济合同，是以经济业务活动为内容的契约，是法人之间为实现一定的经济目的，明确双方权利和义务关系的协议。我国现行经济法 1981 年 12 月 13 日第五届全国人民代表大会第四次会议通过，从 1982 年 7 月 1 日起实施；1993 年 9 月 2 日第八届全国人大常委会第三次会议修订。

### 9.1.1　经济合同的基本特征

(1)合同的签字人必须是法人

凡具有下列条件者才具有法人资格：

①必须是经国家批准的社会组织；

②必须具有依法归自己所有或者经授权属于自己经营管理的合法财产；

③能够以自己的名义进行民事活动和参加民事诉讼的自然人。

(2)合同具有法律效力

签约生效后，受国家法律保护，缔约双方都必须严肃认真地履行合同条款，当一方违约、毁约时，将追究其法律责任。

(3)合同必须遵循合法原则

合同的内容及签订的手续，都必须符合国家的法律、法规、政策、国家利益和公共利益，否则属于无效合同。

(4)合同应建立在自愿协商、平等互利、公平合理的基础上

缔约双方在各自的具体条件下，以平等的地位，在自愿的基础上，经充分协商，取得一致意见后，采用书面形式签订契约，并签字盖章。

### 9.1.2 无效经济合同的确认

经济合同的无效，由人民法院或者仲裁机构确认。有下列情况之一者可视为无效合同：

①违反法律和行政法规的合同；

②采取欺诈、胁迫等手段所签订的合同；

③代理人超越代表权限签订的合同或以被代理人的名义同自己或者同自己所代理的其他人签订的合同；

④违反国家利益或社会公共利益的经济合同。

无效的经济合同，从订立时起，就不具有法律约束力。确认经济合同部分无效的，如果不影响其余部分的效力，其余部分仍然有效。

经济合同被确认无效后，当事人依据该合同所取得的财产，应返还给对方。有过错的一方应赔偿对方因此所受的损失；如果双方都有过错，各自承担相应的责任。

违反国家利益或社会公共利益的合同，如果双方都是故意的，应追缴双方已经取得或者约定取得的财产，收归国家所有。如果只有一方是故意的，故意的一方应将从对方取得的财产返回对方；非故意的一方已经从对方取得或约定取得的财产，应收归国库所有。

## 9.2 园林工程施工合同

### 9.2.1 园林工程施工合同概述

(1)园林工程施工合同的概念、作用

园林工程施工合同是指发包人与承包人之间为完成商定的园林工程施工项目，确定双方权利和义务的协议。依据工程施工合同，承包方应完成一定的种植及养护、建筑施工和安装工程任务，发包人应提供必要的施工条件并支付工程价款。

园林工程施工合同是园林工程的主要合同，是园林工程建设质量控制、进度控制、投资控制的主要依据。在市场经济条件下，建设市场主体之间相互的权利义务关系主要是通过合同确立的，因此，在建设领域加强对园林工程施工合同的管理具有十分重要的意义。

园林工程施工合同的当事人中，发包人和承包人双方应该是平等的民事主体。承包、发包双方签订施工合同，必须具备相应经济技术资质和履行园林工程施工合同的能力，在对合同范围内的工程实施建设时，发包人必须具备组织能力，承包人必须具备有关部门核定经济技术的资质等级证书和营业执照等证明文件。

园林工程建设的发包人可以是具备法人资格的国家机关、事业单位、国有企业、集体企业、私营企业、经济联合体和其他社会团体，也可以是依法登记的个人合伙企业、个体经营者或个人，经合法完备手续取得甲方资格，承认全部合同条件，能够而且愿意履行合同规定义务(主要是支付工程价款能力)的合同当事人。发包人既可以是建设单位，也可以是取得建设项目总承包资格的项目总承包单位。

园林工程施工的承包人应具备与工程相应资质和法人资格，并被发包人接受的合同当事人及其合法继承人。承包人应是施工单位。

在园林工程施工合同中，工程师受发包人委托或者委派对合同进行管理，在园林工程施工合同管理中具有重要的作用(虽然工程师不是施工合同当事人)。施工合同中的工程师是指监理单位派的总监理工程师或发包人指定履行合同的负责人，其身份和职责由双方在合同中约定。

(2)园林工程施工合同的特点

园林工程施工合同不同于其他合同，其具有以下显著特点：

①合同目标的特殊性　园林工程施工合同中的各类建筑物、植物产品，其基础部分与大地相连不能移动。这就决定了每个施工合同中的项目都是特殊的，相互具有不可替代性，这还决定了施工生产的流动性。植物、建筑所在地就是施工生产场地，施工队伍、施工机械必须围绕建筑产品不断移动。

②园林工程合同履行期限的长期性　在园林工程建设中，植物、建筑物的施工，由于材料类型多、工作量大，施工工期都较长(与一般工业产品相比)。而合同履行期限又长于施工工期，因为工程建设的施工单位应当在合同签订后才开始施工，需加上合同签订后到正式开工前的一个较长的施工准备时间和工程全部竣工验收后办理竣工结算及保修期的时间，特别是对植物产品的管理养护工作需要更长的时间；此外在工程施工过程中，还可能因为不可抗力、工程变更、材料供应不及时等原因而导致工期顺延。所有这些情况，决定了施工合同的履行期限具有长期性。

③园林工程施工合同内容的多样性　园林工程施工合同除了应具备合同的一般内容外还应对安全施工、专利技术使用、发现地下障碍和文物、工程分包、不可抗力、工程设计变更、材料设备的供应、运输、验收等内容作出规定。在施工合同的履行过程中，除施工企业与发包人的合同关系，还应涉及与劳务人员的劳动关系、与保险公司的保险关系、与材料设备供应商的买

卖关系、与运输企业的运输关系等所有这些情况，这都决定了施工合同的内容具有多样性和复杂性的特点。

④园林工程施工合同监督的严格性　由于园林工程施工合同的履行对国家的经济发展、人们的工作、生活和生存环境等都有重大影响，因此，国家对园林工程施工合同的监督是十分严格的。具体体现在以下几个方面：

对合同主体监督的严格性　园林工程施工合同主体一般只能是法人。发包人一般只能是经过批准进行工程项目建设的法人，必须有国家批准的建设项目、落实投资计划，而且应当具备相应的协调能力；承包人则必须具备法人资格，而且应当具备相应的从事园林工程施工的经济、技术等资质。

对合同订立监督的严格性　考虑到园林工程的重要性和复杂性，在施工过程中经常会发生影响合同履行的纠纷，因此，园林工程施工合同应当采用书面形式。

对合同履行监督的严格性　在园林工程施工合同履行的纠纷中，除了合同当事人及其主管机构应当对合同进行严格的管理外，合同的主管机关(工商行政管理机构)、金融机构、建设行政主管机关(管理机构)等，都要对施工合同的履行进行严格的监督。

(3)签订园林工程施工合同的条件

①初步设计已经批准；

②工程项目已经列入年度建设计划；

③有能够满足工程施工需要的设计文件和相关技术资料；

④建设资金已经落实；

⑤招标工程的中标通知书已经下达；

⑥有完整的工程量清单(清单合同)。

(4)签订园林工程施工合同的原则

①遵守法律、法规和计划的原则　订立园林工程施工合同，必须遵守国家法律、行政法规和对园林工程建设的特殊要求与规定，同时要遵守国家的建设计划。由于园林工程施工对当地经济发展、社会环境与人们生活有多方面的影响，国家或地方有许多强制性的管理规定，施工合同执行人必须遵守。

②平等、自愿、公平的原则　签订园林工程施工合同的当事人双方同签订其他合同当事人双方同样具有平等的法律地位，任何一方都不得强迫对方接受不平等的合同条件。当事人有权决定是否订立合同和合同的内容，合同内容应当是双方当事人真实意愿的体现。合同的内容应当是公平的，不能损害一方的利益，对于显失公平的合同，当事人一方有权申请人民法院或者仲

裁机构予以变更、终止或者撤销。

③诚实信用的原则 要求在订立园林工程施工合同时要诚实，不得有欺诈行为，合同当事人应当如实将自身和工程的情况介绍给对方。在履行合同时，施工当事人要守信用、严格履行合同。

(5)建设工程施工合同示范文本的组成

《建设工程施工合同(示范文本)》(以下简称《施工合同文本》)是根据我国有关工程建设施工的法律、法规，结合工程建设施工的实际情况，并借鉴了国际上广泛使用的土木工程施工合同(特别是 FIDIC 土木工程施工合同)而制定的。建设部、国家工商行政管理局于 1999 年 12 月 2 日发布的《施工合同文本》是对 1991 年 3 月 31 日发布的《施工合同文本》的改进，是各类公用建筑、民用住宅、工业厂房、交通设施及线路管理的施工和设备安装合同的样本。

《施工合同文本》由“协议书”、“通用条款”、“专用条款”3 部分组成，并附有 3 个附件：附件一，承包人承揽工程项目一览表，附件二，发包人供应材料设备一览表，附件三，工程质量保修书。

“协议书”是《施工合同文本》中总纲性的文件。虽然其文字量并不大，但它规定了合同当事人双方最主要的权利和义务，规定了组成合同的文件及合同当事人对履行合同义务的承诺。合同当事人在这份文件上签字盖章，因此具有法律效力。

“通用条款”是根据《合同法》《建筑法》《建设工程施工合同管理办法》等法律、法规，对承发包双方的权利义务作出的规定，除双方协商一致对其中的某些条款作了修改、补充或取消外，双方都必须履行。它是将建设工程施工合同中共性的一些内容抽象出来编写的一份完整的合同文件。“通用条款”具有很强的通用性，基本适用于各类建设工程。“通用条款”共有 11 部分 47 条。考虑到建设工程的内容各不相同，工期、造价也随之变动，承包、发包人各自的能力、施工现场的环境和条件也各不相同，“通用条款”不能完全适用于各个具体工程，因此，配之以“专用条款”对其作必要的修改和补充，使“通用条款”和“专用条款”成为双方统一意愿的体现。“专用条款”的条款号与“通用条款”相一致，主要是由当事人根据工程的具体情况予以明确或者对“通用条款”进行修改、补充。

### 9.2.2 园林建设工程施工各类合同的主要内容

为完成园林施工项目，承、发包方一般需要签订下列各类合同：

(1) 施工项目合同

这是建设单位与承包单位之间为完成某一园林施工项目，明确双方权利和义务而签订的协议。

(2) 施工准备合同

这是较大或复杂的园林建设工程项目，在不具备直接签订承包合同的条件下，根据建设单位提供的国家批准建设任务书、投资计划及施工任务，做好准备工作，保证施工项目顺利开工，由建设单位与承包单位所签订的明确双方在施工准备阶段权利和义务的协议。

(3) 分包合同

在园林施工项目中，有些需要委托其他单位实施，接受单位称为“分包”，委托单位称为“总包”，“分包”与“总包”之间签订的合同称为分包合同。合同主要内容应包括：工程量、工程造价和施工期限，双方的主要责任和配合协作，安全生产、工程质量及施工验收办法、付款方式及工程结算，奖罚及纠纷的调解和仲裁，以及其他应明确的事项。

分包合同通常有以下几种：

①机械施工分包合同　包括土方、打桩、吊桩、大型钢结构吊装、运输等。

②设备安装分包合同　包括喷泉喷灌设备安装、照明设备安装等。

③分项工程、单项工程分包合同。

(4) 物资供应合同

对于园林建设工程中用到的建筑材料、绿化材料，一般由施工承包单位与材料供应单位签订合同，合同内容明确材料的品种、规格、数量、质量、价格、交货期限和方式、结算方法及双方的责任。

(5) 成品、半成品加工订货合同

指园林施工承包单位根据图纸的要求，与各类构件、制品等加工厂家签订的加工订货合同，在合同中应明确规定成品或半成品的加工数量、质量、规格、供货日期、单价、奖罚规定等内容。

此外，根据施工项目的需要，还有劳务合同、代办加工订货合同等。

按国际惯例，施工承包的合同文件包括中标单位的投标书及其附件、协议书、合同条件、招标单位接受投标函（即中标通知书）、设计图纸、工程说明书、技术规范和有关标准、工程量清单和单价表，以及合同执行过程中一切往来函电、传真和设计变更记录等全部文件。其中涉及方面最广、问题最复杂的是合同条件。

我国国内工程施工合同的正式名称为“建设工程施工合同”，国家工商行政管理局和建设部于1991年3月31日颁布了“建设工程施工合同条件”和“建设工程合同协议条款”组成的《建设工程合同示范文本》，另外还有示范文本的使用说明，指导工程承发包双方正确地签订合同。建设部又于1993年1月29日发布《建设工程施工合同管理办法》(简称管理办法)，省、自治区、直辖市的建设行政主管部门可根据“管理办法”制定实施办法或细则，使工程施工合同实现规范化。园林工程施工合同文本参考《建设工程合同示范文本》，可适当补充和调整。

### 9.2.3 注意事项

建设工程施工合同是依法保护发、承包双方权益的法律文件，是发承包双方在工程施工过程中的最高行为准则。为防范合同纠纷，在签订《施工合同文本》(GF—1999—0201)过程中，需要注意以下几个方面：

(1)发包人与承包人

①对发包方主要应了解两方面内容

主体资格　即建设相关手续是否齐全。如建设用地是否已经批准，是否列入投资计划，规划、设计是否得到批准，是否进行了招标等。

履约能力　即资金问题。施工所需资金是否已经落实或可能落实等。

②对承包方主要了解的内容有资质情况，施工能力，社会信誉，财务情况。承包方的二级公司和工程处不能对外签订合同。

上述内容是体现履约能力的指标，应认真分析和判断。

(2)合同价款

①“协议书”第5条“合同价款”的填写，应依据建设部第107号令第11条规定，招标工程的合同价款由发包人、承包人依据中标通知书中的中标价格在协议书内约定。非招标工程合同价款由发包人承包人依据工程预算在协议书内约定。

②合同价款是双方共同约定的条款，要求第一要协议，第二要确定。暂定价、暂估价、概算价都不能作为合同价款，约而不定的造价不能作为合同价款。

(3)发包人工作与承包人工作条款

①双方各自工作的具体时间要填写准确；

②双方所做工作的具体内容和要求应填写详细；

③双方不按约定完成有关工作应赔偿对方损失的范围、具体责任和计算方法要填写清楚。

(4) 合同价款及调整条款

①填写第 23 条款的合同价款及调整时，应按“通用条款”所列的固定价格、可调价格、成本加酬金 3 种方式，约定一种写入本款；

②采用固定价格，应注意明确包死价的种类，如总价包死、单价包死，还是部分总价包死，以免履约过程中发生争议；

③采用固定价格，必须把风险范围约定清楚；

④应当把风险费用的计算方法约定清楚，双方应约定一个百分比系数，也可采用绝对值法；

⑤对于风险范围以外的风险费用，应约定调整方法。

(5) 工程预付款条款

①填写第 24 条款的依据是建设部第 107 号令第 14 条和地方工程造价管理的相关规定；

②填写约定工程预付款的额度应结合工程款、建设工期及包工包料情况来计算；

③应准确填写发包人向承包人拨付款项的具体时间或相对时间；

④应填写约定扣回工程款的时间和比例。

(6) 工程进度款条款

①填写第 26 条款的依据是《合同法》第 286 条、《建筑法》第 18 条、建设部第 107 号令第 15 条和地方工程造价管理的相关规定；

②工程进度款的拨付应以发包方代表确认的已完工程量、相应的单价及有关计价依据计算；

③工程进度款的支付时间与支付方式以形象进度可选择：按月结算、分段结算、竣工后一次结算(小工程)及其他结算方式。

(7) 材料设备供应条款

①填写第 27，28 条款时应详细填写材料设备供应的具体内容、品种、规格、数量、单价、质量等级、提供的时间和地点；

②应约定供应方承担的具体责任；

③双方应约定供应材料和设备的结算方法，可以选择预结法、现结法、后结法或其他方法。

(8) 违约条款

①在合同第 35.1 款中首先应约定发包人对“通用条款”第 24 条(预付款)、第 26 条(工程进度款)、第 33 条(竣工结算)的违约应承担的具体违约责任；

②在合同第 35.2 款中应约定承包人对“通用条款”第 14 条第 2 款、第

15 条第 1 款的违约应承担的具体违约责任；

③还应约定其他违约责任；

④违约金与赔偿金应约定具体数额和具体计算方法，越具体越好，要具有可操作性，以防止事后产生争议。

(9) 争议与工程分包条款

①填写第 37 条款争议的解决方式是选择仲裁方式，还是选择诉讼方式，双方应达成一致意见；

②如果选择仲裁方式，当事人可以自主选择仲裁机构。仲裁不受级别地域管辖限制。

(10) 注意无效合同的发生

在签订合同之前一定要对合同的全部内容进行全面分析、彻底理解每项条款的内容(必要时可以聘请专业人员)，避免无效合同的发生，造成不应有的损失。

## 9.3 园林工程施工合同案例

掌握、理解《园林工程施工合同示范文本》是园林工程施工合同签订的基础。现在以北京市园林绿化建设工程施工合同为示范文本介绍如下：

**北京市园林绿化建设工程施工合同**

工程名称____________________

发 包 方____________________

承 包 方____________________

合同编号____________________

**北京市园林绿化建设工程施工合同协议条款**

发包人(全称)：______________________________

承包人(全称)：______________________________

承包人资质等级：____________________________

依照《中华人民共和国合同法》和中华人民共和国建设部、国家工商行政管理总局共同发布的《建设工程施工合同》(GF—1999—0201)及其他有关规定，遵循平等、自愿、公平和诚实信用的原则，双方就本园林绿化建设工程施工项目经协商订立本合同：

## 一、工程概况

第 条 工程概况

1.1 工程名称：________________

1.2 工程地点：________________

1.3 工程内容：________________

1.4 工程立项批准文号：________________

1.5 资金来源：________________

第 条 工程承包范围

2.1 承包范围：________________

2.2 工程总面积：________________

## 二、合同文件及图纸

第 条 本合同文件及解释顺序

3.1 除双方另有约定以外，组成本合同的文件及优先解释顺序如下：

(1)双方签订的补充协议

(2)本合同条款

(3)中标通知书

(4)投标书及其附件

(5)标准、规范及有关技术文件

(6)图纸

(7)工程量清单

(8)工程报价单或预算书

双方有关工程的洽商、变更等书面协议或文件视为本合同的组成部分。

第 条 适用法律 标准及规范

4.1 适用法律法规：国家有关法律、法规和北京市有关法规、规章及规范性文件均对本合同具有约束力。

4.2 适用标准、规范名称：《城市园林绿化工程施工及验收规范》(DB11/T212—2003)、《城市园林绿化用植物材料木本苗》(DB11/T211—2003)、《城市园林绿化养护管理标准》(DB11/T213—2003)、________________

________________

4.3 双方另有约定列入补充条款。

4.4 双方对合同内容的约定与上述法律、标准、规范规定有矛盾的，以法律、标准及规范规定为准。

第 条 图纸

5.1 发包人提供图纸日期及套数：________________

5.2 承包人未经发包人同意，不得将本工程图纸转让给第三人。

5.3 发包人对图纸的特殊保密要求：______________

**三、双方的权利义务**

第 条 监理

6.1 监理单位名称：______________

6.2 监理工程师

姓名：__________职务：__________

职权：______________

需要取得发包人批准才能行使的职权：______________

除本款有明确约定或经发包人同意外，监理工程师无权解除合同约定的承包人的任何权利与义务。

第 条 双方派驻工地代表

7.1 发包人派驻工地代表姓名：______________

职权：______________

7.2 承包人派驻工地代表姓名：______________

职权：______________

7.3 任何一方驻工地代表发生变更时，应提前7日书面通知对方，并明确指出交接时间、权限。

第 条 发包人工作

8.1 发包人应按本合同约定的时间和要求完成以下工作并承担相应费用：

(1)保证施工现场达到具备施工条件的具体要求和完成的时间：______________

(2)将施工所需的水、电、电信等管网线路接至施工场地的时间、地点和供应要求：______________

(3)负责施工场地与公共道路的通道开通的时间和要求：______________

(4)工程地质和地下管网线路资料的提供时间：______________

(5)由发包人办理的施工所需证件、批件的名称和完成时间：______________

(6)水准点和坐标控制点交验要求：______________

(7)组织图纸会审和设计交底的时间：______________

(8)协调处理施工场地周围地下管线和邻近建筑物、构筑物(含文物建

筑)、古树名木的保护工作：________________

(9)双方约定发包人应做的其他工作：________________

8.2　发包人委托承包人办理的工作：________________

第　条　承包人工作

承包人应按本合同约定的时间和要求完成以下工作：

(1)应提供计划、报表的名称及完成时间：________________

(2)承担施工安全保卫工作和非夜间施工照明、围栏设施的责任和要求：________________

(3)向发包人提供办公和生活房屋及设施的要求：________________，发包人承担由此发生的费用。

(4)需承包人办理的有关施工场地交通环卫和施工噪音管理等手续：________________，发包人承担由此发生的费用。

(5)承担费用负责已竣工但未交付发包人之前的工程保护工作；对工程成品保护的特殊要求及费用承担：________________

(6)做好施工场地周围地下管线和邻近建筑物、构筑物(含文物保护建筑)、古树名木的保护工作，具体要求及费用承担：________________

(7)保障施工场地清洁符合环境卫生管理的有关规定，并且：________________

(8)双方约定的承包人应做的其他工作：________________

**四、施工组织设计和工期**

第　条　合同工期

开工日期：________________

竣工日期：________________

合同工期总日历天数________日

第　条　进度计划

11.1　承包人提供施工组织设计(施工方案)和进度计划的时间：________________

11.2　发包人对施工方案、进度计划予以书面确认或提出修改意见的时间：________________，发包人逾期未确认也未提出修改意见的，视为同意。

11.3　群体工程中有关进度计划的要求：________________

11.4　承包人必须按照经确认的进度计划组织施工，并接受监督和检查。因承包人原因导致实际进度与进度计划不符的，承包人无权就改进措施提出追加合同价款。

第　条　延期开工

如发生：________________________________________

因发包人原因造成延期开工的，由发包人承担由此给承包人造成的损失，并顺延工期；承包人不能按时开工的，应提前7d书面通知发包人并征得发包人同意，发包人不同意延期的或承包人未在规定期限内发出延期通知的，工期不顺延。

第　条　暂停施工

如发生：________________________________________

因发包人原因停工的，由发包人承担所发生的追加合同价款，赔偿承包人由此受到的损失，相应顺延工期；因承包人原因停工的，由承包人承担发生的费用，工期不顺延。

第　条　工期延误

14.1　由于以下原因造成竣工日期推迟的延误，经发包人确认，工期相应顺延。

(1)发包人未能按双方约定日期提供图纸及开工条件；

(2)发包人未能按约定日期支付工程预付款、进度款，使施工不能正常进行；

(3)发包人未按合同约定提供所需指令、批准等，致使施工不能正常进行；

(4)因工程量变化或重大设计变更影响工期；

(5)非承包人因停水、停电等原因造成停工；

(6)不可抗力及自然灾害；

(7)发包人同意工期相应顺延的其他情况；

(8)其他可调整工期的因素：____________________

14.2　承包人在以上情况发生后3d内，就延误的内容和因此发生的经济支出向发包人、监理方提出报告。发包人在收到报告后7天内予以确认答复，逾期不予答复，承包人即可视为延期要求已被确认。

第　条　工期提前

工期如需提前，双方协议如下：

(1)发包人要求提前竣工的时间：____________________

(2)承包人应采取的赶工措施：____________________

(3)发包人应提供的条件：____________________

(4)因赶工而增加的经济支出和费用承担：____________________

## 五、质量与检验

第　条　工程质量

16.1　工程质量标准：____________________

16.2　双方对工程质量有争议时，由__________质量监督站鉴定，所需费用及由此造成的损失由责任方承担。

第　条　隐蔽工程的中间验收

17.1　双方约定的中间验收的部位：____________________

17.2　当工程具备覆盖、掩盖条件或达到中间验收部位以前，承包人自检，并于48h前书面通知发包人、监理方检验。验收合格，发包人、监理方在验收记录上签字后，方可进行隐蔽和继续施工。若在48h内发包人、监理方不进行验收也未提出书面延期要求的，可视为发包人已经批准，承包人可进行隐蔽或继续施工。验收不合格，承包人在限定时间内修改后重新验收，所需费用由承包人承担，不能影响工期。除此之外影响正常施工的经济支出由发包人承担，相应顺延工期。

## 六、安全施工

第　条　安全施工

18.1　承包人应遵守工程建设安全生产有关管理规定，严格按安全标准组织施工，并随时接受行业安全检查人员依法实施的监督检查，采取必要的安全防护措施，消除事故隐患。由于承包人安全措施不力造成事故的责任和因此发生的费用由承包人承担。

18.2　发包人应对其在施工场地的工作人员进行安全教育，并对他们的安全负责。发包人不得要求承包人违反安全管理的规定进行施工。因发包人原因导致的安全事故，由发包人承担相应责任及发生的费用。

第　条　事故处理

19.1　发生重大伤亡及其他安全事故，承包人应按有关规定立即上报有关部门并通知发包人，同时按政府有关部门要求处理，由事故责任方承担发生的费用。

19.2　发包人、承包人对事故责任有争议时，应按政府有关部门认定处理。

## 七、合同价款与支付

第　条　合同价款

20.1　发包人保证按照合同约定的期限和方式支付合同价款及其他应当支付的款项。

20.2 金额(大写)：______________________元(人民币)

(小写)：______________________元

第 条 合同价款的调整

21.1 本合同价款按照招标文件中规定，采用______________方式确定。

21.2 合同价款发生设计变更或洽商的情况时可以调整。合同价款的调整方式：________________

第 条 工程量的确认

22.1 承包人向发包人提交已完工程量报告的时间：____________

22.2 发包人核实已完工程量报告的时间：______________，发包人逾期未核实工程量的，承包人报告中开列的工程量将视为被确认并作为工程价款支付的依据。发包人核实工程量未提前24h通知承包人的，确认结果无效。

22.3 对承包人超出设计图纸范围和因自身原因造成返工的工程量，发包人不予确认。

第 条 工程款支付

23.1 合同生效后______日内，发包人向承包人支付本合同总造价的____%为预付款。

23.2 双方约定的工程款(进度款)支付方式和时间：

| 拨付工程进度款时间(工程进度、部位) | 占合同承包总造价百分比 | 金额 人民币(元) |
| --- | --- | --- |
| | | |

23.3 发包人应在确认工程量结果后____日内按前款的约定向承包人支付工程款(进度款)。

23.4 工程全部完工，竣工验收通过并办理完毕相应结算手续后______日内，发包人累计支付给承包人的工程款应达到工程结算总价的____%，结算总价的____%作为工程保修金。

23.5 本工程保修期满，在承包人履行了保修责任的前提下，发包人一次性向承包人支付工程保修金。

**八、材料设备供应**

第 条 发包人供应苗木材料设备

24.1 发包人供应苗木材料设备一览表(附后)

24.2 双方约定的苗木材料设备交验的标准：______________

24.3 发包人供应的苗木材料设备与一览表不符时，双方约定发包人承担责任如下：________________

24.4 发包人供应苗木材料设备的结算方法：________________

第 条 承包人采购苗木材料设备

25.1 承包人采购苗木材料设备的约定：________________

25.2 苗木采购应出具苗木产品产地证明。

25.3 双方约定的检疫证明及方式：________________

**九、工程变更**

第 条 设计变更

施工中发包人对原设计变更，发包人向承包人发出书面变更通知，承包人按照通知进行变更。如果承包人对原设计提出变更要求，经发包人、监理方批准后方可实施，并签署书面变更协议。

第 条 其他变更

施工中如发生除设计变更以外的其他变更时，采用协议形式双方加以确认。

第 条 确定变更价款

28.1 承包人应在收到变更通知或签署变更协议后 5d 内提出变更工程量及价款报告资料。

28.2 发包人在收到变更资料报告 5d 内予以确认，逾期无正当理由不确认时，视为变更报告已批准。

**十、竣工验收与结算**

第 条 竣工验收

29.1 工程具备竣工验收条件，承包人以书面形式通知发包人，并向发包人提供完整的竣工资料和竣工验收报告。发包人在收到以上文件后 10d 内组织验收。发包人如无正当理由不组织验收或验收后 10d 内未提出修改意见，视为竣工验收报告已被认可。

29.2 竣工日期为本工程竣工验收通过的日期。保修期正式开始。

29.3 因特殊原因，部分单位工程和部位需甩项竣工时，双方订立甩项竣工协议，并明确双方责任。

第 条 竣工结算

30.1 双方办理工程验收手续后，双方进行工程结算。

30.2 承包人在竣工验收 15d 内向发包人提交结算报告及完整的结算资料、竣工图。

30.3 发包人自签收结算资料报告之日起 20d 内提出审核意见并予以

签认。

30.4 承包人收到竣工结算款后5d内将竣工工程交付发包人。

**十一、质量保修**

第 条 质量保修

承包人在质量保修期内，按照有关法律、法规、规章的管理规定和双方约定，承担本工程质量保修责任。

31.1 工程质量保修范围和内容：______

31.2 质量保修期：双方根据《建设工程质量管理条例》及有关规定，约定本工程的质量保修期如下：

(1)土建工程：______

(2)绿化种植工程：______

(3)喷泉、喷灌工程：______

(4)其他附属工程：______

质量保修期自工程竣工验收通过之日起计算。

第 条 质量保修责任

32.1 属于保修范围内容的项目，承包人应当在接到保修通知之日起7d内派人保修。

32.2 发生紧急抢修事故的，承包人在接到事故通知后，应在24h内到达事故现场抢修。

32.3 绿化种植工程在保修期内应达到2级养护标准。

32.4 保修期内发现苗木等植物材料死亡，应在种植季节按原设计品种、规格更换。

第 条 保修费用

33.1 保修费用由造成质量缺陷的责任方承担。

33.2 双方约定的养护期间水、电费用的承担：______

第 条 其他

双方约定的其他保修事项：______

**十二、违约与争议**

第 条 违约责任

35.1 任何一方违反本合同的约定，均应承担由此给对方造成的损失。

35.2 因承包人原因延期竣工的，应交付的违约金额和计算方法：______

______

35.3 因承包人原因致使工程达不到质量要求的，应承担的违约责任：

______

35.4 发包人不按时支付工程款的违约责任：________________

35.5 其他：________________________________

第 条 争议解决方式

本合同在履行过程中发生的争议由双方当事人协商解决，协商不成的，按下列第______种方式解决：（只能选择一种）

（1）依法向人民法院起诉；

（2）提交________________仲裁委员会仲裁。

**十三、其他**

第 条 工程分包

37.1 分包单位和分包工程内容：________________

37.2 分包工程价款及结算方法：________________

第 条 不可抗力

38.1 双方关于不可抗力范围的约定：________________

38.2 因不可抗力导致的费用及延误的工期由双方按以下方法分别承担：

（1）工程本身的损害、因工程损害导致第三人人员伤亡和财产损失以及运至施工场地用于施工的材料和待安装的设备的损害，由发包人承担；

（2）发包人、承包人人员伤亡由其所在单位负责，并承担相应费用；

（3）承包人机械设备损坏及停工损失，由承包人承担；

（4）停工期间，承包人应工程师要求留在施工场地的必要的管理人员及保卫人员的费用由发包人承担；

（5）工程所需清理、修复费用，由发包人承担；

（6）延误的工期相应顺延。

38.3 因合同一方迟延履行合同后发生不可抗力的，不能免除迟延履行方的相应责任。

第 条 担保

本工程双方约定的担保事项如下：

（1）发包人向承包人提供履约担保，担保方式为：________________

（2）承包人向发包人提供履约担保，担保方式为：________________

（3）双方约定的其他担保事项：________________

（4）担保合同作为本合同附件。

第 条 合同解除

40.1 双方协商一致，可以解除合同。

40.2 发包人不按合同约定支付工程款，双方又未达成延期付款协议，承包人可停止施工，停止施工超过30d，发包人仍不支付工程款（进度款），承包人有权解除合同。

40.3 承包人将其承包的全部工程转包给他人或者肢解以后以分包的名义分别转包给他人，发包人有权解除合同。

40.4 有下列情形之一的，发包人承包人可以解除合同：

(1)因不可抗力致使合同无法履行；

(2)因一方违约(包括因发包人原因造成工程停建或缓建)致使合同无法履行。

40.5 合同按司法程序解除后，承包人应妥善做好已完工程和已购材料、设备的保护和移交工作，按发包人要求将自有机械设备和人员撤出施工场地。发包人应为承包人撤出提供必要条件，支付以上所发生的费用，并按合同约定支付已完工程价款。已经订货的材料、设备由订货方负责退货或解除订货合同，不能退还的货款和因退货、解除订货合同发生的费用，由发包人承担，因未及时退货造成的损失由责任方承担。除此之外，有过错的一方应当赔偿因合同解除给对方造成的损失。

40.6 合同解除后，不影响双方在合同中约定的结算和清理条款的效力。

第　条　合同生效及终止

41.1 本合同自______________________之日起生效。

41.2 本合同在双方完成了相互约定的工作内容后即告终止。

第　条　合同份数

本合同正本二份具有同等效力，双方各持一份。本合同副本份数____份，由双方分别收持。

第　条　补充条款

双方根据有关法律、行政法规规定，结合本工程实际，经协商一致后，可对本合同具体化、补充或修改。

(落款：包括发包人(公章)、承包人(公章)及双方住所、法定代表人、委托代表人、电话、传真、开户银行、账号、邮政编码、年　月　日、合同订立地点)

附件

**发包人供应苗木材料设备一览表**

| 序号 | 苗木材料名称 | 规格型号 | 单位 | 数量 | 单价 | 供应时间 | 送达地点 | 备注 |
|---|---|---|---|---|---|---|---|---|
| | | | | | | | | |

## ➤ 思考题

1. 经济合同的概念、特征是什么？
2. 如何确认经济合同的无效？
3. 园林工程施工合同的概念是什么？
4. 园林工程施工合同的注意事项有哪些？
5. 怎样签订园林工程施工合同？

# 参 考 文 献

1. 陈慧玲，马太建 . 2003. 建设工程招标投标指南[M]. 南京：江苏科学技术出版社 .

2. 江苏省建设厅 . 2007. 江苏省仿古建筑与园林工程计价表[S]. 南京：江苏人民出版社 .

3. 梁伊任 . 2000. 园林建设工程[M]. 北京：中国城市出版社 .

4. 刘钦 . 2004. 工程招投标与合同管理[M]. 北京：高等教育出版社 .

5. 刘卫斌 . 2003. 园林工程[M]. 北京：中国科学技术出版社 .

6. 史商于，陈茂明 . 2004. 工程招投标与合同管理[M]. 北京：科学出版社 .

7. 王良桂 . 2009. 园林工程施工与管理[M]. 南京：东南大学出版社 .

8. 吴立威 . 2005. 园林工程招投标与预决算[M]. 北京：高等教育出版社 .

9. 浙江省建设工程造价管理总站 . 2004. 浙江省建设工程施工取费定额(2003 版)[S]. 北京：中国计划出版社 .

10. 中国机械工业教育协会 . 2003. 建筑工程招投标与合同管理[M]. 北京：机械工业出版社 .

11. 中国建设监理协会 . 2003. 建设工程投资控制[M]. 北京：知识产权出版社 .

12. 朱永祥，陈茂明 . 2004. 工程招投标与合同管理[M]. 武汉：武汉理工大学出版社 .

13. 住房和城乡建设部 . 2008. GB 50500—2008 建设工程工程量清单计价规范[S]. 北京：中国计划出版社 .

# 参考文献


1. [illegible]
2. [illegible]
3. [illegible]
4. [illegible]
5. [illegible]
6. [illegible]
7. [illegible]
8. [illegible]
9. [illegible]
10. [illegible]
11. [illegible]
12. [illegible]
13. [illegible]